LOCUS

LOCUS

LOCUS

LOCUS

mark

這個系列標記的是一些人、一些事件與活動。

mark 171

尋找母樹：

樹聯網的祕密

作者：蘇珊・希瑪爾（Suzanne Simard）

譯者：謝佩妏

審訂：林政道

責任編輯：潘乃慧

封面繪圖：盧亭筑

封面設計：許慈力

校對：聞若婷

出版者：大塊文化出版股份有限公司

www.locuspublishing.com

台北市 105022 南京東路四段 25 號 11 樓

讀者服務專線：0800-006689

TEL：(02) 87123898　FAX：(02)87123897

郵撥帳號：18955675

戶名：大塊文化出版股份有限公司

法律顧問：董安丹律師、顧慕堯律師

總經銷：大和書報圖書股份有限公司

地址：新北市新莊區五工五路 2 號

TEL：(02) 89902588　FAX：(02) 22901658

初版一刷：2022 年 5 月

初版三刷：2022 年 9 月

定價：新台幣 480 元

Printed in Taiwan

FINDING THE MOTHER TREE

DISCOVERING THE WISDOM OF THE FOREST

SUZANNE SIMARD

蘇珊・希瑪爾——著

謝佩妏——譯　林政道——審訂

獻給我的女兒：漢娜和娜娃

人是自然的一部分，與自然為敵，免不了就是與自己為敵。

——瑞秋・卡森（Rachel Carson）

—目次—

—目次—

—目次—

作者聲明

書中用英式拼法 mycorrhizas（菌根）來表示 mycorrhiza 的複數，因為這對我來說比較自然，或許也更方便讀者記憶或發音，但 mycorrhizae 這種拼法也很常見，尤其是在北美。兩種皆為正確用法。

一些物種的名稱我交叉使用拉丁文學名和俗名。樹木和植物，我通常用俗名來稱呼它們所屬的種，但真菌就只提供屬名。

為了保護身分，我改了一些人名。

引言　連結

我們家族伐木營生已經好多代了。靠著這種小本生意，我們得以存活至今。

這是祖先留給我的珍貴遺產。

從小到大，我當然也砍了不少樹。

然而，凡是生物必會衰亡腐朽，之後又孕育出新生命，生命又再步入死亡。周而復始的生死循環也教我要成為播種者，種下幼苗，照顧小樹，成為這個循環的一部分。森林本身就是更大循環的一部分；土壤結構的建立、物種的遷徙、海洋的循環都在這裡發生。新鮮的空氣、純淨的水源和營養的食物都來自於森林。大自然的施與受，也就是它默默進行的協定與追求的平衡，必定蘊藏了莫大的智慧。

其中的慷慨豁達教人嘆為觀止。

為了揭開森林運行的奧祕，得知它跟土地、火和水如何緊密相連，我成了一名科學家。

這些年來，我觀察森林，傾聽森林，並跟隨好奇心的帶領，除了深入自己家族和其他人的故事，也從學者教授身上獲益匪淺。就這樣一步接著一步，一張拼圖接著一張拼圖，我傾其所有成為一名植物偵探，致力研究治癒自然世界的方法。

我有幸成為第一批加入新一代伐木業的女性，但我在業界的發現，卻有別於我從小到大的認知。大片森林被砍伐殆盡，土壤成分不再複雜多樣，自然環境日漸嚴苛。老樹從植物群落中消失，使幼樹變得不堪一擊。林業制度的走向大錯特錯；業界向某部分的生態系統宣戰，包括多葉植物和闊葉樹這些蠶食、收集並瓜分森林資源的植物，視它們為經濟作物的競爭者與寄生者。然而，根據我的發現，這些植物的存在其實對土地復原不可或缺。森林是我的存在和世界觀的核心，卻因此深受其害，其他生物也無一倖免。

我想知道究竟哪裡出了錯，也很好奇為什麼任其自生自滅的土地反而能自我修復（如同我的祖先當年砍伐過後的林地），因而踏上了一場科學探索之旅。過程中，我的工作與生活彼此交織，變得難分難捨，與我研究的生態系統不謀而合，這樣的巧合教人不可思議，甚至毛骨悚然。

很快地，樹木為我揭開驚人的祕密。我發現它們彼此依賴，透過地下管道組成的網路互相連結，以複雜而古老的智慧互相感應和聯繫，這個系統如今再也無法否認。期間我做過好幾百次實驗，每一次的新發現都通往下一個新發現。樹木之間的溝通交流，以及打造出森林群落的關係網路，為我上了寶貴的一課。一開始，我掌握的證據充滿爭議，後來證明其中有充分的科學根據，也經過同行審查並發表在許多地方。我提出的結論不是童話故事，不是異想天開，不是浪漫想像，也不是好萊塢電影的虛構情節。

種種發現挑戰了許多現行的森林管理方式。這些管理方式對森林的存活造成威脅，尤其是當大自然正努力適應逐漸暖化的地球之際。

我的追尋始於對森林未來的深沉擔憂，後來變成一股強烈的好奇心。經由一條又一條的線索，我終於瞭解森林為什麼不只是一大群樹而已。

在追尋真相的過程中，樹木讓我看見它們互相感知、回應、連結和交流的一面。於是，一開始只是代代相傳的謀生工具，後來成為我童年的寄託、心靈的安慰，還有在加拿大西部的冒險去處，最後讓我更瞭解森林的智慧，甚至進一步探索如何重拾對這份智慧的尊重，並修復人類與自然的關係。

最初的線索，來自於樹木之間藉由地底的隱密真菌網來回傳送的訊息。當時，我正在挖掘這些訊息，從樹木的祕密交流路徑中，發現真菌網遍布**整片**林地，透過一連串樹木樞紐和真菌紐帶，將所有樹木連結起來。於是，一個大概的地圖揭開一個驚人的祕密：最大、最老的樹木是真菌向外延伸、重新孕育幼苗的源頭。不只如此，它們也跟鄰近的老樹或幼樹相連，儼然是森林裡所有線路、突觸和節點的中樞。藉由這本書，我將帶領讀者踏上一趟神奇旅程，一窺這個運作模型中最令人讚嘆的面向——它與人類腦袋的驚人相似度。老樹和幼樹在裡頭藉由發送化學信號，相互感應、交流和回應。**其中的化學物質跟人類的神**

經傳導物質一模一樣。離子創造出的信號在真菌膜上如瀑布傾瀉四散。

老樹能辨別哪些幼苗是它們的後代。

年老的樹養育年輕的樹，提供它們食物和水，就像我們養育兒女一樣。這項發現足以讓人駐足片刻，深吸一口氣，思索森林的社會性和它對演化有多麼不可或缺。真菌網似乎讓樹木得以保持健康。不只如此，老樹就像母親，照顧著自己的小孩。

母樹。

母樹是森林裡的交流、保護和感知中心的樞紐。生命將盡時，母樹會將智慧一代傳過一代，與家族分享何者有益有害、誰是敵是友，以及如何在變化不定的環境裡適應及存活。這是每個父母都會做的事。

樹木怎麼可能像打電話一樣快速發出警訊，並且分辨親疏與報平安？如何幫助彼此度過災禍和病害？它們為什麼有類似人類的行為？為什麼像公民社會一樣運作？

當了一輩子的森林偵探，如今我對森林的認知已經徹底翻轉。每次有新發現，我跟森林的關係就更加深厚。如今，科學上的證據已經無法忽略：森林確實蘊藏了豐富的智慧、感受力，以及自我修復的力量。

這本書談的不是我們能夠如何拯救樹木。

這本書談的是樹木如何可能拯救我們。

1 森林裡的鬼魂

六月的雪地，我獨自一人在北美灰熊出沒的區域，冷到快要凍僵。這裡是加拿大西部崎嶇不平的里路耶山脈（Lillooet Mountain Range）。當年稚嫩的我才二十歲，在一家伐木廠打工。

森林裡一片幽暗死寂，從我站的地方望去，簡直鬼影幢幢。一抹鬼影直直朝我飄過來，我張開嘴要尖叫卻發不出聲音。眼看心臟就要跳出喉嚨，我奮力召喚理性，最後笑了出來。鬼影不過就是滾滾飄散的濃霧，伸出的捲鬚在樹幹周圍繚繞。哪有什麼幽靈，不過就是我們這一行鎖定的堅硬木材。樹就只是樹而已。然而，加拿大森林對我來說總是鬼影幢幢，尤其是我的祖先化成的鬼影。他們曾是保護或征服這片土地的人，來到這個地方砍樹、燒樹，還有種樹。

森林似乎永遠不會遺忘。

即使我們寧可忘了自己犯過的錯。

已經下午三、四點了。煙霧在洛磯山冷杉之間飄送，在上面蒙上一層光。折射光線的小水珠蘊含了一整個世界，叢叢翠綠針葉上迸出了嫩綠的新芽。多麼神奇啊！每到春天，新芽就會昂然重生，朝氣蓬勃地迎接漸長的白晝和漸暖的氣候，無論歷經了多麼嚴酷的寒冬都不例外。內建雷達的新芽自動展開初葉，與過去的晴朗夏季遙相應和。我摸了摸羽毛般的針葉，柔軟的觸感令人心曠神怡。上面的氣孔（吸收二氧化碳跟水結合再轉化成醣跟純氧的小孔），送出供我大口呼吸的新鮮空氣。

緊挨在辛勤工作的高聳老樹旁邊的是年輕的小樹，小樹旁則是更小的幼苗，一家人依偎在一起抵抗寒冬。皺摺斑斑的古老冷杉往上抽長，尖頂為一家遮風擋雨，跟我父母與祖父母保護我的方式一樣。天知道我需要的保護不比幼苗少，誰叫我老愛闖禍。十二歲那年，我爬上一棵垂掛在蘇斯瓦河（Shuswap River）上的大樹，想看看自己能爬多遠，試著後退時卻失去平衡掉進水裡。亨利爺爺立刻跳進手工製的小船，在我被沖進急流前及時抓住我的衣領。

這座山脈一年有九個月積雪比墳墓還深。這些樹比我強太多了，它們的ＤＮＡ已經鍛鍊到即使在內陸的極端氣候下也能成長茁壯，換成我，只有被生吞活剝的份。我拍拍老樹的枝幹，感謝它庇護幼弱的子孫，彎曲的樹枝還護著一顆掉落的毬果。

我拉拉帽子蓋住耳朵，離開集材道路，涉過雪地往更深的森林走去。雖然再過幾個小時就要天黑，我還是在一根木頭前停下來。這是為了開出通行道路而鋸斷的樹木。圓

一九六六年，到卑詩省西卡穆斯區（Sicamous）附近的蘇斯瓦湖露營。從左到右：凱利，三歲；羅蘋，七歲；我媽愛倫·茱恩，二十九歲；我，五歲。我們開著一九六二年份的福特 Meteor 抵達，在加拿大橫貫公路上僥倖躲過落石。岩石從山上滾下來，直接砸破車窗掉到我媽腿上。

形的蒼白切面露出細緻如睫毛的年輪。金黃色的早材是春天形成的細胞，內含飽滿的水分；外圍則是深褐色的晚材，是在日曬強烈、乾旱來臨的八月形成的細胞。我數了數年輪，每十年為單位用鉛筆標出。看來這棵樹已經兩百歲，比我們家族來此定居的時間多了一倍有餘。這些樹怎麼撐過成長和冬眠的無常循環，那又如何跟我們家在一小段歲月裡的悲喜苦樂相提並論？有些年輪比較寬，可能是雨水豐沛之年長了許多，或是隔壁的樹剛好被吹倒，歷經日照充足的歲月。有些年輪細到幾乎看不見，大概是碰

爸媽在卑詩省的童年老家，典型的溫帶雨林。

到旱季、冷夏或其他壓力，成長趨緩。這些樹通過了氣候遽變、激烈競爭、大火、蟲害和狂風的考驗。相較之下，殖民主義、世界大戰，以及我們家族歷經的十幾任總理都顯得微不足道。這些樹是我祖先的祖先。

有隻松鼠沿著木頭吱吱跑開，警告我離牠藏在樹墩底下的種子遠一點。我是這家伐木廠的第一個女性，這一行既粗重又危險，才剛對偶而出現的女性學徒敞開大門。幾個星期前第一天上工，我就跟老闆泰德去巡視一片皆伐地（把三十公頃大林地上的樹木全數砍光），視察新苗有沒有按照政府的規定栽種。泰德知道樹木該怎麼種或不該怎麼種，但他行事低調，不給辛苦的工人多餘的壓力。我因為認不得深格穴盤裡的J形根，覺得很窘，但他從頭到尾都沒失去耐心。後來，我努力地觀察、聆聽，不久就被指派了評估造林進度的工作，前往查看伐採過後種下的幼苗。這一次我可不打算搞砸。

今天要去的造林地就在這片古老森林之外等著我。公司砍下大片絲絨般的古老洛磯山冷杉之後，在春天種下刺狀針葉的雲杉幼苗，而我的任務就是去查看這批幼苗的生長進度。我無法走集材道路前往皆伐地，因為路被沖毀了。這對我來說反而是天上掉下來的禮物，因為這樣就能繞過這片氤氳的美麗森林。但我在一大坨熱騰騰的灰熊糞便前停住。

煙霧仍在樹木周圍繚繞，我發誓遠處有東西飄來飄去。仔細一看，才發現是一束束俗稱「老人鬍鬚」的淺綠色地衣，因為掛在樹枝上攏遢的樣子而得名。這種古老的地衣，攀附在老樹上長得特別好。我按下警示喇叭驅散灰熊的幽靈。對灰熊的恐懼遺傳自我母親。她小時候有次坐在門廊上差點被熊襲擊，幸虧她祖父（也就是我的曾外祖父）查爾斯・弗格森（Charles Ferguson）及時開槍射殺了熊。曾外祖父查爾斯是十九世紀末、二十世紀初的拓荒者，來到卑詩省哥倫比亞河流域箭湖附近的伊諾亞克林山谷開墾。靠著斧頭和馬匹，他跟妻子愛倫把埃奇伍德這個偏遠地區的西尼克斯族土地清空，開始在上面種植乾草、飼養牲畜，建立家園。查爾斯跟熊搏鬥、射殺偷吃雞的野狼，可是出了名的。他跟艾倫生了三個小孩：艾維斯、傑洛德，還有我外婆維妮。

我從覆蓋著苔蘚和蕈類的木頭爬過去，吸入籠罩常綠林的霧氣。其中一根木頭上面有一排**小菇**（*Mycena*），沿著裂縫生長，碰到橫陳底下早已腐爛的枯瘦樹根，才像扇子一樣散開。我一直很好奇樹根和真菌跟森林的健康有何關係——大小事物之間的協調關係，包括隱而不見和被視而不見的元素。從小，我就為樹根著迷。父母在家中後院種了棉白楊和柳樹，每當它們的巨大樹根穿破地下室的地基，害家裡的狗屋斜一邊、人行道隆起時，那股難以抵擋的力量總是讓我驚奇不已。這時爸媽會煩惱地討論起，該拿他們的無心之過如何是好。當初他們會在小院子裡種樹，不過是想重新打造童年老家被樹木圍繞的感覺。每年春天，看到樹木底部周圍長出一圈圈蕈菇，夾雜其中的的毛茸茸種子冒出大量新芽，我都會肅然起敬。十一歲那年，市區拉了一條排水管到我們家旁邊的那條河。管子排出泡泡

鬆餅菇（短柄乳牛肝菌〔*Suillus brevipes*〕）。

水，廢水毒死了沿岸的棉白楊，那景象讓我怵目驚心。先是樹梢變稀疏，接著布滿皺摺的樹幹出現黑色潰瘍，來年春天這些大樹就一命嗚呼。滿樹的金黃葉子沒再冒出新芽。我寫信跟市長反映，信卻石沉大海。

我撿起其中一朵小蕈菇。這朵**小菇**的鐘型小精靈帽頂端呈深褐色，帽沿顏色漸淡，變成半透明的黃，露出底下的菌褶和脆弱的梗。菌柄（也就是梗），扎進樹皮的皺摺裡，幫助木材腐爛。這些蕈菇如此細緻，看起來完全不像能分解一整根木頭，但我知道它們可以。小時候，我在河邊看到那些死去的棉白楊陸續倒下，裂開的薄薄樹皮便冒出了蕈菇。不到幾年，腐爛木頭的海綿狀纖維完全從地表消失。這些真菌演化出一套方式，能分泌酸和酵素將木頭分解，並用體內細胞吸收木頭的能量和養分。我跳下木頭，底部裝了鋼釘的短筒靴踩在枯枝落葉上。我伸手抓住一叢幼小的冷杉，免得滑下坡。這些小樹找到了一個角落，在溫暖的陽光和潮濕的融雪之間取得平衡。

只見幾年前栽下的一株幼苗旁，冒出了乳牛肝菌（*Suillus*），褐色鱗狀傘蓋有如鬆餅，內側多孔，呈黃色，肥短的梗沒入土中。大雨過後，蕈菇從深入林地、四處蔓延的菌絲組成的綿密網路中冒出來。就像草莓從廣大錯綜的根系和走莖中結出果實。土裡的菌絲一下充飽能量，便像打開雨傘一樣展開了菌蓋。褐點斑斑的菌柄中段的一圈蕾絲薄紗是它們留下的痕跡。我摘下蕈菇，這種真菌的果實多半住在地底。菌蓋內側就像放射狀氣孔組成的日晷。每個橢圓形小孔裡頭的細梗用來釋放孢子，如同鞭炮射出火花。孢子就是真菌的「種子」，裡頭充滿了ＤＮＡ，能夠連接、重組和變異，以製造各種能適應環境變化的新遺傳物質。我摘下的地方凹了一塊，顏色鮮豔，周圍灑了一圈肉桂色的孢子。其他孢子可能被風吹走、黏在飛蟲的腳上，或成了松鼠的晚餐。

掛在凹處、抓著菌柄不放的是纖細的黃絲線。這些細線纏繞成分支散開的菌絲體，形成錯綜複雜的菌絲網路，覆蓋住組成土壤的無數有機質和礦物質。菌柄上黏著斷裂的菌絲，在我無禮地把它從落腳處摘下來之前，它也是這個網路的一部分。這朵蕈菇揭露了一個幽深精密世界的冰山一角，有如一片密密層層的蕾絲桌布連著整片林地。地下的絲線穿過掉落的針葉、花蕾、樹枝等殘骸，尋找、吸收礦物中的養分，與養分合而為一。不知道這朵**乳牛肝菌**會不會跟**小菇**一樣是腐朽菌，能分解木材和枯枝落葉，還是扮演其他的角色。我把它跟小菇一起塞進口袋。

仍然不見那片種下幼苗、重新造林的皆伐地。只見天上烏雲密布，我從背心裡拿出黃色防水外套。外套跟著我在林中穿梭早就磨舊，防水效果也打了折扣。離車子愈遠，感覺愈不妙，天黑前回不到路上的不祥預感也愈深。但我從維妮外婆那裡遺傳了吃苦耐勞的天性。想當年，她母親愛倫一九三〇年代初死於流感時，她才十幾歲。他們一家人被大雪封住，病的病，死的死（愛倫在自己房裡斷了氣），最後鄰居終於從雪深及胸的冰封山谷開出一條路，趕來查看弗格森一家的狀況。

靴子一滑，我趕緊抓住一棵小樹，結果連人帶樹滾下斜坡，把沿途的其他小樹壓扁，最後靠在一截濕透的木頭上，手裡還抓著七横八豎的樹根。這株小樹看起來還是青少年，側枝的輪生枝條一年年增加，加起來約有十五年。天空開始飄雨，打濕了我的牛仔褲，雨滴成串掛在破舊的防水外套上。

這份工作不容許我軟弱，況且打從有記憶以來，我就在男生的世界裡把自己練成一個外表強悍的人。我不想輸給我弟凱利，還有其他有著勒布朗（Leblanc）、加農（Gagnon）和特朗布雷（Tremblay）這些魁北克姓氏的男生。所以我學會在零下二十度的低溫跟鄰居小孩在街上玩冰上曲棍球，當最少人想當的守門員。就算球狠狠擊中膝蓋，我也把布滿瘀

約一九三四年，維妮弗雷德．碧翠絲．弗格森（維妮外婆）在弗格森家位於卑詩省埃奇伍德的農場。這年她二十歲，母親剛過世，她還是照樣養雞、擠牛奶、叉乾草。她騎馬快如風，還曾把一頭熊從蘋果樹上射下來。她很少提起她的母親，但我最後一次跟她沿著那庫斯沿岸散步時，她哭著說：「我想念我媽。」那年她八十六歲。

青的腿藏在牛仔褲底下。就像維妮外婆，喪母之後依然努力照常過活，重拾策馬穿越伊諾亞克林山谷、幫附近人家遞送信件和麵粉的工作。

我盯著手中的一團樹根，黏在上面閃閃發亮的腐植質總讓我想起雞糞。腐植質就是林地介於上層的枯枝落葉和下層岩床風化而成的礦質土之間的油黑腐爛物。腐植質是植物腐爛之後的產物。死掉的植物、蟲子和田鼠都埋在這裡，相當於大自然的堆肥。比起上層或下層，樹更喜歡在中間的腐植質裡扎根，因為能獲得豐富的養分。

但這團樹根的根尖黃澄澄，有如聖誕樹上的裝飾小燈，尾端是一樣黃澄澄的菌絲體形成的薄紗。一束束菌絲體的顏色，跟乳牛肝菌的菌柄往底下土壤四面八方延伸的菌絲一樣顏色。我從口袋拿出我摘下的乳牛肝菌。一手抓著根尖披散著鮮黃薄紗的樹根，另一手抓著菌絲體被截斷的乳牛肝菌。仔細比較過後，還是分不出兩者的差別。

或許**乳牛肝菌**是樹根的好朋友，不像**小菇**是死去生物的分解者？我的直覺一向是傾聽微小事物的聲音。我們以為關鍵線索要從大處著眼，但這世界喜歡提醒我們線索可能小而美。我開始挖土。黃色菌絲體似乎包住土壤中的每顆微粒。綿長的細絲從我的手掌下延伸而去。無論它們的生命形態為何，這些無盡分岔的真菌絲線跟它們製造的蕈菇，看來只是土壤之下龐大菌絲體的一小部分。

我從背心的拉鍊後袋拿出水壺，用水沖掉根尖上殘留的土屑。我從沒看過這麼一大束真菌，至少沒看過這麼鮮豔的黃色真菌，除了黃色，還有白色跟粉紅色，每個顏色包住個別的根尖，底下掛著細絲。樹根需要伸到遙遠難及的地方吸收養分，但是根尖為什麼不只冒出了大量菌絲，菌絲的顏色還像調色盤一般鮮豔？難道每種顏色都是不同種類的真菌？在土壤裡各自負責不同的工作？

我愛上了這份工作。攀過這片神奇林中空地的興奮感，遠遠超過我對灰熊或鬼魂的恐懼。我把剛剛扯下的樹苗根，連同底下的鮮豔真菌絲網，擱在一棵守護樹旁。小樹苗為我揭露了森林地底世界的紋理和色調。那些黃色、白色和濃淡不一的灰粉紅色讓我想起從小到大常見的野玫瑰。它們附著的土壤就像一本書，一頁疊著一頁，每一頁都色彩繽紛，訴說著萬物如何獲得滋養的故事。

終於走到皆伐地之後，刺眼的陽光透過細雨灑下，我瞇起眼睛。雖然早有心理準備，但親眼看到，我還是內心一震。每棵樹都被砍到只剩樹樁，樹木的蒼白骨骸從土裡突出來。經過風吹雨淋，殘餘的樹皮從樹上剝落，掉到地上。我小心翼翼繞過斷枝殘幹，感受它們受人冷落的辛酸。我撿起一截樹枝，露出底下的小樹，就像小時候在鄰近山丘撿起野花上面的垃圾，讓奮力綻放的花朵冒出頭。我知道這些小動作有多重要。有些還很幼嫩的冷杉孤伶伶挨在父母的殘根旁，努力從慘重的打擊中復原。伐採之後，新枝葉生長緩慢，復原過程會很艱辛。我摸了摸離我最近的一截小頂芽。

有些白花杜鵑和越橘也逃過了霍霍的電鋸。我是伐採隊的一員，也參與了清空林地的工作，將原本在這片林地上恣意生長的樹木砍伐殆盡。我的同事正在規畫下一次皆伐，以利伐木廠運轉，他們才能養家活口，而我也理解這樣的需求。但除非整座山谷光禿一片，電鋸就沒有停止的一天。

我繞過杜鵑花和越橘，走向幼苗。工作人員改種扎人的雲杉幼苗取代古老的冷杉，如今幼苗已經長到腳踝高度。不用更多的洛磯山冷杉取代他們砍掉的洛磯山冷杉或許奇怪，但是雲杉的木材更珍貴，紋理細密，不易腐爛，屬於高級木材。洛磯山冷杉的成熟木材則又鬆又軟。

此外，政府鼓勵我們按照菜園模式栽種幼苗，排成一列列，充分利用每塊土地。這是因為間隔一致且排列整齊的樹木，比稀疏分散的樹叢能產出更多木頭。至少理論上如此。他們發現比起任由樹木自由生長，把間隔填滿才能提高產量。只要能把每個角落都塞滿，他們就覺得必定收成更豐，日後的收益也更值得期待。此外，排列整齊也有利計算。跟維妮外婆把菜種成一排一排的道理一樣，但她會翻土整地，多年來也不斷改變作物。

我查看的第一株雲杉幼苗還活著，但好像快不行了，針葉呈淡黃色，細瘦的莖可憐兮兮。它要怎麼在這片嚴苛的土地上存活？我抬頭看一排小樹苗。新種的幼苗都在痛苦掙扎，無一例外。它們為什麼看起來**那麼糟**？相反地，為什麼老熟林那裡長出的野生冷杉卻**生氣蓬勃**？我拿出野外工作記錄簿，撥掉防水封面上的針葉，擦擦我的眼鏡。重栽新苗應該是要修復我們造成的傷害，但現在看來卻完全失敗了。我應該寫下什麼因應對策？我想叫公司重頭來過，但花費勢必會引來反對。因為害怕意見被駁回，最後我草草寫下：「差強人意，但要換掉死去的幼苗。」

我撿起一片掉在幼苗上的樹皮丟進樹叢，然後用製圖紙摺成的簡易信封收集枯黃的幼苗針葉。我很慶幸辦公室角落裡有一張屬於我自己的辦公桌，跟地圖桌和吵鬧的辦公室隔開，裡頭常有人在談生意，協商木頭價格和伐木費用，決定下一片砍伐的林地，像田徑賽衝至終點線一般簽署合約。在我的小角落，可以安靜隱密地研究人造林的問題。或許幼苗的症狀可以在工具書裡輕易查到，畢竟葉子發黃可能是各式各樣的問題造成的。

我試圖尋找健康的幼苗卻遍尋不著。病害是什麼引起的？沒有正確的診斷，換種一批新幼苗也可能失敗。

我責備自己竟想掩蓋問題，替公司尋找最省事的方法敷衍過去。這片人造林根本一團糟。泰德會想知道這片林地是否符合政府對林地復育的規定，因為一旦失敗，會造成財務上的損失。他的目標是用最低的成本達到基本的復育規定，但我甚至不知道要給他什麼建議。我把另一株雲杉幼苗從栽植穴中拉出來，心想問題會不會出在根部，而非針葉。只見根部緊緊包覆在土壤團粒內，夏末時節種下時土壤還是濕的。種得很好，無可挑剔。一小片林地被我剝開，栽植穴陷進底下潮濕的礦質土。完全按照指示來，中規中矩。我重新把根塞進栽植穴，再去檢查其他樹苗。一株看過一株，每株都精確地放入鏟子挖出的細縫，再將土壤回填，減少空隙，但穴盤苗卻像做了防腐處理後塞進墓穴一樣，沒有一株達到它原本應該做到的事，沒有一株抽出白色根尖往土裡覓食。根部都粗粗黑黑，軟綿綿下垂。這些幼苗的針葉發黃是因為餓壞了。根部跟土壤之間的連結嚴重斷裂。

旁邊剛好有一株萌芽新生的洛磯山冷杉，看起來很健康，我把它連根拔起。剛剛拔出雲杉幼苗就像在拔蘿蔔，但這次的冷杉根鬚往四方蔓延，緊緊扎進土裡，我得兩腳踩在莖的兩旁使出全力才拔得出來。根部好不容易放開土壤，但鬆開的那一刻我腳步一晃，差點跌倒。扎得最深的根不肯放開土壤，拚命抵抗，但還是硬被我從土裡扯了出來。我撥掉上面的腐植質和鬆土，用水壺裡的水沖掉殘餘的土屑，有些根的尾端有如針葉的尖端。

我驚訝地發現根尖周圍有一圈鮮黃色的菌絲，跟剛剛在老熟林看到的一樣，之前那朵長得像鬆餅的乳牛肝菌，菌柄延伸出的菌絲網也是相同的顏色。我往雲杉的凹洞裡挖得更深，發現這層蓋住土壤的有機軟墊裡布滿黃色菌絲，形成不斷往外擴散的菌絲體網路。

但這些分支擴散的菌絲到底是什麼？在做些什麼？它們或許是對植物有益的菌絲，在土壤裡蜿蜒穿行，吸收養分輸送給幼苗以換取能量。也有可能是害樹苗染病的病原，吸食樹根的養分，導致脆弱的幼苗枯死。**乳牛肝菌**的蕈菇從地下組織冒出來，可能是要等適當時機散播孢子。

也有可能這些黃色絲線跟**乳牛肝菌**根本無關，而是來自另一種真菌。地球上有超過一百萬種真菌，約是植物種類的六倍，已確認的只有一〇%左右。靠我的淺薄知識，要認出這些黃色菌絲是什麼種類的真菌，感覺希望渺茫。假如線索不在這些菌絲或蕈菇上，那麼雲杉幼苗長得不好就可能有其他原因。

我把「差強人意」四個字劃掉，快筆寫下「栽種失敗」幾個字。把同樣的樹苗按照同樣的方法重種一遍，也就是把苗圃大量培育的一年苗株鏟土定植，對公司來說應該是最省錢的方法，但如果我們得因為同樣的不幸結果一再重來，那就又另當別論。要重建這片林地，得做些不一樣的事，問題是什麼？

改種洛磯山冷杉？沒有苗圃有那麼多的現成苗株，況且那也不是大家眼中的未來經濟作物。我們可以改種根系較大的雲杉幼苗，但如果長不出強壯的根尖，根最後還是會枯死。或者，我們可以改變種植方式，讓幼苗的根碰到土裡的黃色真菌絲網。那些黃色絲線說不定能讓我的幼苗保持健康。只是按照規定，根要種在底下的顆粒礦質土中（因為那裡的土粒、細縫和黏土能在夏末留住更多水分，從而增加存活機會），而非腐植土裡，但真菌主要分布在腐植土裡。一般認為，水是幼苗能從土壤獲得的最重要資源，也是幼苗能否存活的關鍵。想要改變政策，把根埋在可以碰到黃色菌絲的地方，看來機率很低。

我愈來愈覺得真菌可能是這些幼苗的可靠幫手。旁邊要是有人可以跟我商量、討論就好了。黃色真菌裡是不是含有什麼我跟所有人遺漏的神祕成分？

若是找不到答案，這片皆伐地在我心中會變成一片殺戮戰場、一座樹木墳場，讓我永難釋懷。本來該是一片新的森林，卻只剩下一叢叢低矮的杜鵑和越橘，甚至變成一個迅速擴大的問題——一片接著一片死去的人造林。我不能讓這種事發生。小時候，我看過家人把家附近的林木砍掉之後，森林自然而然地長回來，所以我知道伐採之後的森林是有可能復原的。或許，那是因為我的祖父母一次只砍一個林分中的少數幾棵樹，並留下間隔讓附近的雪松、鐵杉和冷杉輕易地把種子散播到那裡，因此新植物輕易就能跟土壤連成一氣。我瞇起眼睛遙望這片林木的盡頭，但距離實在太遠。這片皆伐地的面積很大，或許這也是問題之一。幼苗的根部如果健康，肯定能在這麼廣闊的林地上重生。然而，目前為止我負責監督的人造林，都不太可能長成曾經屹立在這裡的參天巨木。

就在這一刻，我聽到了呼嚕嚕聲。幾步之外，有隻母熊正在大快朵頤一堆藍色、紫色和黑色的各式漿果。牠後頸的毛皮銀光閃閃，是**灰熊**沒錯。有隻黃褐色的小熊當牠是膠水罐一樣黏著牠，跟小熊維尼一般大，卻有一對特大號的毛茸茸耳朵。一雙黑溜溜的眼睛溫柔地看著我，鼻子閃著光，好像想撲進我懷裡，我不由地微笑。但下一秒熊媽媽大吼一聲，我們四目相對，雙方都嚇了一跳。牠抬起前腿站起來，我怔在原地不敢亂動。

我獨自一人跟一頭受到驚嚇的灰熊在偏遠林地裡。我按下警示喇叭驅趕牠，牠瞪著我的眼神卻更加凶狠。這時，我應該抬頭挺胸還是縮成一顆球？一種是用來對付黑熊，另一種是灰熊。當初我為什麼不聽仔細？

母熊放下腿，搖搖頭，下巴掃過越橘樹叢。牠推推小熊，母子倆雙雙轉過頭，鑽進樹叢跑走，我慢慢後退。母熊推著小熊扒著樹皮往樹上爬。保護孩子是牠的本能。

我朝著老熟林的方向往下坡跑，跳過幼苗和小溪，避開頭被鋸斷的樹木殘根，踩過綠藜蘆和火草的枝葉。周圍的植物模糊成一面綠牆。跨過一根又一根腐木時，除了肺部拚命吸進氧氣的聲音，其他聲音我都聽不到。最後我終於看見公司的貨車。車子就在離路不遠的一棵樹旁邊，停得歪七扭八。

車上的塑膠皮椅破了，手排檔搖搖晃晃。我把車發動，打檔，踩下油門。車輪轉動起來，車子卻沒動，換成倒車檔反而讓輪子陷得更深。車子卡在泥坑裡動彈不得。

我轉開無線電：「蘇珊呼叫伍德蘭辦公室，請回答。」

無人答覆。

眼看夜幕低垂，我透過無線電波發出最後一次求救訊號。灰熊只要把腳掌一甩就能打破車窗。我奮力保持清醒，免得自己是怎麼死的都不知道，但還是斷斷續續打起瞌睡，中間想起我母親還真懂得逃離現狀，讓自己喘口氣。我想像她把我包在毯子裡，就像以前我們開車橫越莫納希山脈（Monashee Mountains）去找外公外婆時一樣。她在我腿上放個罐子，把我的金色瀏海撥到旁邊，因為我有暈車的習慣。「羅蘋、蘇西（編按：親友對作者的暱稱）、凱利，你們睡一下。」她會輕聲說，在切開山口的峽谷中開著車，彎來繞去。「我們去找維妮外婆和伯特外公，很快就到了。」夏天來臨，表示能夠暫時脫離教書和婚姻生活。我姊跟我弟都很喜歡夏天，因為能在森林裡遊蕩，遠離父母的冷戰。他們老是為了錢、為了誰該為什麼事負責、為了小孩而爭吵。凱利尤其高興能脫離日常生活，跟在外公屁股後面摘越橘、到公家碼頭釣魚，或者開車去看灰熊搜刮過的垃圾場。他會張大眼睛，聽

約一九六五年，在維妮外婆和伯特外公位於那庫斯的家。從左到右：我，五歲；我媽，二十九歲；凱利，三歲；羅蘋，七歲；我爸，三十歲。假期我們不是在那庫斯的外公外婆家度過，就是在梅布爾湖的爺爺奶奶家度過。

外公說他來弗格森牧場買鮮奶油時愛上外婆，每年初春幫忙岳父接生小牛，還有在秋天屠宰季把豬牛內臟塞滿貨車的故事。

我在黑暗中驚醒，脖子好痠，忘記自己身在何處，擋風玻璃蒙上我呼出的熱氣，一片模糊。我用外套袖口抹去玻璃上的水珠，在黑暗中搜尋野生動物的眼睛，然後瞄一眼手錶。凌晨四點。灰熊在黃昏和黎明時最活躍，因此我再次檢查車子有沒有鎖好。樹葉沙沙作響，像鬼魂飄過的聲音。我又打起瞌睡，直到猛敲玻璃的聲音嚇得我失聲大叫。有個人在霧濛濛的擋風玻璃外面喊我。看到木材公司派了艾爾來，我鬆了一口氣。他的邊境牧羊犬「壞蛋」跳起來抓我的門，一邊狂吠。我搖下車窗證明我還健在。

「妳還好嗎？」人高馬大的艾爾大聲喊。他還不太知道怎麼跟女性林務員說話，盡量把我當成男同事對待。「晚上這裡一定烏漆麻黑吧。」

「還好。」我說了謊。

我們假裝這只是尋常工作日的晚上，多少化解了尷尬。我扳開門好讓壞蛋擠進車裡讓我摸摸牠。我很享受下班時艾爾和壞蛋開車送我回家的時光。艾爾會探出窗外，大罵追著車跑的野狗；那些野狗每次都不甘示弱，往另一個方向跑，邊跑邊吠，逗得他很樂。我看得津津有味，他也罵得更起勁。

我把手腳伸到車外，艾爾遞給我用保溫瓶裝的咖啡，然後試著把車子從泥坑裡救出來。他發動車子，冷冰冰的引擎吱了一聲。生鏽的車蓋上露水點點，頂著粉紅花束的火草沿途綻放。從咖啡冒出的熱氣看出去，我在想我們是不是得丟下這輛生鏽的老爺車。沒想到發動第三次就成功了。艾爾踩下油門，車輪原地打轉。

「妳有鎖輪轂嗎？」他問。輪轂是前輪中間的轉盤，位在前車軸的兩端。手動轉九十度會把輪子鎖在車軸上，這樣就能變成四輪傳動。四個輪子一起轉動，這輛車要跋山涉水都沒問題。但要是前面的輪轂沒鎖住，輪子的摩擦力就好比貓踩在油布地毯上。他跳下車到前面鎖住輪轂，把車開出泥沼，我差點羞愧而死。艾爾咧嘴一笑，把鑰匙遞給我。

「呃。」我用手根往頭上一拍。

「別在意，蘇珊，常有的事。」他說，垂下眼睛免得我覺得丟臉。「我也發生過。」

我點點頭，心中一陣感激，跟在他的車後面駛出山谷。

回到伐木廠之後，我狼狽又困窘地走進辦公室，以為會引來訕笑，還在心裡給自己打氣。結果同事只是抬頭一瞥，便好心地回頭繼續聊天，忘我地說著開路、裝設涵洞、規畫砍伐區、巡視林木的冒險事蹟。我很好奇他們怎麼看我，畢竟我跟鎮上的女人和製圖桌旁美女月曆上的女生截然不同，但他們多半各忙各的，沒來干涉我。

過了一會兒，我才去找泰德。我靠在他的辦公室門框上，直到他抬起頭。他的桌上堆滿了栽植藍圖和樹苗訂單。他有四個女兒，都還不到十歲。只見他往旋轉椅背一靠，笑著說：「看看是誰歷險歸來啦。」我知道這表示他很高興看到我平安歸來。大家很擔心我。更重要的是，我們的招牌寫著「兩百一十六天零事故」，要是我破壞了這項優良紀錄，以後肯定沒完沒了。泰德建議我先回家休息，我說我還有一些事得處理。

之後我寫了視察報告，然後把裝了發黃針葉的信封寄給政府實驗室，分析其中的營養等級，還去確認辦公室裡有沒有蕈菇方面的參考書。關於伐木的書不少，生物學方面的書籍卻少得可憐。我打了電話到鎮上的圖書館，很開心得知他們的架上有一本蕈菇參考書。到了五點，泰德和其他同事準備下班，去雷諾酒吧看足球賽，再回家吃飯。

「想來嗎？」他問我。我才不想跟一堆男人狂歡大笑消磨時間，但我很感激他的好意。我跟他道謝，說我得趕在圖書館關門前去一趟，他看起來鬆了口氣。

我去借了真菌類的書籍，完成了人造林的視察報告，但暗自發誓要把我的觀察藏在心裡，自己埋頭研究就好。我常擔心這間清一色男性的公司之所以會雇用我，只是為了象徵時代的變遷，而我要是草率說出蕈菇或覆在植物根部的黃色、粉紅色的真菌被毯對樹苗生長有何影響，到手的機會可能就飛了。

我抓起巡邏背心時，凱文正好走到我的桌前。他也是暑期工讀生，工作是幫助工程師到未開發的山谷鋪路。我們在大學就結為好友，也很慶幸能到山林裡工作。「一起去『杯罐』喝一杯吧。」他邀我。這間酒吧跟雷諾剛好是反方向，在小鎮的另一邊，不會遇到其他老員工。

「好啊。」跟其他森林系學生消磨時間比較不費力。我和四名森林系學生一起住在公司宿舍，一人一間昏暗的房間，地上只擺了一張床墊。我們四個人都不擅烹飪，所以晚上泡酒吧是常有的事。酒吧也是我療傷的地方，因為跟初戀男友分手，心還很痛。他希望我休學，結婚生子，但我想闖出自己的一片天，眼中還有更大的目標。

到了酒吧，凱文點了漢堡和啤酒。我跑去自動點唱機找老鷹合唱團那首勸人放輕鬆的歌，看著唱針在黑膠唱片上轉動。啤酒送上來，他倒了一杯給我。

「他們派我下週去金橋鋪路。」他說：「我擔心他們會用甲蟲入侵當藉口，砍掉那裡的扭葉松林。」

「這我一點也不懷疑。」我看看四周，確定沒人在聽我們說話。其他學生在附近的一張桌子喝酒談笑，起身去射飛鏢。酒吧裡面就像一間小木屋，飄散著松木微微腐爛的味道。這是一座公司城鎮。「昨天晚上我以為自己會掛掉。」我脫口而出。

「嘿，氣溫沒更低算妳好運。幸好貨車動不了，妳要是摸黑上路麻煩更大。我們試著要警告妳留在原地別動，但我猜妳的無線電壞了。」凱文說，舉起手臂抹去鬍子上的啤酒泡沫。一旦選擇在林中工作，勢必會有需要他人幫助的時候。

「我嚇死了，」我承認。「但好處是難得有機會看到艾爾貼心的一面。」

「我們都替妳難過，但也相信妳知道怎麼保護自己。」

我露出微笑。他在安慰我，讓我覺得自己受到重視，是這個團體的一分子。老鷹合唱團的〈城裡新來的小子〉從點唱機裡飄送出來，旋律有點哀傷。到頭來是森林土壤的強大力量保護我不受鬼魂、灰熊和惡夢侵擾。

山林孕育了我。我是來自山林的孩子。

究竟是我的血液在樹木裡流動，還是樹木在我的血液裡流動，我也說不清。因為如此，我覺得自己有責任找出那片幼苗乾枯死去的原因。

2 伐木工

我們總把科學想成一個持續前進的過程，真相在一條明確的路徑上逐漸清晰可見。枯黃幼苗之謎卻需要我把時間倒轉，因為我不斷想起我們家砍樹維生已經好幾代、但幼苗每次都能生根茁壯的往事。

每年夏天，我們都會到卑詩省中南部的莫納希山脈度假。爺爺奶奶在梅布爾湖（Mabel Lake）上有間船屋，四周被大片百年西部側柏、鐵杉、白松和花旗松*圍繞。湖面掩映的希瑪爾山（Simard Mountain）拔地而起，高一千公尺（三千呎），得名於我的魁北克曾祖父母拿破崙和瑪麗亞，還有他們的兒女：亨利（我爺爺）、威弗雷、阿德拉和另外六個兄弟姊妹。

某年夏日一大清早，太陽才從山邊升起，亨利爺爺和他兒子（我伯父）傑克就來到他們的船屋。威弗雷叔公自己的船屋就在附近。我們從床上爬起來，趁媽媽不注意時，我伸手去推凱利，他也不甘示弱，故意絆倒我，但我們表面都裝作沒事，因為媽不喜歡我們打來打去。我媽的全名是愛倫．茱恩，但大家都叫她茱恩，她很喜歡度假期間的清晨時光，我印象中，那是她唯一完全放鬆的時刻。但今天早上，一陣哀號聲嚇了我們一跳，連忙衝去船上連接岸邊的跳板看發生了什麼事。凱利的睡衣是牛仔圖案，羅蘋跟我的上面印著粉紅色和黃色花朵。

原來是威弗雷叔公養的米格魯吉格斯掉進了戶外廁所。

爺爺抓起鏟子，用魁北克法語咒罵了一聲。爸爸拿起鐵鍬跟上去，威弗雷叔公沿著海灘跑過來。所有人都快步追上去。

威弗雷叔公甩開廁所門，蒼蠅連同一陣惡臭飛出來。媽噗嗤大笑，凱利一次又一次扯嗓大喊：「吉格斯掉進廁所了！吉格斯掉進廁所了！」興奮到停不下來。我跟其他人一起擠進廁所，探頭往木坑裡看。只見吉格斯在水坑裡拍著水，一看到我們吠得更大聲，但坑洞太深，洞口又太窄，大家沒辦法直接把牠從洞裡抓出來。家裡的男人得從廁所旁邊挖個洞，把下面的坑洞變寬才能救牠出來。傑克伯父因為鏈鋸意外失去了一半手指，卻也拿著十字鎬加入救援行動。我、凱利和羅蘋跟媽媽閃到一旁，四個人都在咯咯發笑。

＊審訂註：花旗松（英文俗名 Douglas fir，學名為 *Pseudotsuga menziesii*），俗名亦可譯作北美黃杉。雖英文俗名中有 fir（冷杉），但花旗松是松科黃杉屬（*Pseudotsuga*）的植物。分布範圍很廣，可從北美洲的洛磯山北部一直往南至墨西哥。

約一九二〇年，卑詩省胡佩爾（Huppel）附近。從左到右：希瑪爾家的兄弟威弗雷和亨利在希瑪爾家的農場，兩人抓著一串魚。在蘇斯瓦河繁殖的紅鉤吻鮭是史普拉人（Splatsin Nation）的主要食物來源，後來也成為拓荒者的主食。希瑪爾家族砍掉農場上的林木，開闢牧場飼養豬牛。他們在低地點火燒草，原本只是想清空土地，火卻蔓延到山上，一路燒到十五公里（九哩）外的翠鳥溪（Kingfisher Creek），把整座森林燒光。

我跑上小徑，到一棵白樺底下挖出一塊腐植土。那裡的腐植土最甜，因為這種賞心悅目的闊葉樹會滲出甜甜的樹液，而且每到秋天飽含養分的落葉就會紛紛掉到地上。樺木的枯枝落葉還會引來毛毛蟲，跟腐植土和底下的礦植土全部混在一起，但我不介意。蟲子愈多，腐植土嚼起來愈香、愈營養。從我會爬開始，就很愛抓土來吃。

媽還得定期幫我除蟲。

挖土之前，祖父先把蘑菇移開。**牛肝菌**（bolete）、**鵝膏菌**（*Amanita*）、**羊肚菌**（morel）。他把最珍貴的一種——橘黃色、

一九六六年，吉格斯掉進戶外廁所的那一天。凱利四歲，我六歲，在亨利爺爺家的船屋上。

漏斗狀的**雞油菇**（chanterelle），擱在樺木下放好，即使廁所飄來陣陣臭氣，也聞得到它們發出的杏仁香。他摘下金褐色、菌蓋扁平的**蜜環菌**（*Armillaria*），周圍一圈孢子有如糖粉。這種菇雖然不好吃，但看到它們有如瀑布團團在白樺身上綻放，他就知道樹根可能很軟，輕易就能挖穿。

男人開始挖土，把樹葉、樹枝、毬果和羽毛耙成一堆，露出底下已經部分分解的針葉，還有芽和細根組成的稠密地毯。鮮黃色和雪白色的菌絲覆住這片碎屑拼貼圖，遮住底下被支解的森林，幾乎就像包住我膝蓋傷口的紗布。蝸牛、跳蟲、蜘蛛和螞蟻在這片纖維毯子的孔隙間鑽來鑽去。為了深入地底，傑克伯父舉起十字鎬劃破這層熱鬧的土壤，一路往下挖。地毯

一九二五年，移動希瑪爾家在梅布爾湖上的船屋。亨利爺爺和威弗雷叔公蓋了船屋，還有能把馬匹、貨車和伐木裝備拖到營地的拖船和駁船。秋天湖面結冰之前，他們會挑個晴朗的日子把攔木柵移到蘇斯瓦河口，等到春天冰融之後，就能展開運木作業。威弗雷叔公說過一句名言：「只有傻子和新來的會預測天氣。」

底下是黑亮黑亮的腐植質，裡頭的生物分解得很徹底，看起來就像媽媽用可可粉、糖和鮮奶油泡的熱巧克力。我起勁地嚼著嘴裡的樺木肥土。說也奇怪，我的姊姊弟弟或爸爸媽媽從沒拿我吃土的事取笑我。媽說她要帶羅蘋和凱利回去煎鬆餅吃，但我無論如何都不想錯過這場好戲。男人們又挖開另一層土，被丟到一旁的土塊一個洞、一個洞的，蜈蚣和鼠婦從裡頭爬出來。

爺爺用法語咒罵一聲。腐植土裡的細根變得跟乾草堆一樣密。但爺爺是我見過最強悍的人。有一次他獨自去砍樹，正在用鏈鋸鋸雪松時，一根樹枝硬生生把他的耳朵削下來。他用上衣包住頭止血，再去樹枝底下找自己的耳朵，找到之後開了三十公里的路回家。爸爸和傑克伯父帶他去醫院，醫生花了一個小時才把他的耳朵縫回去。

吉格斯只剩下嗚咽聲。爺爺抓起十字鎬往底下的根莖一劈，但根莖幾乎無法穿透，地下的色彩交織成一片，有淡淡的白色、灰色、褐色、黑色，也有溫暖的棕色和赭色。

男人們往地下世界披荊斬棘時，我津津有味地嚼著有如甜巧克力的腐植土。傑克伯父和爸爸鏟進腐植層後，繼續往礦質土邁進。他們已經把距離戶外廁所兩個鏟刀遠的一小片林地挖開——最上面是枯枝落葉層，再來是開始發酵分解的腐植層。此刻只見薄薄一層泛白發亮的沙土，白得像雪。後來我才知道在這片山林的大多土地都有這樣的表土層，彷彿被往下滲透的滂沱大雨吸乾了生命。海邊的沙之所以那麼蒼白，或許是因為狂風暴雨斷送了小蟲和真菌的活路。樹根大軍結合更緊密的真菌網，入侵這層蒼白的礦質顆粒土，把上層土殘餘的養分吸乾抹淨。

鏟子繼續往下挖，白色土層變成深紅色。湖面微風撲面而來。地面整個挖開，我像嚼著口香糖一樣嚼著甜甜的腐植土，愈嚼愈快。在土壤底下搏動的動脈彷彿被掀開，而我是第一個目擊證人。我湊上前，想把新露出的一層土壤瞧個仔細，立刻被迷住。那裡的顆粒土是鐵鏽的顏色，上面一層黑色油脂，看起來像血。這裡的土塊長得像一整顆心臟。

任務愈來愈艱難。跟我爸的上臂一般粗的樹根往四面八方延伸，他用鏟子去劈，然後瞄我一眼，對自己的瘦弱臂膀拿樹根沒轍也只能付之一笑。但我忍不住笑出聲，因為平常我們都拿瘦皮猴這個綽號取笑他。每條樹根都用各自的方式堅守陣地，儘管它們的共同目標都是跟土壤合為一體。無論是樹皮白而薄的樺木，紫紅色的雪松，紅褐色的冷杉，還是黑褐色的鐵杉，都不例外。地下根能避免這些巨木倒下，吸取土壤深處的水分，製造孔隙、讓細水流動也讓小蟲爬來爬去，還能往下延伸、取得礦物質。也可以避免戶外廁所塌陷，甚至堅固到幾個大男人都無法把它挖開。

他們把鏟子丟到一旁，改用斧頭去劈森林的木質地基，之後又換鐵鍬上場，卻又遇到布滿黑白斑點的巨礫。各種大小的岩石嵌進土裡，跟砌進牆壁的磚塊一樣，有些跟籃球一樣大，有些跟棒球一樣小。爸爸跑去船屋拿來一根鐵撬。男人們又轉又刮又挪，輪流把緊緊巴在土裡的岩石撬出來。我發現沙土就是岩石顆粒風化而成的粉末。秋天被雨水拍打，夏天曬成灰塵，冬天凍到龜裂，春天才又融化。幾百萬年來不斷被水流侵蝕。

吉格斯被埋在千層蛋糕裡，上層是枯枝落葉，下層是磨碎的岩石。再往下一公尺，深紅色礦石變成黃色，愈往下顏色愈淡，如同清晨的天空在梅布爾湖上轉換顏色。樹根變稀疏，岩石變多。到一半深的地方，岩石和土壤呈現粉灰色。吉格斯聽起來又累又渴。

「沒事的，吉格斯！」我往下對牠喊：「你快自由了！」

瑪莎奶奶在船屋周圍放了水桶，接雨當飲用水。我跑去提了一大桶水過來，先在提把綁上繩子，再放到底下，讓吉格斯把腳掌搭上去喝水。

又過了一小時，不時傳來法語髒話，最後四個男人並肩趴在地上，上半身鑽進鑿寬的洞裡去抓吉格斯的前腳。「一、二、三！」大家齊聲喊，合力把吱吱哀叫的吉格斯從糞坑裡拉出來。牠渾身發抖，蹴著腳踩上色彩斑斕的樹根織成的地毯，然後輕步跑向我，橘黑白三色的毛髒兮兮的，還黏了好多衛生紙，連搖尾巴都沒辦法。男人們累到根本沒力氣移動，直接拿出香菸歇口氣。我輕聲說：「小子，跟我來。」我們小心翼翼上前幾步，然後就跳進湖裡洗澡。

之後，我坐在湖邊丟漂流木到湖裡，讓吉格斯撿回來給我。牠不知道牠的糞坑落難記為我開啟了一整個新世界，我自己也不知道。土壤裡的樹根、礦物質和岩石，真菌、昆蟲、毛毛蟲，還有在土壤、水流和樹木裡流動的水、養分和碳。

在梅布爾湖上的漂浮營地度過的那些夏天，我得知了祖先的祕密——世世代代砍了一輩子的樹，這段歷史融入我們的血液。他們砍伐的內陸雨林似乎堅不可摧，古老的大樹是整個群落的守護者。更重要的是，過去的伐木工會停下來仔細測量、評估要砍伐的個別樹木的性質。此外，木材靠水道和河流運送，因此砍伐規模小，速度也快不了，後來改由貨車和道路運送之後，伐木規模才急遽擴大。里路耶山脈的伐木公司究竟哪裡出了差錯，而

約一九五〇年，加拿大翠鳥溪，亨利爺爺（戴白帽）、他弟弟威弗雷和他兒子歐迪，正在運送木頭通過斯庫卡姆查克急流（Skookumchuck Rapids，簡稱「查克」急流）。家裡的男人得在木頭上走動、滾動木頭、在上面跳來跳去，幫助木頭往下游移動，險象環生。木頭一旦在查克急流上堵住，他們就得用炸藥把木頭炸開。亨利爺爺上了年紀記憶不好，有次開船到下游途中，舷外馬達突然停擺，他忘了怎麼拉繩重新啟動引擎，差點溺死在查克急流裡。瑪莎奶奶在岸上不斷喊他，他才及時在撞上急流之前想起來該怎麼做。

且是大錯特錯？

爸爸很愛跟羅蘋、凱利跟我說他年輕時在森林發生的事，每次我們的眼睛都睜得像一元硬幣一樣大，尤其是故事變可怕的時候，例如威弗雷叔公被白松上的捆木鍊截斷手指的故事。當時，王子（一匹兩千磅重的灰色輓馬）拉著捆木鍊往前走，直到威弗雷叔公的慘叫聲蓋過鏈鋸聲，爺爺才趕緊把王子攔住。還有一次，一根雪松木撞上爺爺的背，從此害他微微駝背。某方面來說，他們還算幸運，這裡常有人被斷枝或馬拉的木頭撞傷。有些

約一八九八年，梅布爾湖，伐木工抓著橫鋸站在跳板上。兩個男人要花一、兩天才能砍下這棵西部白松，也是這片混合林中最珍貴的木種。因為二十世紀初從亞洲傳來的白松泡鏽病，現今這片林中已經看不到古老的西部白松。

約一八九八年，在梅布爾湖拖運白松木。西部白松和西部側柏是該林分最高大的兩種樹，製成木材都非常珍貴。看周圍的林木樹幹粗大而清爽、地被層稀疏就知道，這片老熟林林木充足，生產力高。

人被互相推擠的木頭壓扁，或是在蘇斯瓦河上運送木頭時，被他們用來抒解木頭堵塞的炸藥給炸掉雙手。

吉格斯掉進廁所的那個夏天某日午後，爸爸帶我、羅蘋和凱利去森林裡尋寶，沿著他年少時工作的古老水道，尋找被丟棄的馬蹄鐵和捆木鍊。他告訴我們，亨利爺爺和威弗雷叔公當年就是在這裡徒手伐木，把木頭鋸斷再支解。這裡的針葉樹不少，有時一小叢花旗松或白松會因為病蟲害而倒下，雪松或鐵松偶爾也會。家裡的男丁找到什麼珍貴的木材，就會動手砍伐。

徒手砍伐一棵樹要花上大半天，一叢得要一個禮拜。爺爺為人風趣幽默，威弗雷叔公則是個精明的生意人。兩人都是發明家。威弗雷用台車在他的兩層樓農舍打造了手動升降機，爺爺在希瑪爾溪建了水車，為船屋發電。這片原始森林長得很高，相當於十五樓高，爺爺會從中找出最筆直的樹。砍伐時，他跟威弗雷會在樹木的寬大底盤之上、腰圍稍小的地方搭簡易跳板，一人站一邊，從這裡下手。兩人事先研究過樹木的傾斜角度和周圍的地形，早已規畫好要怎麼砍，樹才會往水道的方向倒。

兩人在下坡側開始鋸上切口，抓著橫鋸賣力一推一拉，水平切開上段樹幹，發出類似吉他滑音的聲音，片片木屑灑在他們的羊毛衣袖上。鋸到三分之一的地方，他們會停下來休息，嚼幾條燻鮭魚乾，這時樹幹切面開始滲出汁液。爺爺邊打量樹的奇特傾斜角度邊罵：「Il est un bâtard!」（譯註：王八蛋），然後用他少了一截的食指指了指，警告大家這棵樹至少可能會往兩個方向倒。手臂又來回賣力推了一個小時後，他們往下移，開始鋸下切口，跟倒向口呈四十五度角，讓兩個面在中央的心材交會。威弗雷用斧頭刀背敲掉楔形邊材時，喊了聲「Mon chou!」（我的小寶貝）。樹幹身上的開口笑很像他們自己的嘴巴，因為他們年輕時牙齒幾乎蛀光光，現在都戴假牙。

下半段鋸得差不多時，大家會吃些草莓酥餅，補充大量水分，捲菸輪流抽。都是 Craven A 牌捲菸。休息完就又回到跳板上，繼續從樹幹的另一邊開始背切，約在上切口上方一吋的地方。只要稍微算錯，樹就會往後倒，讓他們人頭落地。

當樹開始微微往前傾，樹幹只剩下一點完整的纖維連接中心時，他們就會放下鋸子。爺爺用斧頭較鈍的那端把一塊楔形金屬敲進背切口裡，用法語咕噥了聲「該死！」，木質部劈啪裂開。樹吱軋一聲，倒向水道，伐木工齊聲大喊「樹要倒啦！」，並用最快的速度往上坡跑。樹倒下時咻咻劃過空氣，樹冠像帆一樣漲滿風，激起一道強大的氣旋，底下的蕨類往上飛，露出了蒼白的葉背。樹枝和針葉也跟著旋轉。幾秒間，樹就倒在地上，碰撞聲震耳欲聾，地面隨之震動。樹枝像骨頭一樣斷裂。一窩鳥被氣流掃到，慌忙拍著翅膀飄到地上。

亨利爺爺和威弗雷叔公沿著倒地的樹木用斧頭砍下枝幹，以十米長為一單位，好讓王子輕鬆地把木頭拖去水道。因此，男人們得在每段木頭的尾端綁上捆木鍊，就像給小牛上套索，只是他們用的「套索」是跟手腕一樣粗的鐵鍊。較小段的木頭，他們用手工鍛造、可以張得跟獅子嘴巴一樣大的鉗子夾住木頭尾端。接著，再把捆木鍊或鉗子繫在王子尾巴後方的橫木（用幼樹刻成的木條）上，調整及平衡重量。王子一邊哼哼噴氣，一邊把砍斷的木頭從樹墩拖往水道。兄弟倆接著用鉤棍（一根裝了旋轉鐵鉤的長竿）把每段木頭滾進水道口。工作搞定，樹木運到底下之後，他們會站著抽同一根菸，安然無事度過一天，**等於又賺到一天**。直到今天，這樣的畫面和主題仍是我對家人徒手伐木的想像。

木頭從亨利爺爺的水道轟然衝下梅布爾湖。這條水道流進希爾瑪溪口附近，爺爺還在希爾瑪溪建水車，為伐木工的船屋供應電力。

站在梅布爾湖的攔木柵上的河上運木工。威弗雷・希瑪爾（左三）抓著四米（十四呎）長的鉤桿用來導正木頭的方向。短一點的鉤棍尾端裝有U形金屬鉤和尖釘，方便工人轉動木頭並保持平衡。這項工作很危險，但是運木工要是摔下木頭，會被認為很弱。前景那些較短的花旗松木會鋸成木材，背景那些較長的雪松木則會賣去當電線桿。雪松木帶來的收益較高，但運送起來比花旗松木危險很多，因為會塞在水流中。

我一向相信大自然很有韌性，土地必會恢復活力，甚至在大自然翻臉不認人時，替我解危。但是奶奶太清楚在林中工作的危險，所以對這一行不免懷有疑慮。二十幾歲時，她因為感染造成垂足，從此跛腳，所以希望兒子活得更自由、更安全。儘管如此，傑克伯父還是當了伐木工，而且因為擔心母親，直到四十歲還住在家裡。

我爸很小就放棄在林中工作。去尋寶那天，他跟我們說了讓他做出這個決定的導火線。那天我們坐在木頭上，太陽逐漸西沉，我們開開心心挖出的捆木鍊堆在一旁。爸爸才十三歲，傑克伯父十五歲時，兩人為了幫忙家裡而休學。他們的工作就是等著一段段雪松磕磕撞撞滑下一公里長的水道，像雪橇一般從希瑪爾山上朝著他們轟然飛來，墜入梅布爾湖的攔木柵。木頭一碰到水面，爸爸和傑克伯父就得快速把它們導向攔木柵。

有天早上，他在綿綿春雨中發抖，突然間慌了手腳。手中抓著鉤桿，桿尾接了鐵叉，腳下的木頭不停滾動，他努力保持平衡。「來了！」傑克大喊，勉強跟上腳下晃動不定的木頭。爸爸隨著翻騰的波浪加快速度。雪松木從水道底飛撲而來，像縱身一躍的奧運滑雪選手，飛得比平常還高，在空中畫了道弧線，才撲進他們前面二十公尺遠的水面，掉進深不見底的湖裡。誰也不知道它會從哪裡噴射出來，像火箭一樣射出湖面。

時間瞬間靜止。爸爸告訴我們，當下他猛然想起休學之前，他寫過的一篇有關第二次世界大戰的報告。「整個晚上，大砲轟了又轟……」老師規定要寫五百字，但爸爸不知道要如何把這麼多字串在一起，描寫一個士兵內心的恐懼。他心想木頭一定會噴射出來，把他碾成肉醬。

「快跑，皮特！」傑克大喊。

但他動不了。即使後來傑克往岸上跑，大喊叫我爸快點跟上，免得木頭來記回馬槍，爸爸還是什麼都聽不見。時間一秒一秒過去。

轟！木頭在他身後二十公尺的地方一飛衝天，接著又嘩啦啦落水。爸爸把上下擺動的木頭拖進攔木柵時，手還抖個不停。到了秋天，爺爺的船噗噗號就會把攔木柵往下游拖，裡頭最大的木頭會賣給鋸木廠，直徑較小的雪松賣給貝爾電線桿公司當電線桿。

不久之後，爸爸改行做食品雜貨管理，一做就是一輩子。儘管如此，森林永遠是我們的生命泉源，在我們的血液中流動不息。

很久以前木頭沿著林地滑行留下的痕跡還在。那是種子著陸的完美地點。種子有些小如沙粒，有些大如蛋白石，來自大小不一的毬果。西部側柏和鐵松的毬果跟人的拇指指甲一般大，花旗松的毬果大如拳頭，白松毬果則跟我們的前臂一樣長。滑行的樹木刈過的林地上，老樹的種子長出濃密的幼苗，白色根尖深入腐植土和水源。它們很強韌，從代代祖先那裡遺傳了強大復原力的基因。森林裡的所有樹種根據成長速度分成不同層。鶴立雞群

約一九二五年，翠鳥溪。瑪莎奶奶，二十歲左右，走在蘇斯瓦河的浮木上。

的花旗松和白松占據中間，這裡的礦質土暴露在外，光照的時間最長。彎彎的雪松和鐵松倚靠在父母的庇陰下，我們去尋寶那天已經長得跟我一樣高。立在拖運路線中央的花旗松小樹已經是爸爸的兩倍高。

手工伐木、馬匹拖運、水道集木這些方法，讓森林得以更新重生。目前林業的作法和我負責的工作，顯然已經跟過去不可同日而語。

我在伍德蘭辦公室裡望著窗外，想著我去視察的那片人造林。改善的方法很多，比方栽種更多已經在苗圃馴化的幼苗、改種較大的幼苗、更用心整地、伐木後更快播種、移除爭搶養分的灌木叢。但種種線索告訴我，答案藏在土壤以及幼苗根與土壤的關係裡。我速寫了一株根部有分支、真菌綿延的健康幼苗，還有一株新枝細小、根部發育不良的瘦弱幼苗。但我的想法得暫擱一邊，因為今天我奉命跟雷一起前往冰川覆蓋的巨礫溪谷（Boulder Creek）視察一片兩百年歷史的森林，距離里路耶有二十幾公里。

今天我要扮演的角色是劊子手。

我跟雷的任務是去那裡畫出皆伐的界線。他只比我大幾歲，跟我們這些工讀生一樣住公司宿舍，但他有在太平洋沿岸陡峭山區工作的經驗，而且看到他，我就會想起我們家族裡的男丁。雷曾經被一頭灰熊攻擊，屁股被咬下一塊肉，要不是同行的鑑界士發射獵槍把那頭母熊嚇走，他早就被灰熊給叼走。

我們經過用來開闢新拖運路線的挖樹機和刮板式平路機，在山腳日積月累的扇形沃土上的幾棵老樹附近停下來。是英格曼雲杉，樹冠寬闊展開，灰色樹幹巨大挺拔。雷讓我看了一眼地圖，不太習慣跟女生分享資訊，而且急於完成工作。但我瞥到的路線直往高聳的山脊延伸，愈高林木愈稀疏，直到碰到旱獺棲息的落石堆。溪流沿岸的雲杉逐漸被花旗松取代，因為地下的土壤深到能容納四處蔓延的根系。每隔幾百米，森林就會被雪崩的路線打斷，沿途跟玫瑰一樣刺人的魔鬼枴杖和花俏如點針刺繡的蹄藍蕨高度及腰。我想起梅布爾湖也有一樣的植物，興奮得胸口發熱，但還是假裝冷靜。我摘下一朵俗稱泡沫花的黃水枝，細小的白花像海浪的白沫。

藉由紅色蠟筆和指南針的幫助，雷在空拍圖上畫出一個完美的框框，標出皆伐區的範圍。標完之後，他把空拍圖捲起來，再用橡皮筋捆住。

「啊，雷，我沒看清楚，」我說：「可以再讓我看一遍嗎？」

他不情願地攤開地圖，表情難以辨認。

「要全部框入嗎？」我問：「我們不能把一些最老的樹留下來嗎？」我指著一棵龐然大樹，垂掛在樹枝上的地衣有如窗簾。

「妳是環保人士嗎？」他是個凡事講求精確的技術人員，一切照時間和工作規定來。這是他的職業，他熱愛這份工作，只要盡力做好就能得到報酬。

我看著這片枯樹椿組成的森林。能在這麼珍貴、廣大的森林裡工作，我很興奮，甚至不介意想出砍掉其中一些樹的方法。但一口氣砍除整片林地，會將有助森林復原的根基也一併消滅。這裡的樹分成一叢叢，最老最大（樹圍一公尺，高三十公尺）的樹分布在谷地最深處，也就是水聚集的地方，旁邊則是較年輕的樹，樹齡和大小不一。就像緊挨在雷鳥媽媽身邊的雛鳥。樹皮溝槽裡爬滿狼地衣，方便鹿冬天啃食。加拿大水牛莓和加拿大皂莓灌木長在岩石之間。鮮紅色的火焰草、紫色的絹毛羽扇豆、淡粉紅色的卡呂普索蘭，還有紅白相間的珊瑚蘭，沿著四面八方蔓延的樹根綻放。一旦樹全部砍掉，這些植物就難以茁壯。我到底在這裡做什麼？

我們按照雷的計算結果，約每十公尺用粉紅絲帶做記號，標出範圍。伐木工看到絲帶就知道砍到哪裡為止。界線以外的老樹因此能逃過一劫。

雷要我把線往兩百六十度角拉，幾乎是正東方的方向，大致沿著雪崩路線邊緣走。我從背心後口袋拉出滑溜的尼龍繩（一捆有五十米長）時，他抬眼往界線望去。他跟在我後面，沿途繫上更多彩帶供伐木工辨識。

我調整了羅盤上的指針並鎖定一棵樹當指標。繩子像跳繩一樣散開，繩子上每一公尺結一個金屬扣，總共有五十個。我像土狼一樣在灌木叢和各種樹木之間穿梭，在木頭身上繞上繩子。

走到五十米遠時，雷對我大喊：「綁帶！」他拉拉他那端的繩子，我在樹枝上綁絲帶做記號。

「標記！」我喊回去，聲音蓋過底下的水流沖擊聲。我很喜歡大喊「標記」的感覺。

雷朝我的方向爬過來，對於精準標出第一段距離很是滿意。有隻松鼠吱吱叫，我用手指去戳牠剛剛挖過的地方，摸到一顆軟軟的圓石。林地底下貼著一片有如松露巧克力的真菌，我用刀子把它挖出來，割斷鑽進更深地底的黑色絲線，然後塞進口袋。

「看到那些大南瓜了嗎？」雷問，指的是界線以外的幾棵巨大冷杉。他認為我們應該把它們框進來，這樣老闆們會很高興，等於奉上額外大獎。

我提醒他那些不在砍伐許可範圍內，框進來是違法的。巨大的老樹不僅是空曠地的重要種子來源，也是小鳥最喜歡的棲息地，我還曾經在樹幹的根頸部位看過熊的洞穴。

我們都沒有做這類決定的權力。我知道他也很愛樹，這是我們挑選這個行業的根本原因。「長得這麼好的冷杉，沒道理不收。」他說，思索片刻。「可以送去刨切廠。」

我們走向其中一棵禁止砍伐的老樹，我很想大喊，叫它快跑。我知道搶下最大獎會有多得意，也對那種誘惑，所謂的淘綠金熱，並不陌生。最健壯的樹能賣到最高價，那表示當地人有飯碗，鋸木廠也能維持營運。我查看這棵樹的巨大樹幹，在雷的眼中看到那股勢在必得的決心。一旦開始獵取目標，很容易上癮，就像永遠想征服最高峰，過一陣子胃口會愈來愈大，永遠無法厭足。

「我們會被抓。」我反駁。

「怎麼抓？」雷雙手抱胸，表情困惑。政府不會一一檢查我們的砍伐界線。再說，這幾棵老樹距離那麼近，簡直唾手可得。

「那是貓頭鷹的棲息地。」我在學校聽說過稀有的乾燥林貓頭鷹——花彩角鴞，但對牠們所知不多，也搞不清楚牠們是否在巨礫溪出沒，純粹只是想抓住最後的希望。

「明年夏天妳還想要這份工作嗎？我當然想。」公司會因為我們找到更多木頭而獎勵我們。他往後一瞥，好像樹會趁機逃跑似的。

我想要大聲尖叫，實際上卻重新繞線，只敢在心裡哀嘆自己的軟弱。到了林木線，我的肩膀繃緊。一棵宏偉的冷杉矗立在這裡。一大片牛防風和柳樹遮住了雪崩路線，但沒有風。我很快把粉紅色絲帶綁在樹上，讓這棵樹落進砍伐範圍。再過一個禮拜，它就會一命嗚呼，被人砍斷，枝幹分離，堆在通行路線上，等人搬上貨車。

我跟雷把界線全部重拉一遍。又一棵老樹被判死刑。

一棵之後又一棵。完成之後，我們總共從雪崩路線的邊緣偷了至少十二棵老樹。休息時，雷拿出巧克力片餅乾請我吃，說是他自己做的。我婉拒了，把靴子和膝蓋當作錨，將尼龍繩捲成八字形。我提出我們可以說服公司在皆伐地中央留些冷杉的建議。「你知道，就像德國留下巨大的種子樹那樣。」

「這附近都是皆伐地。」

我試著跟他解釋，我從小長大的地方會砍伐一小片樹林，拖運的木頭翻動沿途的林地，為冷杉種子準備發芽的苗床。雷反駁我說，假如我們留下幾棵孤立的冷杉，風會把它們吹倒，然後引來樹皮甲蟲。「到時候公司就會損失慘重。」他又說，對我還是沒抓到重點感到沮喪。

看到雄偉壯觀的冷杉只剩殘根，優雅的英姿變成一片空蕩，實在令人心痛。回到辦公室之後，我難過地為這片皆伐地規畫簇種法（cluster planting），谷地種花旗松，露頭種黃松，溪流沿岸種刺狀針葉的雲杉，模仿自然的分布形態。雷說的當然沒錯，公司不會答應我留下幾棵老樹，任其種子灑落在皆伐過後的林地上，但這樣的設計至少能保住這塊林地的豐富多樣。

泰德說，我們只會種松樹。

「可是那裡沒有扭葉松。」我說。

「無所謂。扭葉松長得比較快，也比較便宜。」

地圖桌附近的其他暑期工讀生不安地動了動。周圍辦公室的林務員把手放在聽筒上，豎起耳朵聽我有沒有膽展開辯論。日曆從牆上掉下來，砸在地板上。

我回自己的桌子重寫種植規畫書，一顆心沉到谷底。當年那個吃土的小女孩怎麼了？那個會用樹根編辮子，為複雜又奇妙的大自然著迷的小女孩呢？驚人的美麗，層層疊疊的土壤，深埋的祕密。我的童年在對我大喊：**森林是一體的**！

3 乾枯大地

我跨立在腳踏車上，大口灌水。正午時分，乾渴的森林曝曬在烈陽下。我已經騎了一百公里，高溫把我夏日曬黑的皮膚上的汗水吸乾。卑詩省南部內陸的低矮山脈之所以乾巴巴，是因為往東流動的太平洋氣流把大半降雨都倒在沿岸的山脈（從海岸延伸兩百公里到這裡以西二十公里處），導致內陸藍天白雲，滴雨不下。這個週末，我在這片景色中感到自由自在，為了古老花旗松、跟雷僵持不下的事被拋到腦後，種植計畫被泰德推翻的失望也暫時擱下。

我正要去參觀牛仔競技賽，看我弟凱利大展身手。凱利跟牛仔和馬匹在一起最自在。我上一次看到他是兩個月前在媽媽家，當時他為了女朋友傷心啜泣。那個女生是繞桶賽選手，在他去亞伯達省上馬蹄鐵課程時移情別戀。那天我們兩人站在黑暗中，他靠著他那輛黃銅色的貨車，車斗上還放著新的馬蹄鐵熔爐和鐵砧。他低著頭，努力把悲傷往肚裡吞卻還是沒辦法。我也跟著他一起掉眼淚。

我低頭往山谷望去，幾公里下只見一條河穿過布滿鼠尾草和雜草的窪地。那些吃苦耐勞、高度及膝的多年生植物，是唯一能在那片乾燥土地上存活下來的植物。樹木需要的水分太多了，在那裡很難生存，但上面這裡的水分，還夠樹木在草地間的隱蔽角落建立據點，形成開闊的林地。

午後的薄霧漸漸浮現，可能來自於野火，但還能清楚看到山谷拔地而起一千公尺，形成下一個山脊，離我的所在地還有六公里遠。地勢愈高，降雨愈多，因此分支的溝壑很快長滿逐水而居的樹木。溝壑上的樹木最後滿溢到圓丘上，與森林連成一氣，形成連綿的遮蔽。林木繼續往上攀升時，樹在山丘上又簇擁在一起，抵擋低溫和濕土，直到規模漸小，最後被淺綠色的高山草甸取代。

我放下腳踏車，走一小段路，找片草地躲太陽，穿過一叢叢花旗松，還有長在低處、占據一小片水窪的黃松形成的傘蓋下。接著，我爬上一座圓丘，有棵黃松孑然挺立，一束束細長的針葉稀稀疏疏，節省珍貴的水分流失。因為如此，黃松脫穎而出，成為這一帶最耐旱的一種樹。這一棵的處境尤其危險，連根扎很深的叢生禾草都已經枯黃，把流失的水分減到最低。我拿出水壺，把最後幾滴水分給黃松，卻又不禁笑自己的舉動太過天真。這種時候只有主根能救它。

只見一叢古老的花旗松占據一條淺溝，我直直走過去一探究竟。馬勃菇（puffball）衝著我的臉噴出團團褐色孢子；蚱蜢跳來跳去。以前我跟凱利會採這種菇回家煮湯，我摘

一九八二年，我二十二歲，在恩德比（Enderby）和薩蒙阿姆（Salmon Arm）之間的一棵花旗松下休息。一九八〇年代初，我跟好友琴花了很多個週末環遊內陸的道路，身上只帶睡袋和十塊錢。那天我弄丟皮夾，回到家之後，有個汽車駕駛人打電話給我爸，說他在公路旁撿到我的皮夾，裡頭有我的駕照和十塊錢。

下其中一朵，菌絲從底下的支點翩翩垂落。我想把這朵菇送給凱利。他要是知道我是在草地上找到的，一定很高興，因為覓食是我們小時候最愛玩的遊戲。

古老花旗松的樹冠形成大片樹蔭。它們長在這裡的溪谷是因為瓶刷般的濃密針葉需要大量水分，至少跟針葉稀疏的黃松比起來。這限制了它們生長的地方，卻也讓它們長得比黃松更高，形成更濃密的樹叢。但花旗松和黃松都比雲杉和洛磯山冷杉更擅長留住水分，對抗乾旱。它們的絕招是，只在早上露水未散時，打開氣孔幾個小時。這些樹會在一大清早打開氣孔，吸收二氧化碳合成醣，同時把從根部吸收的水分蒸發掉，到了中午就關閉氣孔，暫停光合作用和蒸散作用。

我坐在一棵古老花旗松的茂密樹冠下啃蘋果，樹冠外圍有幾株幼苗，可見土壤涼爽又潮濕。布滿皺摺的褐色樹皮吸收了熱氣，避免樹燒起來。樹幹也很粗，防止底下的組織（即韌皮部，經由一圈一吋厚的長管細胞，把光合作用製造出的醣從針葉送到根部）流失水分。黃松的橘色樹皮，也能保護撐著陽傘似的樹木不被約每二十年就會席捲森林的大火侵襲。

儘管水分不足，這些幼苗仍然開心地長大，反觀我們在這裡以西的海岸山脈（Coast Mountains）種下的幼苗，儘管不缺水，卻還是奄奄一息。

不知打哪來的芒草搔著我光溜溜的大腿，我瞥見一隻螞蟻從附近的蟻窩爬出來。蟻窩跟我坐姿打下的側影一樣高且寬，微微顫動著，上面有成千上萬隻螞蟻忙進忙出，搬動、堆積和儲存散落在林地上、無以計數的花旗松針葉。螞蟻也把腳上和糞粒中的木腐菌孢子帶進蟻窩，加速針葉染病和分解的速度，如此這些枯枝落葉才能進一步沉澱和穩定下來。除了蟻窩，螞蟻也把孢子帶往樹樁跟倒木，以利有時因為夏季乾旱受阻的腐爛過程。我還記得在梅布爾湖看過的秀珍菇（oyster mushroom）腐生菌，它們乳白色的光滑傘蓋貼在白樺枯木的落葉和樹幹上。還有死在蜜環菌這種致病真菌下的樹木。秀珍菇分解樹木的功夫了得，還會為了補充蛋白質一併殺死蟲類，吸收牠們的養分。蕈菇跟它們棲身的地方一樣多樣，而且非常擅長一次做很多事。

神奇的是，這裡的峽谷和窪地雖然乾枯，散落在花旗松和黃松周圍的小樹和幼苗似乎很健康，即使尚未長出深入土壤的主根。難道是老樹經由根接法將水傳送給小樹，幫助它們長大？根接就是不同樹木的根一同接合到單一的根上，彼此共用韌皮部，就像植皮之後，健康皮膚和受傷皮膚的血管合而為一。

我該走了，不然會錯過凱利的騎牛比賽。他騎的是公牛，因為那是收費最低的一項比賽，而他又老是處於破產狀態。

我走回去牽車，腦中還在思索水分之謎，發現馬路對面有一叢白楊，樹幹又白又光滑。這叢白楊，同樣從較潮濕的溝壑蔓生到較多岩石的斜坡上。隨風顫動的葉子又大又平，每天勢必散發大量水分。這種又稱顫楊的樹之所以獨特，是因為同一棵樹的莖，是從地底共用的根系網上分布的新芽冒出來的。我很好奇這叢白楊是否從溝壑取得水分，並透過共用的根系把水分往上坡送，就像消防隊一樣。它們的樹冠底下冒出團團野玫瑰，淡粉紅色的花瓣完全盛開，炫耀著鮮黃色的雄蕊。這是凱利最喜歡的花。一簇簇紫色的絹毛羽扇豆、金黃色的心葉山金車和貓掌蝶鬚草，從樹蔭下蔓延到陽光下。白楊的根系會把一些水分滲入土中，讓它們吸收嗎？或許，這是這種熱鬧的植物群落在這塊乾淺的土地上存活的方法。但我想不通古老的白楊傳送給小花的水，要如何不被太陽蒸發？

我停在一棵彎彎曲曲的黃松前，在爬滿地衣的地上挖了個洞，把蘋果核埋進去。硬土裡，布滿交叉錯綜的樹根和草的地下莖——地底下的匍匐莖，這裡一個、那裡一個莖節，有如草莓的走莖。泥土雖乾，礦質土塊卻爬滿大片白色、粉紅色和黑色的菌絲。那些菌絲比起小時候吉格斯掉進糞坑那天，我在五顏六色的樹根和土壤裡看到的肥厚菌絲還細；比起春天我在那片皆伐地的洛磯山冷杉林底下看到的黃色厚墊還細緻。是粉紅色的珊瑚菇（coral fungus），因為長得像海底的珊瑚而得名，它從一片地衣中探出頭，在地面上結成一層殼。我摘下這株只有一吋高的真菌小樹，仔細觀察它纖細而直挺的分支。這些分支顯然跟其他種真菌的菌褶、細孔和隆起一樣，能有效打造足夠的空間孕育孢子。多不勝數的孢子往我的鼻子噴射，害我打了個噴嚏。粉紅色的真菌纖維從底部飄散。

這顆形狀怪異的珊瑚菇的菌絲在做什麼？怎麼幫助珊瑚菇維生？我用拇指和食指搓搓菌絲。沙沙的。潮濕的土壤顆粒黏在菌絲體上。菌絲扮演的角色或許是從土壤裡錯綜複雜的細孔中收集水分。在這種氣候下，土裡僅剩的水分都會像水泥一樣緊緊巴住土壤顆粒。在樹木只長在低窪處和溝壑的稀疏林地，水分顯然限制了它們能夠立足的地方。我很好奇這些小蘑菇會不會不只幫自己，也幫努力捱過寒冬的樹木取得水分，甚至養分。假如我騎腳踏車橫越山谷，前往更高海拔的森林，會不會在那裡找到長得像鬆餅的乳牛肝菌，就跟在里路耶山脈看到的一樣？在水分充足的地區，那些粉紅色、黃色和白色菌絲輸送給樹木的，或許不是水分，而是養分。我把珊瑚菇跟口袋裡的馬勃菇放在一起。

更教人費解的是，土裡的水分能從大樹傳到根還太淺的植物，關鍵是否在於蔓延土壤的大量菌絲？這些長得像地底蜘蛛絲的菌絲，是不是跟大樹和植物一起攜手為整個群落捕捉珍貴的水分？馬勃菇和珊瑚菇也參與其中嗎？或許沒有，畢竟樹木互相競爭求生存，是大家普遍的認知。學校是這麼教我的，我打工的伐木公司喜歡把生長快速的樹木一排排隔得很開，也是同樣的道理。但是在樹木和植物必須互相扶持才能存活的生態系統裡，競爭理論卻說不通。遇到嚴重旱季，樹木適應不了極端的乾燥氣候，就可能屈服於酷熱的高溫。

一如往常，我及時在凱利開始比賽之前，趕到洛根湖（Logan Lake）的競技場。牛仔競技賽的會場設在村子中央。村子座落在冰雪覆蓋的低矮內陸山脈，周圍都是蒼白乾癟的冷杉和松樹，還有長長的草地。居民只有數千，多半是牧場經營者、伐木工或銅礦工。這片不起眼的山脈，是由密實的冰磧物和火山噴發口組成的，經過幾百萬年的日曬雨淋，總讓我想起這裡吃苦耐勞的居民。烈日照在滿布灰塵的地面上，溫暖了大地，也把馬跟牛的味道變得更重。狗在樹蔭下的水盆前大口喝水，小孩在遮篷下的魚池邊消磨時間。男女牛仔領著他們迷人的駿馬（有阿帕盧薩馬、夸特馬、花馬）在馬棚和賽場之間穿梭。觀眾紛紛入座，準備觀賞即將開始的騎牛賽。我在正面看台較低的地方找到位置，並往滑槽那一頭搜尋凱利的棕色毛氈牛仔帽。

儘管天氣很熱，牛仔們無不盛裝出賽，穿上繡了花紋的牛仔襯衫和燙出褶痕的合身牛仔褲，跟伊麗莎白時代的貴族一樣高雅。我把棒球帽壓低、遮住陽光，好希望自己有頂牛仔帽。穿T恤和短褲前來真是失策，這片低矮的山脈簡直比地獄中心還熱，皮膚暴露在外一下就會曬傷。

接著，我看到了凱利。

他跨坐在擋住公牛滑槽的柵欄上，抓著跟他搭檔的公牛。滑槽設在橢圓形賽場的盡頭，不比公牛寬多少，用柵門擋住。有名小丑站在賽場裡。凱利穿著牛仔褲和皮革護腿，大腿繃得緊緊的，正等著公牛稍微平靜下來。只見他咧著嘴開口跟公牛說話，一雙清澈的藍眸專注無比，彷彿釘在一對深色眉毛底下，破舊的皮手套讓他的一雙大手顯得更大。我知道他的皮帶上印著他的名字，銀色扣環是他的戰利品，上面刻著一頭美洲獅，剛好證明我們從小長大的山林就是美洲獅的故鄉。父母在這裡教我們怎麼露營，怎麼蓋園圃和抓魚，怎麼划獨木舟去牲畜圍欄才能騎到凱利的馬——米可。我們也在這裡一起認識這片土地，認識我們在山林裡長大成人的原因和意義。蓋樹屋、玩槍戰，還有在梅布爾湖的涼爽雨天自己動手做鞦韆和不怎麼可靠的木筏。小時候，凱利把藍色木桶綁在棉白楊之間練習騎牛，一練就是好幾個小時。我跟羅蘋會死命搖晃繩子，他騎在木桶上，想像自己踩著馬刺，就像在駕馭跳上跳下的野牛。

這次他抽到最難纏的一頭公牛：但丁的地獄。計分板上跳出但丁的紀錄：九八%的牛仔都被牠甩下背，牠的轉、踢、摔、滾四五%都會得分。公牛的表現占五十分，牛仔制衡公牛的動作流暢度占五十分。凱利跨在柵欄上等待時，但丁不斷去撞滑槽的牆壁。看台上的牛仔扯著粗啞的嗓子吆喝。場內的小丑手舞足蹈，準備把柵門打開。凱利抬頭搜尋觀眾席。抽到但丁有利有弊。沒咬牙撐過八秒就被牠摔下來等於零分，但只要撐住就能幫他的駕馭技巧爭取到更多分。

但丁的身上出現一條條白沫，被困住的焦慮因為觀眾更加放大。我腦中浮現凱利嘴巴底下的那道疤，他老愛塞東西在嘴裡嚼啊嚼，把疤扯得更大。那道疤是他十一歲那年騎腳踏車撞上一輛停放的貨車弄的；那天我們在比賽看我的新測速器可以飆多高。

他在看台上找到我，對我笑了笑。**別擔心，看我的**。

我緊張地搓揉著指間的珊瑚菇。

播報員的聲音透過擴音器傳來，公牛弓背躍起，就快按捺不住。當他以明日之星介紹凱利出場時，我驕傲地抬頭挺胸。他的好身手在卑詩省的切特溫（Chetwynd）、克內爾（Quesnel）、克林頓（Clinton）這些小鎮已經出了名。贏了比賽就能抱回獎金，而牛仔多半很缺錢。這次的小規模巡迴賽，獎金是五百元。凱利塞住耳朵，假裝受不了公牛衝撞發出的轟然巨響，逗著小丑玩。小丑的臉塗白、嘴塗紅，身穿黃色格紋牛仔上衣搭配寬鬆的牛仔褲。

「嘿，小丑。」播報員透過擴音器逗著他玩。

小丑翻了個筋斗。「有何貴幹？」他大喊。

「你知道牛仔都在哪裡煮飯？」

小丑聳聳肩，但不忘留意滑槽那頭的動靜。

「爐台上（譯註：range 兼有牧場和爐台之意）。」

觀眾哄堂大笑，小丑摔到地上證明自己有多痛。凱利在滑槽的盡頭準備就緒。公牛稍微平靜下來。

「喂，小丑，你聽說過三腿狗的笑話嗎？牠走進一家酒館，想問酒保一件事。」

小丑雙手扠腰並搖搖頭，因為狗不會說話。

「我在找害我變成茄子的仇人。」（譯註：應爲「瘸子」，發音不準而成「茄子」）

小丑舉起手往頭上一拍。觀眾哈哈大笑，但又隨即安靜下來。

我在前面幾排瞥見偉恩舅舅。他目不轉睛盯著凱利，像在心中默默指導他。凱利是偉恩的徒弟，偉恩則是凱利的偶像，兩人都從世世代代以畜牧為生的弗格森家族繼承了牛仔的血液。這些習慣日曬雨淋的人寧可騎馬橫越草原，也不願意坐下來讀一本書。

我跟他們是很不一樣的人，但我知道騎牛對凱利的重要性**無可取代**，那是他與生俱來的熱情，就像我對樹木一樣。

但丁突然發現自己的窘境而停滯不前。

凱利舉起帽子對坐在滑槽對面欄杆上的裁判致意。他跨坐在但丁的背上，右手腕緊緊繞著麻花繩，繩子套在公牛的前半軀幹上。跟他強壯的手臂和凶悍的公牛相比，他的皮手套垂下的流蘇顯得特別優美。凱利一點頭，裁判便把公牛厚實側腹上的帶子猛力一拉，緊緊勒住牠的鼠蹊部。

小丑甩開柵門，公牛轟地衝出，又踢又扭又轉。觀眾興奮地站起來扯嗓大叫，賽場隨之震動。每個人都為了我弟弟而激動不已。公牛側腹的帶子發揮了作用，戳進牠的肉裡，讓牠抬起後腿猛踢。我身後有個高高瘦瘦的牛仔大喊：「跑啊，王八蛋！」

凱利的右手抓著繩子不放，左手高高舉起。我強忍住緊張的心情。但丁轉來轉去，四蹄齊飛，但凱利毫不示弱，跟著牠的動作精準地擺動身體。公牛直衝到場邊，看似要撞破圍板。凱利腳上的馬刺劃過牠的毛皮，牠發出怒吼。我很清楚裁判會因為凱利激怒但丁而給他加分。只見凱利脖子上的每條肌腱都因為用力而突起。小丑揮揮紅色手帕，把公牛引回中央。

眼看就快逼近八秒鐘，我開心地揮舞雙臂，大聲吶喊到喉嚨發痛為止。但我也知道，一個意外的轉折，例如觀眾席發出的刺耳尖叫，凱利就可能摔得全身骨折。

我別過頭，但還是強迫自己去看那頭甩掉他的暴烈公牛。他整個人往上飛，在空中畫了道弧線才砰一聲摔到地上，肩膀先落地，聲音慘烈。我激動得腦門充血。幸好凱利及時跳開，沒被公牛踩到。觀眾哀歎一聲就又坐回座位。倒數計時鐘上顯示七秒。偉恩舅舅大喊一聲：「窩的天啊！」

身手跟體操選手一樣靈活的小丑趕緊跳到公牛前面，分散牠的注意力，好讓凱利跛著腳走回欄杆。一名牛仔騎馬貼近但丁，抓住牠側腹的帶子。帶扣鬆開，帶子掉到地上。但丁又踢了最後一次腿，在場上橫衝直撞，牛仔等牠慢下來才領著牠走回相鄰的圍欄。

「各位給他拍拍手！」播報員大喊。他按照慣例高呼：「他盡了全力！」對挑戰失敗的牛仔表達敬意。觀眾為他鼓掌。下一名牛仔已經在滑槽上就定位。

偉恩舅舅是套小牛高手，在比賽場上很受歡迎；一絲不茍的牧牛技術、驚人的牧場銷售量，還有愛喝酒都是出了名的。他正在跟幾個牛仔閒聊，邊揮著手模仿凱利的動作，其他人則是為只差一秒直呼可惜。

我走去急救車，金屬車殼熱得發燙。醫生正在把凱利的右手骨推回原位。他的上衣看起來不髒卻皺成一團。醫生開始推拿他的肩膀，想必痛到不行，但他看起來卻比在泥坑裡打滾的豬還開心。失去繞桶選手女友的痛苦已經遠去。看見他的手臂軟趴趴下垂，我怵目驚心。幾個女生走進來，合身上衣塞進藍色緊身牛仔褲，腰間繫著打上銀釘的腰帶，褲管塞進花紋繽紛的牛仔靴裡。我的家族怎麼會錯過這麼多耀眼奪目的事物？後面一個頭髮烏黑、綠眸閃亮的害羞女孩，引起凱利的注意。他對她微笑並對所有的仰慕者揮揮手。

醫生最後一扭，把凱利的肱骨圓頭推回肩胛骨裡，凱利忍住呻吟聲。其他女孩比我更習慣這種痛楚，畢竟都來自牧場人家。她們滿臉讚嘆，靠得更近，我卻走去門口，感覺腸胃在翻騰。

突然受到大家的關注，凱利一時之間不知所措。他衝著我喊：「嘿，蘇西，這麼熱的天，妳一路騎來這裡？」他咧著嘴笑。黑髮女孩想必猜到我是他姊姊，因為她稍微後退，讓出時間和空間讓我跟他相處。其他女生漸漸走開。

「對啊，但是我一大早就出發了。」我撐起身體，坐在他旁邊的醫療木桌上。

「這是我第二次脫臼。醫生說次數愈多就愈容易脫臼。」

「你會好起來的。」我不希望他在這個時候放棄。他正要上軌道。長大以後，我第一次看到他那麼有活力，充滿朝氣。

凱利笑了出來，儘管很痛，他還是伸伸左手臂，證明我說得沒錯。「妳看起來也很強啊。」他說。

能這樣正常對話，感覺很好。父母婚姻破裂之後，凱利遠比我更難接受。他年紀比我

一九八〇年代末，二十幾歲的凱利在福克蘭牛仔競技場（Falkland Stampede）參加騎牛賽。

小，爸媽因為承受不了壓力陸續住進醫院時，他是唯一還住在家裡的小孩。我去醫院看媽媽時，她要我別擔心，說她不會有事，但她搞不清楚自己為什麼住進醫院，實在很難說服我她正逐漸好轉。爸爸出院後回到自己的公寓，成天抽菸，盯著牆壁發呆。我很想對他們大喊，叫他們振作一點，但多半時候我只想哭。凱利從媽媽家搬去跟爸爸住，後來又搬回去，在他們恢復之前跟之後，兩個地方來來去去。期間他一直渴望生活穩定下來，好讓他讀完高中。他帶爸爸去釣魚，帶媽媽去滑雪，卻無法克服他們的悲傷。有時他會沮喪到情緒爆發，大吼大叫。有一次他在修理貨車時，我不小心按到我車上的喇叭，他立刻從車庫衝出來對我破口大罵。那段時間羅蘋去上大學，因為不知道要讀什麼，乾脆休學一年去旅行。我們努力在彼此身上尋找慰藉，但因為年紀小又無家可回，三個人也就分開了。

但在牛仔競技場跟凱利團聚，感覺又回到了我們在森林裡搭帳篷、騎馬的往日時光。黑髮女孩耐心地站在一旁，凱利問她叫什麼名字。她還沒來得及回答，拖車就晃了一下，偉恩舅舅衝進來，嚷嚷著說：「要命！你抽到這場比賽最爛的一頭公牛。」他腰帶上的扣環也是戰利品，跟餐盤一樣大，上面是一頭長角牛。

「沒錯，那個混蛋比掉進糞坑的老鼠還瘋狂。」凱利說，往痰盂吐了一口菸草。「不想讓我輕易拿到獎金。」

「蘇莎，妳不覺得那頭牛有點與眾不同嗎？」偉恩舅舅用低沉的聲音問。他老是叫錯我的名字。我點頭表示同意。舅舅看著女孩說：「嘿，珊，快該妳上場套小牛了，我非常期待。妳老爸最近好嗎？還在一五〇哩區（One-Fifty Mile House）工作？」那是過去一條淘金路線上的交通樞紐，有一家商店和加油站讓人短暫停留。

「他很好。」女孩回答，顯然很驚訝他認識她的家人。偉恩舅舅喜歡對每個人的事情瞭如指掌。

「我有個朋友住在離那裡不遠的拉克拉阿什（Lac La Hache）。」我說，不知道還能說些什麼。

另一個女生走進來拿阿斯匹靈給凱利，珊悄悄走向出口，凱利看著她消失。據我所知，後來他再也沒見過她，但我一直很感激那天她對他大方表達的尊敬、認同和關愛。她突然想逃走，跟我自己內心的衝動沒什麼兩樣。凱利瞭解像我這樣的人，有時就是得消失片刻，就像我知道他有個老靈魂，有時變化太快會把他壓得喘不過氣。我本來想拿那朵馬勃菇給他看，又不想害他在偉恩舅舅面前尷尬，於是戳一下他的二頭肌跟他道再見。

「嘿，」他說：「謝謝妳大熱天還騎那麼遠的車來看我。」

「別客氣，」我笑著回答：「你下次比賽在哪？說不定我可以去。」

「奧馬克（Omak）、韋納奇（Wenatchee），還有普爾曼（Pullman）。」他說：「全都擠在一個週末。」

「哇塞，那就沒辦法了，祝你好運。下次你在附近比賽我再去。」我們能說的話都已經說完，雖然還有很多事沒說。

凱利點點帽子跟我致意，然後又往嘴裡塞一片菸草。

我騎著腳踏車穿越花旗松林，回去開我的福斯金龜車。只要用衣架固定住打檔桿，這輛車跑得還算順暢。明天一大早，我就得進伍德蘭辦公室，現在有點後悔，沒鼓起勇氣問凱利對我的幼苗之謎的看法。他應該會認真思索一番，然後說出我從沒想過的答案。就像以前騎馬的時候，他用棉白楊編成鞭子，幫我修補斷裂的韁繩一樣。我能在家附近的平坦松林找到漂亮的草莓叢；他會接生小牛，幫牲畜燒灼傷口。他解決問題的方式是先理解一件事的基本秩序，然後提出聰明的辦法。用寥寥數語就能把事情解釋清楚，然後哈哈大笑，歸於沉默。

騎到一半，我才想起我好餓，便在一棵花旗松下停下來吃起司三明治。有隻松鼠對著我吱吱叫，手裡抓著一朵表皮是黑色、裡面是巧克力色的松露，啃咬的速度快如蜂鳥。牠是從花旗松下的土裡挖出來的。好幾個地洞旁邊堆著牠挖出來的新鮮土壤。

「我沒有要分你。」我說：「你已經有松露了。」我很快吃完，然後從車籃裡拿出刀子，先把松鼠趕走再挖牠鑽過的一個地洞。牠跑到牠儲藏食物的土堆上，大聲抗議，嘴巴不停嚼著松露，孢子翩翩飛舞。

我往一層層硬土裡挖，每一層都裹著有如扇子往外展開的黑色菌絲。我抓起一塊土湊近眼睛，看見細小的絲線直接往土壤細孔裡長。用刀子分開一層層土壤，我才發現每一層都被菌絲網覆蓋。刀子抵到軟軟的東西，有如戳到煮熟的馬鈴薯，我繼續往下挖，直到跟一朵圓形的深色松露面對面。黑色的外皮布滿裂縫，我把周圍的土壤掃開，像在進行考古挖掘，尋找骨頭碎片。地下的塊莖終於全部露出來。

洞漸漸變得跟我的腳一樣大，我發現一束菌絲延伸到松露之外，看起來像是一條又粗又黑的臍帶，金屬絲般堅韌，而且是很多束菌絲纏繞在一起，像綁在五朔節花柱上的彩帶。包住一層層泥土的大片黑色菌絲交織在一起，變成一束一束。這條菌絲索嵌進土裡，我鑿下更多泥土看它往哪裡去。經過十五分鐘的努力，我一路追到一叢花旗松白中帶紫的肥厚根尖。我用刀子去戳戳根尖——跟蘑菇一樣軟，一樣的質地。

我盯著我挖出的線索，腦袋快轉。菌絲索把花旗松被真菌包覆的根尖跟松露連在一起。根尖也是菌絲把網灑向土壤細孔的源頭。

松露、菌絲索、菌絲網和根尖全都彼此相連，合而為一。

真菌不只長在這株健康的樹根上，還在地底冒出一朵菇——松露。樹跟真菌之間的關係如此緊密，真菌甚至結出了果實。

我舒了口氣，蹲在地上輕晃。既然根尖被真菌覆蓋，根部吸收到的水分或任何可溶於水的養分等等，就一定得經過真菌的過濾，而真菌似乎擁有為樹根和土壤中的水分接線所需的所有工具。真菌底下延伸出一整個地下組織，包括松露、菌絲、菌絲索，然後合成超細微的真菌網滲入土壤的細孔。土壤中的水分緊緊巴著這些細孔，得動用百萬條極細菌絲才能吸收到一滴水。菌絲網可能從土壤細孔中吸收水分再輸送到菌絲，然後菌絲交織成的菌絲索再把水傳送到真菌附著的松樹根部。

但真菌為什麼要把水分給樹根？也許是樹木太過乾渴，水分又會從打開的氣孔蒸散掉，所以樹根才從真菌那裡吸收水分。像吸塵器一樣。也像口渴的小孩用吸管喝飲料。這個精巧的地下蕈菇系統，確實很像樹木取得土壤中珍貴水分的救生索。

當了半小時的臨時考古學家之後，我不走不行了。我把松露、菌絲索和真菌附著的根尖包進三明治包裝紙裡，然後把我挖到的寶放進破舊的紅色車籃，跳上腳踏車，揮手跟還在享用松露大餐的松鼠道別。我拚命往前踩，回到福斯金龜車前時，已經黃昏。我用繩子把腳踏車綁在車頂上固定，並套上長袖運動衫。腳踏車的一個車輪垂在前面，一個掛在後面，藍色老金龜車看上去彷彿長出了蝴蝶翅膀。

我沿著弗雷澤河（Fraser River）蜿蜒開向里路耶，累到邊開車、邊打瞌睡，以為看到一頭鹿跑到路中間，才猛然驚醒。回到公司宿舍時已經快午夜。我躡手躡腳穿過走廊，經過狹小的房間，另外四名暑期工讀生（都是男生）都睡了。進了我的狹長房間（感覺像可以走進去的衣帽間），我馬上動手翻找從圖書館借來的那本蕈類參考書。我的房間一團亂，真希望我遺傳到老爸的一絲不苟。有了！書就壓在一堆牛仔褲和T恤下面。

我翻了翻書。馬勃菇是豆馬勃屬（*Pisolithus*），珊瑚菇是珊瑚菇屬（*Clavaria*）。我攤開包裝紙，拿剛剛挖到的寶跟書上的圖片比較。一生都在地底下度過的松露是鬚腹菌屬（*Rhizopogon*），跟前面兩種完全不同，其實是一種假松露。我讀了每種真菌的介紹，累到已經視線模糊。每種真菌底下的註腳都出現「菌根菌」（mycorrhizal fungus）幾個字，字體小到幾乎看不見。

我翻到後面的字彙表。菌根菌跟植物形成一種生死與共的關係；若非有這樣的合作關係，真菌或植物都難以存活。我收集的這三種怪怪菇都是這類真菌的子實體，它們從土裡收集水和養分，再拿去跟植物搭檔交換光合作用合成的醣。

一個雙向的交換過程。**互利共生**。

我又讀一遍上面的文字，奮力抵抗睡意。對植物來說，培育真菌比自己長出根更有效率，因為真菌的細胞壁薄，缺少纖維素和木質素，不需太多能量就能製造。菌根菌的絲長在植物根部的細胞之間，它們的細胞壁有如海綿，貼著較厚的植物細胞壁。真菌細胞像網子包住每個植物細胞，就像包住廚師頭髮的髮網。植物透過細胞壁，把光合作用合成的醣傳給相鄰的真菌細胞。真菌需要醣，才能長出菌絲網，吸收土裡的水分和養分，之後再透過貼在一起的真菌細胞壁和植物細胞壁，將這些土壤資源傳給植物作為回報，如此進行醣的雙向交易。

Mycorrhiza。我要怎麼記住這個字？Myco 是真菌，rhiza 是根，合起來就是菌根。Mycorrhiza 就是菌根。My. Core. Rise. Ah.（我心沸騰啊。）

對了，我修過一堂有關土壤的課，教授確實提過真菌，但只簡短帶過，我甚至沒抄任何筆記。畢竟那堂是農業課，不是林業課。近來，科學家發現菌根有助於糧食作物生長，因為真菌能觸及植物無法觸及的稀有礦物、養分和水分。使用富含礦物質和養分的肥料、灌溉，或是用人為方式照顧植物，反而會讓真菌消失。當植物不必要在真菌上耗費能量以滿足所需，自然就會切斷資源的傳輸。林務員不認為菌根菌對樹木有那麼大的幫助，至少沒有到要在課堂上傳授的程度。但開始有人想到可以為苗圃培育的幼苗接種真菌孢子，看孢子是否能幫助新芽生長。但因為得出的結果並不一致，所以直接灑肥料還是比培育健康的菌根簡單多了。人的一貫反應令我發噱——我們總是在尋找方便快速的解決方法。

只要投入一點努力，我們就能刺激菌根之間的高度共同演化關係繼續發展，進而改用一種更能永續發展的方法。相反地，林務員直接忽略菌根的存在，更糟糕的是，在苗圃裡用施肥和灌溉的方式把菌根剷除，只在意害大樹染病或枯死的真菌，即致病真菌。這類寄生真菌會感染樹木的根莖，傷害木材，甚至害死樹木。致病真菌可能在短時間內讓林業損失慘重。森林系的教授也教過我們「腐生菌」*，即分解死去生物的真菌，因為它們顯然對養分的循環非常重要。若沒有腐生菌，森林累積的殘骸會多到滿出來，就像城鎮的垃圾

＊審訂註：腐生菌（saprophyte）指的是以腐生（saprotroph）來分解死掉的有機物或碎屑之生物，大都是真菌。廣義來說，也包含真菌異營（myco-heterotroph）的植物、真菌或其他微生物，像是水晶蘭、赤箭等植物。

多到滿出來一樣。

跟致病真菌和腐生菌比起來，菌根菌就是不受重視。然而，它們似乎是決定那片人造林的孱弱幼苗是生是死的消失連結。在土裡種下裸根苗還不夠，樹似乎還需要與真菌互助共生才行。

我坐在床墊上，背靠著牆，看著三朵彷彿史前生物的蕈菇發呆。它們是菌根菌，是植物的小幫手。參考書上是這麼說的。我繼續往下讀，發現另一個驚人的段落。之所以發展出菌根共生的機制，是因為四億五千萬到七億年前，古代植物從海洋遷移到陸地。真菌進占植物之後，植物才得以從貧瘠不毛的岩石上獲得足夠的養分，並在土地上立足和存活。這幾位作者想說的是，這種合作方式對演化來說不可或缺。

那麼，林務員為什麼要如此強調植物之間的競爭關係？

我把這個段落讀了一遍又一遍。那片皆伐地的枯黃幼苗的根部光禿禿的，試圖告訴我它們生病的原因。射出團團孢子的珊瑚菇和菌絲飄揚的馬勃菇可能有答案。洛磯山冷杉根尖上的黃色菌絲網或許也是。上週末我翻了這本書，確定鬆餅狀的蕈菇是乳牛肝菌屬，卻沒注意它是菌根菌、腐生菌，還是致病真菌。我重讀了一次乳牛肝菌的介紹。

乳牛肝菌也是一種菌根菌。是合作者，中介者，好幫手。

或許從土壤中消失的真菌，就是那片人造林幼苗奄奄一息的關鍵。業界雖然想出在苗圃培育幼苗、再移到人造林定植的方法，卻完全忽略了菌根之間的合作關係也需要培植。

我走去廚房拿啤酒，很慶幸其他男室友在瓦斯冰箱裡留了幾罐 Canadian 啤酒供人自由取用。冰箱裡除了啤酒，還有一堆牛排和培根。起司、義大利香腸和結球萵苣放在保鮮盒抽屜。要當隔天午餐的白麵包和餅乾排在美耐板台面上。這些男生把宿舍維持得很乾淨。真希望凱利就住附近，可以跟我一起把這件事想個透徹。他現在大概已經回威廉斯湖（Williams Lake），開始幫馬釘上蹄鐵，為明天早上做準備，即使受了傷很難達成。

有隻蛾繞著天花板上閃爍不定的電燈泡，拍打著粉質翅膀。遠遠傳來一輛匡啷啷沿著弗雷澤河行駛的火車鳴笛的聲音，這是每晚北上沿淘金路線走的兩列火車的第一列。我很慶幸自己不用像他們那樣輪班。我坐在床上，破舊的被子蓋住疼痛的膝蓋，邊啜啤酒、邊心不在焉地撕著酒瓶標籤。馬勃菇、珊瑚菇和鬆餅菌可能幫助了樹木和彼此。但要怎麼幫？我喝完啤酒並關上燈，腦袋轉來轉去，身上每塊肌肉都好痠痛。

那些奄奄一息的幼苗沒長出菌根，這代表它們沒有獲得足夠的養分。健康幼苗的根尖包覆著五顏六色的菌絲網，幫助它們從土壤取得溶於水的養分。太不可思議了。但我似乎漏了什麼，思緒又飄向今天看到的樹叢。年老的花旗松在極度乾燥的內陸山區的峽谷裡，簇擁在一起。針葉柔軟的洛磯山冷杉一叢叢矗立在高山的土丘上，彷彿在逃離春季又濕又冷的土壤。無論長在低地或高山，這樣群集在一起，如何幫助它們存活？或許真菌在樹木聚集以對抗嚴酷環境的過程中，扮演了一定的角色，把它們團結在一起，以達成共同的目標——成長茁壯。

可以確定的是，我就要發現或許能拯救虛弱幼苗的關鍵。

總之，幼苗必須被菌根包覆，才能從土壤裡得到資源。假如我發現更多往這個方向發展的證據，我就必須說服公司做出**全面的改變**。感覺不太可能，畢竟我甚至無法說服上司泰德在巨礫溪的新皆伐地混合種植不同的幼苗。假如存活的關鍵在於合作，而非競爭，我要如何驗證？

我把床墊上方有裂痕的窗戶往上推，讓陡峭山區吹來的微風飄進宿舍。風捎來樹木的香氣和潺潺流水聲，拂過我的手臂。凱利的肩膀受了傷，死命抓住繩子的雙手想必也很痠疼。促使我們突破極限、變得更強大的力量是什麼？痛苦如何讓凝聚我們的關係更堅固？我喜歡土地、森林和河流在每一天將盡時，合力把風變乾淨清新的寬容大度，也幫助我們在夜裡沉靜下來。古老森林淨化過的空氣在屋裡盤旋，我任由下沉氣流洗滌我的身心。

4 樹上逃難

這天是我的二十二歲生日，我一心想要到北美西邊最原始的山林裡慶生。凱利的肩膀短短一年就復原，又重新回到牛仔競技巡迴賽場上。今天我跟好友琴在一起，我們的目的地是史特萊因溪（Stryen Creek）的高山。史特萊因溪是長達七十五公里的史坦河（Stein River）的第一條南向支流，往東流入卑詩省利頓村（Lytton）寬闊壯觀的弗雷澤河。這裡離我公司所在的里路耶鎮以南僅僅六十公里，而里路耶鎮卻離東北邊洛磯山脈的弗雷澤河上游有一千公里，離它在溫哥華海岸的出海口超過三百公里。這個地方的神祕能量吸引著我。我跟琴是五月認識的，兩人都在卑詩省林務局找到暑期打工的工作。當時我跟伐木公司請了假，她也暫停了夏洛特皇后群島（又名海達瓜依群島）另一家伐木公司的工作。她在大學課堂上注意到我，但因為我很安靜，她還以為我是講法語的交換學生。今年夏天，我們兩人很幸運能加入生態學家團隊，利用政府的生態系統分類協助卑詩省當局記錄南部內陸高原的植物、苔蘚、地衣、蕈類、土壤、岩石、鳥類和動物。才短短幾個月，我們就認識了好幾百種動植物。

我們在史坦河的河口，激流從峽谷匯入史特萊因溪，再流進弗雷澤河。我因為往後十年的史坦河流域砍伐計畫而焦慮不安，而且已經目睹山谷的一端到另一端展開的皆伐行動。我跟在砍伐工人的後面，寫下皆伐地的復育計畫，用幼小的樹苗把一片又一片皆伐地接在一起，卻一天比一天焦慮，因為我愛上了林業工作，卻對正在發生的事憤怒不已。就是在這種混亂的狀況下，我考慮要不要去參加下週末在德克薩斯溪（史坦河北邊的支流）舉辦的抗議活動。要是被發現，我的飯碗可能會不保。

琴在她的金龜車的引擎蓋上攤開地形圖。主要山谷狹窄、多岩石，河流穿梭其中，交織著那卡帕姆斯族（Nlaka’pamux）原住民幾千年來用雙腳走出的小徑。「我在這裡看過象形文字。」琴說，指著地圖上的瀑布。「他們用紅赭石畫的，有狼和熊，還有渡鴉和老鷹。族裡的人成年時會來瀑布這裡唱歌跳舞，守護神還會化成鳥或動物出現在他們的夢裡。而他們將因此獲得力量，從此不怕艱難和危險，還能變身換形，例如變成鹿。據說只要一個人變成鹿，族人就能殺他來吃，但只要把他的骨頭丟進水裡，他又會變回人形。」

「真假？」我不敢置信地看著她。「鹿是人變成的？」

「對。海岸薩利希族（Coast Salish）認為樹就跟人一樣。樹教我們把森林當作一個個比鄰而居的國家，彼此和平共處，對地球各有各的貢獻。」

「樹跟人一樣？還會教導我們？」我問。**琴怎麼會知道這些**？

一九八三年，琴，二十四歲，在卑詩省里路耶附近的林地工作。她腰上的鍊子是用來測量林地之間的距離，以便計算再生的樹木。平地邊緣的樹是顫楊，上坡的樹是花旗松。照片裡的貨車就是我去視察那片枯黃幼苗時陷進泥坑裡的同一輛車。

她點點頭。「海岸薩利希族認為樹也讓人類認識共生的重要。在林地底下，真菌讓樹跟樹彼此連結且變得茁壯。」

我沒有把內心的驚訝表現出來，但沒有什麼生日禮物比我剛剛聽到的事更神奇：我對真菌的猜測早已深植在與自然世界緊緊相繫的人類心中。

我們帶了紅酒、麥片粥、鮪魚焗飯，還有要放在營火上烤的巧克力蛋糕粉。琴把用來將食物吊到樹上、免得被熊搶走的尼龍細繩收進背包，我還帶了我的植物指南。我們綁緊登山靴，把三十多磅重的背包揹上肩。我拉緊肩帶，束緊腰帶，肩帶上雖然貼了大力膠帶卻已經痛到不行。我們得在天黑之前抵達山上。

離幾棵黃松不遠處有一叢叢藍叢麥草，種子交叉扣住主莖的兩邊，彷彿抓著繩子往上爬的雙手。輕飄飄的皇后蕾絲高度及膝，稀疏分散，以此對抗乾燥的氣候。聽過印第安人的樹木相連網理論之後，我不禁懷疑這條路上的花草和灌木會不會也有菌根。除了少數例外，例如農場裡的非菌根植物或被灌溉和施肥的植物，幾乎所有植物都需要靠真菌幫忙吸收水分和養分才能存活。我拔出一把葉鞘呈淡藍綠色的叢生禾草，一大束地下莖露了出來。我瞇起眼睛觀察根尖，希望能找到我在健康幼苗的根尖上看到的肥厚又繽紛的真菌。但這些草的根看起來光禿禿的，只有細細的根鬚。我又去查看了一簇高大的牛毛草，又刺又毛的種子搔著我的手臂，它們的根也光禿禿。刺刺的洽草的地下莖也一樣。我失望地把草往小徑上一丟。

我們爬向幾株間隔很寬的花旗松，枝條開展的宏偉氣勢可比橡樹。這一區林地比較潮濕。松草*在花旗松的樹冠下蓬勃生長，葉片比我們剛剛在黃松那邊看到的藍叢麥草更鮮綠、更繁茂。我抓起一把枝葉，淡紅色的草莖立刻從土裡鬆開，害我往後一倒，躺在背包上，像翻過來的烏龜。只見松草的根鬚一樣光禿禿，細瘦而稀疏，看起來完全不像菌根。

「妳到底在幹嘛？刈草？」琴問我，咧著嘴笑。

「我在找菌根，可是這些草的根都光禿禿的。」我說。

琴丟給我一把單眼鏡大小的金屬框放大鏡，我仔細觀察鏡片下被放大的根部。「看起來胖胖的。」我說：「但跟花旗松的菌根根尖長得不像。」我在我帶來的那本植物指南中找到對松草的描述。有個註腳提到叢枝菌根（*arbuscular mycorrhiza*），還說唯有染過色、放在顯微鏡下才看得到。

我翻到講花旗松的那一頁，註腳上寫著外生菌根（*ectomycorrhizal*）。

我怔怔盯著手中的草根，看起來像跟人打架扯下的一束頭髮，好希望能看到根尖上長了**東西**。我敢發誓它們看起來腫腫的。

「難怪我會搞混。」我邊看參考書，邊對琴說。雜草的叢枝菌根菌只會長在根部細胞內，肉眼看不見。不像外生菌根菌長在樹和灌木的根部細胞外，像一頂毛線帽。太陽仍高掛天空，我們得繼續走，不然天黑就會迷失方向。但書上的文字令我不敢置信。「感覺有點噁。叢枝菌根菌等於直接穿透雜草的細胞壁，滲入內部的細胞質和胞器，就好像長進皮膚、侵入內臟一樣。」

「就像癬菌？」琴問。

＊審訂註：俗稱松草（pinegrass）的植物是禾本科拂子茅屬植物 *Calamagrostis rubescens*，廣泛分布於北美洲西部地區。

「還是不一樣。菌根菌不是寄生蟲，反而是植物的好幫手。」我向她解釋，滲入植物細胞內部的真菌長得像橡樹。「形成的波浪形薄膜長得就像樹冠。」

琴豎起一根指頭，彷彿她是華生醫生。她說這就是它們叫 arbuscular mycorrhiza 的原因。「arbor 就是樹，」她說：「但是長在草上的真菌為什麼跟長在樹上的真菌不一樣？」

我聳聳肩。我的書上說，樹木形狀的薄膜表面積大，有利真菌用磷和水分跟植物交換醣。這能幫助乾燥氣候下的植物，還有長在磷含量低的土壤裡的植物。

我把草根丟在松草地裡，繼續往上爬。我們經過宏偉的花旗松林，來到一條沿著高原變平坦的小徑。除了地被層有零星的扎人雲杉和綠葉扶疏的錫特卡赤楊外，林地完全被瘦巴巴的扭葉松占據。扭葉松的英文名之所以叫 lodgepole，是因為它的樹幹跟撥火棒一樣直，而且很適合用來當支撐屋頂的長柱。它的樹幹沒有其他枝節，高高的樹冠小而密，避開鄰近的樹木。

我撿起一塊焦黑的木頭，很驚訝它那麼硬又那麼輕，好像變成了化石，可能是森林大火留下的遺跡。大火打開了毬果並孕育出這片雜木林。扭葉松的毬果只有在黏住鱗片的松脂融化之後才會打開。這片山林每一百年就會因為氣候乾冷和雷擊頻繁而發生火災，引燃整片叢林，吞噬上層林木。零星散落的赤楊幫忙補充被野火耗盡的氮。它們是怎麼辦到的？藉由支援根部的特殊共生細菌，此種細菌能把氮氣變回草木能取用的形式。要是沒有一再發生大火，喜歡光的松樹一百年後就會自然死去，耐陰的雲杉最後則會稱霸林冠。這就是這座山林的自然演替過程。

灌木叢裡長滿松草和圓滾滾的越橘。我也去查看了它們的根尖，一樣光溜溜。它們的真菌幫手又是另一種菌根，名為杜鵑類菌根（*ericoid*），這種菌根菌會在植物細胞內形成一圈一圈，讓我想起媽媽以前用來幫我弄頭髮的髮捲。再往前有一株鬼魂般的蒼白植物，葉子呈半透明，頭部像戴了帽子，立在那裡像一把發亮的劍插在灌木叢中。我們翻了一下書，確認那是水晶蘭，本身沒有葉綠素，所以寄生在綠色植物上。它形成了自己的獨特菌根，名為水晶蘭類菌根（*monotropoid mycorrhiza*）。我們驚訝地發出介於大笑和呻吟之間的聲音，因為又是另外一種菌根。到底有多少種？水晶蘭類菌根和外生菌根一樣，是在根尖外面形成一個真菌蓋，但也會像叢枝菌根和杜鵑類菌根一樣，長進植物的細胞裡，所以或許是介於兩者之間的一種類型。水晶蘭的菌根還會長在樹根上，偷走它們的碳。

琴開玩笑地說：「法國人不是常吃蕈類嗎？甚至還有迷幻蘑菇？現在妳看到的都是幻覺。」她表示背包內的紅酒感覺愈來愈重，但臉上還是跟我一樣眉開眼笑。

爬了一千公尺（三千呎）高、十公里（六哩）遠之後，我們來到第一個岩石坍方處。斯考勒氏柳和錫特卡赤楊沿著碎石堆往下迤邐而去，很適合當熊的棲息地。陽光從高聳的山脊灑下來。坍方處底下是一間礦工小屋，如今成了一群大小老鼠和松鼠的家。裡頭有一間房間，是把松木釘在一起搭成的，還清出一小塊地當菜園，大概用來種馬鈴薯和蘿蔔。或是埋死人。想到就毛骨悚然，但我們餓了。「速成起司三明治。」琴邊說邊從背包裡拿出來。我們練就幾秒鐘就能用起司和裸麥麵包完成耐放三明治的獨門功夫。正當我心想這地方太過陰森，感覺剛剛那些宛如幽靈的水晶蘭正從森林的邊緣悄悄爬向我們，琴就說：「說不定以前來淘金的礦工有人死在這裡。」

她很擅長在我努力吞下食物時，說出這一類的事。

我們重新出發，遇到一次又一次的之形山路。在其中一條之形路上，瀑布的水霧噴灑而下，長髮苔蘚披在岩石上。幼小瘦弱的扭葉松愈漸稀疏，慢慢被較年老的洛磯山冷杉和英格曼雲杉取代。下午三點左右，在一處高山懸谷上，經過最後一段之形山路後，我們來到一片平地，有條小溪從峭壁直墜而下。我們在瀑布頂張開雙臂，感受沁涼的空氣撲面而來，以及往下延伸的岩壁。琴拿出雙筒望遠鏡，對著我說：「妳看！」目的地再幾個小時就到了。

我四下查看地形。色彩繽紛的草皮往我們頭上幾千公尺的覆雪懸崖綿延而去。高高瘦瘦的洛磯山冷杉愈漸稀疏，樹冠也因飽受風雪摧殘而變尖細，到最後岩壁變得光禿禿。靠近溪流的地方，洛磯山冷杉和英格曼雲杉長得比較茂密，小樹在暴雪、雷擊和強風清出的空地上重生。

「我想到那裡過生日。」我指著山脊說。

小徑沿著湍急的溪流延伸，沿途綠葉繁茂的赤楊和柔軟的楊柳叢生，路徑模糊。看起來已經很久沒人走過。我們試著加快腳步，但小徑偏不讓我們如願。泥巴弄髒我們的靴子，把我們困在泥坑裡。大約每十公尺就會有木頭擋住路徑，我們不得不從上面爬過去或從底下鑽過去。魔鬼枴杖的莖劃過我們的手臂。拐了個彎，琴在大如火雞盤的一坨熊糞前面停住。「是灰熊。」她說：「黑熊的沒這麼大坨。」

糞便裡摻雜了越橘和雜草，閃閃發光。我們繼續大喊大叫，在赤楊和柳樹叢裡彎來繞去，又發現另一坨糞便。比前面的更大坨、更新鮮。

琴伸手去摸。「冷了，但軟軟的。」她低聲說：「大概才一天。」

「我愈來愈緊張了。」我承認。再說水流聲很大，樹叢又密，熊看不到我們從轉角走出去。今年夏天，琴已經救過我一次。當時我們在溫哥華島的西海岸步道（West Coast Trail），被海浪困在蘇西亞瀑布（Tsusiat Falls），險些被沖進大海。因為我爬不上十公尺高的懸崖，於是她把我夾在一邊手臂下，連人帶背包（約有一百五十磅重）拉著我一路爬到最上方。

「再往前一點，我真的很想在那座山上過生日。」我說。但過了下個彎道，我的心馬上揪在一起。泥巴裡的腳印跟我的腳踝一樣高，跟我的前臂一樣長。離腳印一根手指長的地方，有一條條很深的爪印。

「一定是灰熊。」琴嚷著：「這些印子很大。而且妳看那些樹。」

溪邊有一排筆直如箭的棉白楊，樹幹上可見一條條很新的爪印，五條爪印在樹皮上平行排列，每一條都有一公尺長。清澈的樹液從每個白色的新鮮裂口淌下，像血從傷口流出來。一株兩公尺高的牛防風被連根拔起，有毒化學物質從破碎的葉片上滲出。從認識琴以來，這是我第一次看到她面露恐懼。

「快走！」我大喊。我們可以回到剛剛的礦工小屋躲一躲。此地不宜久留，這點毫無疑問。我們奔回之形山路，沉重的背包在身後盪來盪去，我拿出腰帶上的警示喇叭，沒時間為了下坡路而調整肩帶了。接近黃昏時，我們終於抵達小屋。小屋比我印象中還要搖搖欲墜，木頭和用來蓋住門窗的破爛塑膠布之間也有縫隙，但還是比我們的帳篷安全。

為了擺脫恐懼，我們把蛋糕粉、水和奶粉放進琴的煎鍋裡攪拌，用鋁箔紙蓋住麵糊，再放到琴的簡易爐上烤。鍋子邊緣噗噗冒泡，我們圍著爐火說笑，最後在星空下用紅酒和大塊溫熱的巧克力蛋糕慶生，還像對著月亮長嗥的狼一樣，高唱生日快樂歌。那卡帕姆斯人說，當一個人變成狼的時候，就會找到勇氣和力量。

我們在營火邊聊到深夜。西海岸步道之行後，琴就陷入憂鬱。我們聊到悲傷和恐懼足以把生活摧毀。那種感覺我再清楚不過，當年父母婚姻破裂，我第一次陷入憂鬱無法自拔就是那種感覺。腦袋一片混亂，無法思考。琴說她有時候覺得自己跟媽媽很像；她母親因為生病進了療養院。我又把酒斟滿，濃郁的紅酒流過血管，讓頭上的星星顯得更亮。我們聊到處理情緒的一些小訣竅、我們共享的一些日常儀式，甚至一一列出來，比方「起床」和「刷牙」，種種小之又小的成就。還有騎車爬上陡峭高山，直到累到全身麻木；在山稜線上健行，陽光亮到你不由得微笑。跟她比起來，我的掙扎微不足道。我只希望琴沒事。

最後我們把火澆熄，回到漆黑的小屋裡。靠著頭燈的微弱光線，我們在松木床鋪上攤開睡袋。我拉起睡袋的拉鍊，把自己深埋進去，彷彿這樣能幫我阻擋一切。

隔天早上，琴準備早餐，我走去翠綠色的湖邊梳洗，邊留意樹叢裡有沒有灰熊的蹤跡，但周圍一片安靜。一叢鐵線蕨從岩壁底部的腐植土長出來，莖又黑又細。大串甜根水龍骨覆蓋了岩壁。我用水潑潑臉。蹄蓋蕨長在隱密的腐植土裡，嬌小的橡樹羽節蕨覆蓋了樹蔭下的山坡地。每種植物都找到了適合自己的地方，就像達爾文雀（譯註：達爾文在加拉巴哥島上發現的雀鳥，並從中得到天擇的啓示）。

突然一陣強烈的腐臭味飄來，我看看四周。樹和灌木都一動也不動。蕨類一派寧靜。我突然想到臭味可能是存糧——灰熊拖來儲存過夜的腐肉。

我飛奔回小屋，大聲喊：「琴！我們快走！」

我們急忙揹上背包時，蒼白的太陽正好從天邊的山頂升起。池邊的小徑上，有一隻鹿的腿骨。

我們撒腿狂奔，大聲唱歌，不到幾分鐘就經過昨天那片扭葉松林。兩個人神經緊繃，因為細瘦的樹幹上沒有樹枝，就算我們爬得上去，皺巴巴的樹皮也會把我們的腿給刮傷。灰熊可能躲藏的地方突然抓住我的視線。小徑的每個轉彎、每條可能跨過的小溪、每根低矮的樹枝，都是可能的逃亡路線。在松樹林裡橫衝直撞了好久，我們又回到那片花旗松的所在地。

這裡的花旗松較高，樹枝粗大，地被層柔軟，長滿草，感覺比較友善安全。乾燥的花旗松林不是灰熊最喜歡的棲息地，牠們喜歡高海拔森林和八月的高山草地，因為比較涼爽，那時漿果也成熟了。我放鬆下來，跟琴一起邁著整齊的步伐，大步向前走。

一路往下，我可以感覺到背包的重量。我用來修補右肩帶的大力膠帶磨破了，於是我東拉西扯調整一下，幾乎沒發現對著我揮舞的花花草草。突然間，琴放聲大喊：「灰熊！」

幾公尺外，有一頭母熊和兩隻小熊直直盯著我。我伸手要去抓警示喇叭，但不知掉到哪裡去了。

三隻熊跟我們一樣大吃一驚，距離近到我們都能聞到牠們嘴巴的腐肉味。我們慢慢退回最近的樹叢。琴放下背包，開始爬上一棵花旗松，把樹枝的節瘤當踩踏點。我抓住隔壁那棵樹的鱗片狀樹幹時，母熊尖聲對小熊發出警告。我把頭當作攻城槌，往密密麻麻的

一九八二年，我二十二歲，在史特萊因溪的礦工小屋吃早餐。

枝葉挺進。琴已經爬到比我高五公尺的地方，我急著要趕上她。如果爬得不夠高，灰熊輕易就能把我從樹上扯下來。我的臉和手上滿是刮痕和割傷，血跡斑斑。我爬的這棵樹跟著我一起顫抖。琴抱著巨大的樹幹快速往樹冠爬去。匆忙之下，我忘了放下背包，而且選了一棵小很多的樹！爬到高到不能再高的地方之後，樹來回搖擺，我好怕會掉進母熊和小熊的手掌心裡。牠們就在我的正下方徘徊。

瞪我一眼之後，母熊把小熊趕到兩棵黃松上。先確保小孩的安全，再來對付敵人。黃松的橘黃色樹幹沒有枝條，但小熊很輕，爪子又利。熊媽媽一哼聲下達指令，牠們就爬到比我們還高許多的樹冠層休息。母熊轉向我們，抬起前腳立起來，好看個仔細。灰熊的視力不佳是出了名的。判斷我們不會造成威脅之後，牠在四棵樹之間的小徑上走來走去。牠對小熊發號施令時，我高踞在樹上，感謝我的幸運之星。腳趾卡進輪生葉，雙手都是血，我靠在樹上稍作休息。溫暖的樹皮和芬芳的針葉暫時撫平了我的神經。琴跟我對上眼，朝小熊的方向點點頭。牠們頂著金色平頭，一雙黑色眼珠盯著我們瞧。琴忍不住咧嘴對著牠們笑。

時間緩緩流逝，過了幾小時。我動動腳好減輕背痛，也重新調整背包，擔心我們會掛在樹上一整夜。幸好剛剛一路狂奔，我早已脫水，不需要尿尿。我敢說有熊媽媽緊盯著我們，小熊早就呼呼大睡。

我也好希望能夠睡著，身體卻不停發抖。

我的思緒飄向媽媽，因為黃松樹皮飄來的香草味道讓我想起她的廚房。我好想問她該怎麼脫離這種困境。

琴的那棵樹美麗耀眼，不像我的這棵抖個不停。不是琴比我勇敢（這點我不太懷疑），就是她那棵樹比較強壯。那是棵真正的老樹；高貴、威嚴，有大將之風。它的樹冠比隔壁的其他樹更深厚、更宏偉，為底下較年輕的樹遮光擋雨。從它身上脫落的種子經過數百年的演化。它把巨大的枝幹向外延伸，成為鳴禽棲息和築巢的地方，也讓狼地衣和槲寄生找到裂縫生根；允許（也需要）松鼠在樹幹跑上跑下，尋找毬果再帶到土堆裡藏起來慢慢吃；供蕈菇掛在杈杈上曬乾，其他動物也能一起享用。這棵樹就是一個支撐生物多樣性的鷹架，刺激著森林裡的循環。

我把樹幹抱得更緊。熊媽媽看小熊都睡了，便在黃松底下安頓下來。我的顫抖逐漸緩和，恐懼也是。我安全地躲在樹上，彷彿慢慢跟樹皮嫁接在一起，融入心材，不敢相信在枝葉之間，我會變得這麼平靜。有隻啄木鳥篤篤敲著附近一棵病懨懨的樹，樹皮四處亂飛，漸漸鑿出一個新家。隔壁的枯木樁有一個更大的洞，看起來也像啄木鳥鑿的，但較大、較粗糙，因為樹本身已經開始腐爛，洞口邊緣都起毛了。啄木鳥住在裡面，無法躲避掠食者的攻擊。只見裡頭有東西在動。一隻貓頭鷹探出白色的臉和黃眼珠。牠轉轉頭，呼呼叫了一聲，或許是在對啄木鳥叫，或許是好奇外面發生的騷動。啄木鳥和貓頭鷹似乎認識彼此，好鄰居分享小窩且互相提醒。所有的一切，老樹都看在眼裡。

落日的火紅光線籠罩樹木。我的思緒飄往琴背包裡剩下的生日蛋糕。熊媽媽從黃松底下走去別處，到處嗅來嗅去。

牠哼聲下達指令，爪子扒啊扒的。小熊趕緊爬下樹，跟熊媽媽蹦蹦跳跳穿過灌木叢，經過的樹葉嘩啦啦響。

之後……靜悄悄。樹枝被我壓得往下彎，我想像它們應該也希望我趕快下去。

「妳覺得牠們走了嗎？」我壓低聲音對琴喊。

「不知道，但我餓了。咱們該走了。」她開始往下爬，我緊張地大喊，但琴說我們總不能一直躲在樹上。也有道理。

我跟著往下爬。琴的靴子踩到地面時，我正要爬到底部。她看看我擦破皮的手臂，但發現自己的傷口甚至更深時，非常驚訝。「牠們沒聞到血腥味，算我們好運。」她說，轉去檢查背包。上面沒有齒印。她拉開其中一個跟大象耳朵一樣大的側袋——她的驕傲，因為大小是背包的兩倍。我們把剩下的蛋糕吞下肚。「看來牠們不喜歡巧克力。」琴篤定表示她聽到山谷傳來落石聲，那表示我們安全了。

她的那棵樹平靜莊嚴地目送我們離去。我瞥了一眼我的那棵樹，主枝依偎在琴那棵樹的樹冠下。我很好奇琴的那棵樹會不會是我這棵樹的父母，畢竟種子多半不會掉太遠，幾乎都落在一百公尺內。有些較重的種子會被松鼠、花栗鼠和小鳥橫越溪流和凹地，搬到較遠的地方。少數會搭上上升氣流，飛過山谷。但大多數種子都會掉在樹冠周圍。琴的那棵老樹有可能是我那棵樹的父母。它看起來像在保護著身旁的小樹，保護著所有人。我點點帽子向它道謝，小聲地說我會再回來跟它學習。

我們開始往前奔跑，邊跑邊敲鍋子並且大喊大叫，告訴灰熊我們要走了。即使還沒逃離危險，我卻被一種新的平靜感包覆，真切地體會到老樹、花旗松和黃松蘊藏的大智慧，感受到原住民早已深刻體認的森林連結。我曾經跟在雷後面，為了砍掉老樹而傷心難過，曾經規畫過里路耶山脈的皆伐作業，至今仍為判了五百歲的老樹死刑而內疚不已。皆伐的效率雖高，感覺卻跟大自然背道而馳，低估了那些我們認為比較安靜、重視整體且帶有靈性的元素。

但我跟琴來到這座森林是有原因的。樹救了我們，我卻不知道自己能不能幫助公司找到一種能保護森林動植物（還有母樹）的新伐採方式。或許，我們可以成為業界的先鋒。只要這個世界還需要木材和紙，人類就不會停止伐木，所以勢必找到新辦法才行。我的祖父砍伐樹木的同時，仍讓森林保有活力和再生力，也將母樹完整保留下來。他從沒有發大財，卻能跟森林和平共處，保留森林的豐富面貌，只取走自己所需，留下足夠的空間，好讓樹木再長回來。我何其有幸，能夠看到他將這些方法呈現在我眼前。他親身為我示範如何從森林裡取走蓋房子的木頭、造紙的纖維、治病的藥材，同時又能保護森林不受傷害。我想成為一種全新的造林員，能驕傲地扛起這個責任。

來年夏天我又回到伐木公司，一直待到九月底，因為我已經從大學畢業。但後來山上提早降雪，艱辛的野外工作被迫停擺，我就被解雇了。我很想完成造林規畫和幼苗訂購的工作，泰德答應春天一到就會再聘我回來。我希望之後就能轉成正職。

一個禮拜後，我在甘露市（Kamloops）的郵局前跟他巧遇。那是離公司以北一百公里的城市，我媽就住在這裡。我跟他打招呼，但他好像在躲我。我問他我沒完成的工作現況如何。他緊張地笑了笑，說公司已經請雷在冬天完成造林規畫書。他避不看我，也沒給我任何理由。

我做錯了什麼嗎？不可能是因為史坦山谷的抗議活動，因為後來我沒去。當時我告訴自己，從業界內部才更能解決問題。也不可能是因為我表現不佳，因為大家都知道我比其他工讀生學習到更多森林生態和造林的知識，包括雷。我跟其他人格格不入嗎？

春天到來時，泰德打電話給我，按照他之前的承諾，請我回去接季節性的造林工作，但我拒絕了。我想找另一種在山林工作的方式，藉此幫助我掀開森林母樹的神祕面紗。

當時我完全不知道，這需要我先學會怎麼毒死一棵樹。

5 土壤殺手

「蘇西，我好怕。」媽媽向我求救。我們正小心翼翼橫越岩石坍方處，上方的陡峭岩壁只有山羊爬得上去，而且堆滿巨礫，就像連環車禍撞在一起的汽車。我回頭看見她站在其中一顆巨礫上，身體朝著一個大空隙往後滑。

我跳過岩石，抓住她的背包上方，幫助她往前爬。我們在麗茲湖（Lizzie Lake）周圍的高山分水嶺上，東邊是史坦山谷，西邊是里路耶湖。媽媽雖然從小在莫納希山脈長大，卻從來沒爬過岩石坍方處。我真該死。公司沒找我負責冬季造林工作，仍舊讓我耿耿於懷。我想問她意見，也想帶她看看我愛上的這片土地。但有必要害她陷入險境嗎？一個不小心就可能害她摔斷手。

看她滿身大汗，我說：「媽，我們休息一下。」為了這次出遊，她特地用皮革補了背包的破洞，現在連補丁都浮現一條條汗漬。我買了跟琴一樣的大登山包之後，就把舊背包給了她。我拿出綜合堅果點心，她從裡頭挑了巧克力吃。能夠安慰她片刻，感覺不錯。

「我去過西海岸步道健行，」她說：「但從沒揹著背包爬過一大片『保齡球』。」

「揹著二十磅重的背包，又要在圓石上保持平衡真的很難。」我說，假裝自己正在走鋼索，證明我知道那有多容易重心不穩。「妳得一邊爬、一邊調整背包，讓它變成妳的壓艙石。跟滑雪很像。要不斷配合巨礫的角度調整重量，就像滑雪越過一個個小雪丘。」媽媽離婚之後，成了滑雪高手，後來每年她都會買家庭通行證，讓我們到當地的滑雪場玩。第一天拉牽引繩上升時，她每次轉彎都會跌倒，但滑雪季快結束時，她已經可以用犁式法滑下纜椅道。到了第二年，她甚至能平行滑下雪丘場，而且下定決心不能輸給正值青春期的兒女。她會為我們準備豐盛的手工麵包和餅乾當午餐，再送我們和我們的朋友去滑雪，就像母狼帶著一群小狼。

「如果我可以從山上滑雪下來，自然也能徒步越過一片巨礫。」她說，把花生丟給一隻毛髮灰白的土撥鼠。「我喜歡那種大土撥鼠。」她開心地看牠吃得津津有味。冰河和大片雪崩形成的石墨山峰聳立在山谷間，一片片皆伐地在底下展開，從高海拔的洛磯山冷杉林綿延到較低海拔的花旗松林。現在是十月初，這週末是加拿大感恩節，皆伐地的灌木叢閃著橘紅色的光。

「蘇西，那些可愛的花是什麼花？」她指著葉子像巴西里、細長的莖頂著銀穗的植物。

「黃毛團兒（tow-head babies）。」我說，用手掌去撫摸它的種子穗。有好多株從兩塊巨礫間的腐植土中冒出來，在陽光下閃閃發光。

「黃毛ㄚ頭！」她開心地說。我更喜歡她說錯的這個版本。「難怪妳要帶我來這裡。這地方真特別。」

「那邊的路比較危險。」我指著圓錐石標指向的大缺口。

「沒問題的。」媽媽說：「妳知道我不是第一次到史坦山谷健行。」她繼承了伯特外公的充沛活力和維妮外婆的堅毅果斷，兩種特質在她身上融合得恰到好處。後來，我跟羅蘋和凱利把外公外婆的全名（胡伯特＋維妮弗雷德）合起來，為這種特質取名叫「伯特弗雷德」風格。

「妳來過這附近？」當時我還是自以為懂得比父母多的年紀，但媽媽總是讓我驚奇不已。她去過歐洲和亞洲旅行，平常也會讀亞里斯多德、喬姆斯基、莎士比亞和杜思妥也夫斯基的作品。

「我曾經跟朋友健行到史坦河和史特萊因溪交會處的問天石。」她說，用手帕綁住脖子，因為頂著一頭濃密的棕色短髮，所以很小心避免曬傷。「那顆石頭超大，水把裡頭掏空，變成一個個搖籃，那卡帕姆斯族的婦女會在裡頭生產。」族人在溪水裡替孩子受洗，問天石是他們請求許可進入史坦山谷的地方。請上天保佑他們旅途平安。

我跟琴夏天去健行時，怎麼會疏忽這一點？我們之所以被灰熊嚇得爬到樹上，最後落荒而逃，有可能是因為我們對那裡的規矩全然不知。想到這裡，我不由心裡發毛。

到了下午，我們在一片岩架上紮營。我把食物高掛在一棵洛磯山冷杉上，免得被熊偷走。這棵冷杉顯然是周圍幼小冷杉的父母。麗茲湖在我們底下閃著波光，有如一顆枕在綠絲絨裡的珠寶；上方流下的冰河在跟我們招手，沿途遍布高山小湖。午後，我們在被沖刷得很乾淨的岩石間爬來爬去，還到水池裡泡腳。

「媽，妳看這顆岩石上的地衣。」岩石上披著一件派皮狀的紅色外衣，邊邊的灰白菌絲向外擴散。是共生體。「真菌愛海藻。」我說。

她對我的冷笑話扁扁嘴，接著說：「長得像我上禮拜在男廁清的嘔吐物。」媽媽在小學當課後輔導老師，幫助閱讀、寫作和數學成績落後的小朋友。

我興奮地說我又發現了一個。這次的地衣更厚，包住岩石上的腐植土，白色的高山石南從中間長出來。這些小花像精靈的鈴鐺掛在彎彎的短莖上，葉子有如鱗片，質感像皮革。石南長在這塊地衣土壤裡，看起來很開心。地衣的假根會釋放酵素分解岩石，地衣主體則提供有機物質，雙方一起攜手製造讓植物生根成長的腐植土。我扯了扯其中一株石南，但它穩穩扎在長出地衣的腐植土裡。底下的根會不會包覆著真菌網？或是塊菌？我不想為了尋找菌根毀了這片小綠洲，於是翻了翻我的植物指南。這叢石南跟線圈一般的杜鵑類菌根形成共生關係，跟我和琴在史特萊因溪的越橘上面發現的一樣。地衣－真菌把岩石變成沙，釋放出裡頭的礦物質，慢慢製造出其他植物能生長的土壤。

我把這一段念給媽媽聽。她點著頭說：「有道理。只要有一棵植物當頭，其他植物就會跟進。」她指著一片片面積更大的綠毯，在岩石上形成更厚的有機層，粉紅色的高山石南和岩高蘭在綠毯上生根。綠毯上甚至長出了灌木。

「矮越橘。」我指著一些長在地衣腐植土上、掛滿小藍莓的短莖說。這種品種的越橘只長在高山上，跟維妮外婆家的越橘不一樣。我跟媽媽在越橘叢之間走來走去，順手摘了一些果實。

「要是必要，維妮外婆可以在這裡種一園子的越橘。」我說。

媽媽哈哈大笑。只要有種子、堆肥和水，外婆就能把荒地變良田。「就跟教小孩一樣。」她說：「只要給他們基本材料，他們就能一點一點學到東西。」

「媽，他們把我的工作給了雷，我很受傷。」我脫口而出：「我該怎麼辦？」

她停止摘果子，轉頭對我說：「去應徵別的工作啊，蘇西。」她就事論事地說：「振作起來。利用妳從那家公司，還有那個叫泰德的身上學到的東西，往前走，不要回頭。」

「我不懂，明明都好好的，我沒搞砸啊。」我還是對我感到的不公平對待耿耿於懷。

「或許他們還沒準備好雇用妳。妳會找到更好的工作的。」

她說得沒錯。我為什麼那麼沒耐心？媽媽就不會這樣。她可以一連教學生好幾個月的字母發音，而且日復一日地照顧我們，一點一點聚沙成塔。仔細想想，地衣、苔蘚、藻類和真菌也是盡可能地穩步向前，一同默默創造出一片沃土。自然萬物共同合作，讓重要的事得以發生。人也是一樣。就像我跟媽媽來到這裡，空出時間一起走路，每分每秒都把我們更加緊緊相繫，直到兩人變成一體——彼此之間的愛深厚豐富，而且根深柢固。

媽媽露出平靜的微笑，伸展手腳，稍作休息。出生於貧困的經濟大蕭條時代，她目睹自己的父親帶著創傷後壓力症候群從戰場上歸來，後來嫁給一個不適合她的好人，二十六歲就生了三個小孩，靠著函授課程和暑期進修拿到教師資格。在女人被期待在家相夫教子的時代，出外工作養家，教貧困、受虐和弱勢兒童念書。飽受會把一匹馬逼瘋的頭痛折磨，不顧所有人的反對跟我爸離婚，之後幾乎靠一己之力讓三個小孩都上了大學。她這一生歷經滄桑，但對我來說，她也可能是登上月球的第一人。

回到家之後，我立刻挖出之前的履歷，應徵其他伐木公司的工作。

我得到兩次面試機會。第一次我坐在一張大桌子前，面對惠好公司（Weyerhaeuser）的經理，對方說他等不及要把老熟林砍光，這樣就能為小型人造林木重新編制鋸木場。第二次是托爾科公司（Tolko），面試我的人說，他們公司正在盡可能地機械化。兩家公司都沒錄取我。

我從托爾科公司拖著疲憊的身軀回到家，往我們在車庫大拍賣買的棕色長沙發上一倒。琴對我說：「林務局新來了一個育林研究員，名叫艾倫・懷斯，你應該去找他試試看。」我跟琴一起在卑詩省中南部的甘露市合租公寓。這個造紙城鎮的人口以藍領居多，我媽也住附近，離我們住的地方才五分鐘。琴才剛在林務局找到一份為期一年的工作，負責調查乾燥的花旗松林的更新狀況。

「或者我可以去領失業救濟金。」我說，在心中計算我工作的週數，希望加起來等於能讓我領到失業保險金的神奇數字。

「艾倫人很強悍，但非常聰明，你會在他心裡留下好印象。」琴溫柔地說。

我走進艾倫・懷斯的辦公室，他揚起微笑並跟我握手。從他凹陷的雙頰和腳踩的高機能運動鞋看來，他應該很認真在跑步。他示意我到他的橡木辦公桌旁坐下。只見桌上一邊整齊堆著一疊期刊文章，他面前則放著一篇完成一半的手稿。有個架子擺滿了有關森林、樹木和鳥類的書，旁邊的掛鉤吊著他的巡邏背心、雨具、雙筒望遠鏡，底下是一雙工作靴。這是一間政府辦公室，有著米色牆壁，可以看到外面的停車場，但擺設舒適，而且感覺在這裡進行過很重要的對話。我瞥一眼自己T恤上的蛋黃漬，艾倫就算瞄到也沒表現出來。他看上去自視甚高，眼神卻很和藹。他問了我的森林工作經驗、興趣、家庭背景，還有我的長程目標。

我跟他提到我的暑期打工，還有我為林務局做的生態系統分類工作，刻意抬頭挺胸。「所以我有在業界**和**在政府機關工作的經驗。」我說，希望他認同這對一個才二十三歲的人來說算是滿完整的資歷。

「做過研究嗎？」他問，混濁的綠色眼珠看穿我，彷彿赤裸裸的真相就在我的腦袋後面。一句話就瞄準我履歷上的缺口。

「沒有。但是我大學當過兩堂課的助教，也在林務局當過研究助理。」我的聲音愈見緊繃，所以除了回答，還得極力克制自己不要畏縮。

「妳對森林更新瞭解多少？」他在黃色筆記本上揮筆。兩名穿著綠色長褲和灰褐色襯衫的林務員大步走過，一人拿著鏟子，另一人提著用來滅火的水箱（附有手提噴槍的背包式水箱）。

我告訴他，我在里路耶山脈看到的那片枯黃幼苗，還說我很想查出人造林失敗的原因，可惜原本計畫回伐木公司完成調查卻未能如願。但我告訴他，就算修改種植計畫，也無法解開我的疑問，因為同時間有太多條件產生變化，根本不可能找出根本的原因。我說我試過訂購根部較大的幼苗、把幼苗種在枯枝落葉層裡，或種在其他有菌根菌的植物附近，希望真菌能眷顧我的幼苗。

「妳得先學會設計實驗才能解決這個問題。」他對我說。接著，他從書架上抽出一本泛黃的統計學課本，我看見他的博士學位裱框證書（多倫多大學森林經濟學），旁邊放著他的大學畢業證書（亞伯丁大學森林系）。艾倫說話帶有英國腔，但我猜他也有蘇格蘭人的血統。

「我大學有修統計學。」我說。他桌上有面金色獎牌，上面刻著一棵樹和他的名字，表揚他多年來的優異表現。我覺得自己好天真。他說學校沒教他怎麼設計實驗，他只能自學。聽到這裡我安心不少。

他說目前雖然沒有職缺，但春天可能會有調查「自由生長人造林（free-to-grow plantation）」的案子要發包，到時他會打電話聯絡我。

我對什麼是「自由生長」毫無概念，離開時，我不由懷疑自己是不是沒戲唱了。當時我還不知道，那是政府為了剷除鄰近植物，好讓針葉樹幼苗「自由生長」、不必再跟非針葉樹競爭的新政策。所謂的非針葉樹就是原生植物，全都會被當作雜草木鏟除。這項政策來自美國的影響，美國採取的集約種植法愈來愈把森林當作樹木農場。我卻還在那裡大談應該把幼苗種在越橘、赤楊和柳樹附近，**真是笨到極點**。我為什麼要提起那片瘦弱枯黃的幼苗？他一定覺得我的世界很小，眼裡只有那片幼苗。現在才十一月，離春天還很遠，就算他認為我有聘用的價值，到時可能也把我忘了。

後來我去應徵游泳池的救生員。就算面試全部碰壁，至少我還能領失業救濟金，儘管老爸要是知道我領政府的錢，一定會不高興。最後我得到一份坐辦公室的兼差工作，負責編輯一份政府的森林研究報告。我還去了偏遠山區滑雪，很後悔沒找時間去看凱利，但他也忙著釘馬蹄鐵和接生小牛。

二月，我接到艾倫的電話。他說有個案子要調查高海拔皆伐地的除雜草木效應。雖然不是我真正感興趣的題目，但有助於培養我的研究能力。他會幫助我設計實驗並從旁指導我，但我得找人一起到野外工作。

我不敢相信自己得到了工作。我打電話給媽媽，她說她要烤兩隻雞幫我慶祝。「或許妳可以雇用羅蘋去幫妳忙。」她說，立刻拿起鍋子開始準備晚餐。羅蘋的代課老師工作不太穩定，而且也需要暑期打工。

好主意。我打電話給凱利跟他報告我的最新近況，他開心大喊：「窩的天啊，蘇西！」口氣跟偉恩舅舅一模一樣。「真是好消息！」他跟我說威廉斯湖現在比北極熊的屁股還冷，但他的馬蹄鐵事業進展得很順利。更棒的是，他新認識了一個女孩，名叫蒂芬妮。

我跟羅蘋抵達離我們實驗地最近的小鎮：藍河鎮（Blue River）。實驗地點在洛磯山脈以西的卡里布山脈（Cariboo Mountains）的高海拔英格曼雲杉和洛磯山冷杉林。一百年前，藍河鎮就是為了方便毛皮交易、興建鐵路和耶洛黑德公路而建立，住在那裡至少七千年的那卡帕姆斯人，也因此被迫遷移到藍河跟北湯普森河交會處的小保留區。

我在做什麼？我負責的實驗竟然要我剷除植物，害得植物跟人一樣無家可歸。我得到的工作突然間跟我的目標完全相反。

這座森林已經有三百歲，幾年前被砍伐殆盡。因為少了遮蔽陽光的上層林木，白花杜鵑、假杜鵑、黑越橘、茶藨子、冇骨消、覆盆子長得密密麻麻。灌木開枝散葉，形成一片花、草、漿果大海。草本植物也到處蔓延，有錫特卡纈草、火焰草和鈴蘭。刺狀針葉雲杉的種子從花草之間萌芽，後來為了增加林木蓄積量，還種了苗圃培育的雲杉幼苗。但人工種植的幼苗每年只長半公分，遠遠趕不上預期的伐採量。很多幼苗都已枯萎，這片皆伐地因而被宣判：「造林成果不如人意。」

為了解決這個問題，林務員打算噴灑除草劑，剷除長得太茂密的灌木，藉此「解放」剩餘的雲杉幼苗，替它們奪回光線、水分和養分。一九七〇年代初，孟山都即研發出能毒死原生植物，卻不會影響針葉樹幼苗的除草劑，即嘉磷塞，或稱年年春。後來年年春愈來愈普遍，很多人連在自家草皮和菜園都會使用，但維妮外婆不用就是不用。植樹造林的概念是這樣的：剷除多葉植物，能幫助幼苗擺脫競爭，如此一來公司也盡了讓林木「自由生長」的法律義務。自由自在、無拘無束地生長，一百年後又被全部砍光，比之前那樣順其自然快速多了。一旦能自由生長，人造林就會被視為管理良好的林場。

約一九八七年，羅蘋二十九歲，在梅布爾湖工作。惠好公司要將砍下的木材從翠鳥溪附近的雨林，沿著希瑪爾林道拖運走。當時羅蘋跟琴一起工作，負責評估砍伐區內的幼苗再生狀況。

艾倫幫助我設計實驗，測試不同劑量的除草劑，對剷除原生植物、幫助地被層的幼苗擺脫競爭的效用。根據推測，這樣幼苗能活得更好，長得更快，也就能達到林木蓄積量、樹木生長標準，以及自由生長政策的要求。這就是我跟羅蘋在這片皆伐地要完成的工作，儘管我心裡充滿疑慮。艾倫也不喜歡新的自由生長政策，但試驗除掉灌木能否提高造林產量是他的工作。他早就告訴過我這項政策是判斷錯誤，但我們需要從政府相信的東西下手，先得到嚴謹可靠的科學研究成果，才能說服其他人如何改變。

這表示要按部就班，調查不同劑量的除草劑對幼苗和植物群落的影響。還是應該使用樹剪，或是什麼都不做？看看除掉非經濟作物是否有助人造林自由生長，甚至比任由原生植物蓬勃生長，更能打造健康、產量高的人造林。

在艾倫的幫助下，我設計了四種除草方法，每公頃林地各噴灑一公升、三公升和六公升年年春，另一塊地用人力除草。我們另外加了一個對照組，任由草木自然生長，不加干預。這五種方法要各別重複十次，才能確定哪個效果最好。我們在五十塊圓形林地中，隨機分配除草方法。有名統計員在我們的規畫圖上蓋上核可章。一個嶄新的世界就此為我打開。在艾倫的指導下，我設計了自己的第一個實驗！雖然我厭惡這個實驗的目的，也相信那跟我該做的事背道而馳，我覺得自己離解開那片枯黃幼苗之謎，又更近一步，因為我充實了自己的能力。

我跟羅蘋在藍河的公家露營地搭起三角帳篷，她的是橘色的，我的是藍色的，固定在火坑的兩邊。我們需要有各自的空間，因為這項實驗長達好幾個禮拜，我們又是同一個媽生的——不容自己的地盤受到侵犯。我把我的山寨版瓦斯爐放在木頭切片上，羅蘋把她的鍋盆放在野餐桌上，我們的生活空間就算大功告成。她自告奮勇，說要照維妮外婆的食譜烤個越橘派。羅蘋熱愛料理，是身為職業婦女的長女自然學會的好功夫。外婆的甜派成功的祕訣，就是摘八月中最甜的矮叢越橘來做，這時候的漿果深藍中帶一絲粉白。接著，把漿果放進餅皮，加大量的奶油去烤。沿著蜿蜒穿過小鎮的小徑搜尋不到一小時，我們就採了兩桶滿滿的越橘。羅蘋用我的小爐子烤派，我負責在火上烤漢堡。

晚餐後，我們到鎮上逛了逛。去年冬天，她在藍河飯店的廚房工作，那是一棟兩層樓的古老木造建築，裡頭有餐廳和酒吧，樓上是客房。經過那間飯店時，她跟我說：「那裡的每個人都很愛我烤的派。」慢慢踱回帳篷之後，羅蘋忘我地看起小說，我繼續去尋找更多漿果。我把一株松樹幼苗連根拔起，開心地發現一束紫色和粉紅色的外生菌根根尖。

接下來一個星期，我們著手準備實驗。按照我跟艾倫畫出的規畫圖，我們利用指南針和尼龍繩找出五十片圓形林地的中心點。每塊林地直徑約四公尺，大概是一個繩球場的大小。圓心和圓心之間隔十公尺，所以最後總共是一百公尺乘以五十公尺，也就是半公頃。測量完畢後，下一個禮拜，我們開始盤點每塊林地內的各種植物、苔蘚、地衣和蕈菇，這樣才能判斷用來消滅它們的除草法多有效。

幾天後，我們清晨五點就出發去噴藥。車子轉過最後一個彎時，我在圍繩之前急踩煞車。只見三名示威者揮舞著牌子，抗議我們來這裡噴灑除草劑。其中一個動作敏捷的男人在羅蘋任職藍河飯店時就認識她。雙方展開熱烈的討論，最後對方被我們說服，相信我們希望用實驗證明，使用除草劑並無必要，且會減少日後的使用量。他們終於讓我們通過。

我擔心的一刻終於到來。我之前在甘露市農業用品店的櫃台買了嘉磷塞，對於任何人都能走進去買到這種農藥，我心裡感到不安，但很慶幸我至少必須取得許可，才能在公有地上噴灑。羅蘋皺著眉頭，掩飾內心部分的恐懼。首先是每公頃噴灑一公升除草劑的除草法。我開始測量粉紅色液體，倒進藍黃兩色、二十公升容量的背包噴灑器裡，並加入適量的水稀釋。我囑咐羅蘋要像我一樣穿戴上防毒面具和雨衣。她雖是姊姊，但我們之間的主從關係——誰聽誰指揮，暫時翻轉過來。一直以來都是她在照顧我，這次換我照顧她，確保她不會中毒。

羅蘋戴上面具並拉緊帶子。她透過護目鏡直盯著我看，彷彿在說我最好知道自己到底在幹嘛。她把一頭長髮撥到後面，露出稜角分明的黝黑臉龐，更加凸顯她那魁北克人的細長鼻子。「好重。」她叫苦，把不好操作的方形桶（二十五磅重）揹上肩，然後解開連著噴桿的軟管。

我向她示範我在媽媽家的院子練習的噴灑方式，教她邊按控制桿、邊噴藥。

當初盤點時感覺很好對付的木頭和灌木，突然間感覺像一道道的障礙。羅蘋的護目鏡起了霧，她從面具下發出模糊的聲音。「蘇西，我看不到！」我像導盲犬一樣，把她帶到第一片林地。

她揮舞著黑色噴桿，對著正在開花的杜鵑噴灑致命的水霧，嘴裡頻頻抱怨這樣感覺很怪。她跟我一樣不想殺死這些植物。加上穿著塑膠雨衣又戴著防毒面具，肩上還揹著裝滿毒液的背包，讓她更加暴躁易怒。

我跟她說，後面的十塊林地還有六公升要噴灑，由我來負責，試著減輕我害她得承受的痛苦。

一天的工作結束後，我們去藍河軍團酒吧喝啤酒。牆上鋪了紫色絨毯，當地人占據破了洞的人造皮長凳。有位女酒保送來上面沒泡沫的啤酒，羅蘋客氣地說怎麼沒什麼泡泡，對方回她：「親愛的，我們這裡不賣奶昔。」

之後幾天，我們按照計畫把除草劑噴完。任務達成。過了兩天，我們帶著樹剪去修剪另外十塊林地，剩下的十塊地當作對照組，什麼都不做。之後，就得等一個月，再來測量這些方法對消滅植物的效力。我喜歡在森林裡學習怎麼做實驗，但討厭把植物變成幽靈，而且還是為了我早就覺得大有問題的森林經營目的。

再次回到實驗林時，我們發現噴灑劑量最高的林地，上面的杜鵑、假杜鵑和越橘都凋萎了。不只灌木，其他植物也死了，連野薑和蘭花都無法倖免。地衣和苔蘚變枯黃，蕈菇開始腐爛。有些灌木奮力冒出新葉，卻又黃又小。之前掛在枝條上的飽滿漿果掉到地上，連小鳥都不吃。只有雲杉的幼苗還活著，但針葉仍蒼白短小，有些上面還掛著粉紅色液體，突然曝曬在陽光下，想必讓它們大吃一驚。劑量中等的林地上，目標雜草木多半都死了。

有些還健在，是因為噴灑除草劑時，高大植物的葉子將它們擋住。劑量最低的林地上，大多數植物還活著，卻傷得不輕。至於人工修剪的灌木已經長了回來，高過幼苗。用最高劑量的農藥來除雜草木，看來是最能讓人造林自由生長的方式。

羅蘋眼眶含淚，她想知道嘉磷塞是怎麼殺死植物的。「我知道我們做了什麼，但這到底是怎麼回事？」每次面對打擊，她總是首當其衝的那一個，承受著外在世界的不公，一心想要改善困境。

我低頭看腳，因為要是我們兩個都流淚就太悲傷了。這些植物是我的盟友，不是敵人。我在腦中奮力尋找這麼做的正當理由。我想學會做實驗。我想當森林偵探。這是為了更大的利益著想，最終目的是要讓幼苗健康長大。這樣我就有證據證明這種作法並不明智，也能說服政府單位調查其他有助幼苗生長的方法。我看著一株努力存活的茅懸鉤子，光禿禿的莖伏在一些上次還沒看到的蒼白幼苗上，卻也只是從底部冒出像小針墊的枯黃葉片。除草劑理應不該傷害鳥類或動物，因為裡頭的毒素只瞄準草本植物和灌木為了形成蛋白質而產生的酵素。

然而，蕈菇也跟著枯萎。

我們最喜歡的雞油菇——沒了。

我有種直覺，幼苗之所以病懨懨，問題出在無法與土壤連結。它們需要真菌的幫忙。

即使有真菌相助，這裡的幼苗無論如何還是長不快，因為一年有九個月都被雪覆蓋。但我還是跟羅蘋說，我們正在做的事就是殺死植物，包括一些真菌寄生的灌木，儘管我認為這些真菌能幫助幼苗生長。對於用直升機大片噴灑嘉磷塞，伐木公司心動無比。也許我們的實驗能向他們證明，這個方法並不像大家說的那麼好。

羅蘋說：「看這裡的慘狀還不清楚嗎？那樣根本大錯特錯。」不管是誰，都不太可能判斷「自由生長」政策對植物真有那麼好。

那天晚上回到營地，我們都難過到吃不下晚餐。我鑽進睡袋縮成一團，羅蘋靜靜待在帳篷裡。很難說我們是因為吸了太多農藥，還是後悔害死無辜的植物才不舒服。

艾倫看到實驗結果（最高劑量的除草劑，對剷除雜草木的效果最佳）不禁搖頭。但他安慰我們，這樣的結果也無法斷定，殺掉雜草木有利幼苗生長，只能證明高劑量除草劑能除掉所謂的雜草木。沒時間懊悔自責了。為了解開幼苗和鄰近植物之間的複雜關係，我們還有很多事情得做。

知道如何設計「除雜草木」實驗之後，我拿到一個更大的案子。這次是要試驗用不同劑量的除草劑和手工砍伐的方式，來剷除綠葉繁茂的錫特卡赤楊、葉子寬而長的斯考勒氏柳、用吸芽繁殖的白楊，還有長得很快的棉白楊。以及紫色花的火草、一簇簇的松草跟白花錫特卡纈草。也就是所有會阻礙高經濟價值的人工種植幼苗（雲杉、細瘦的扭葉松、針葉柔軟的花旗松）生長的原生植物。現在卑詩省所有的皆伐地幾乎都種了這三種針葉樹，因為利潤高、長得快又堅固耐用。愈快除掉討厭的原生植物，讓高經濟幼苗自由生長，公司就能愈快履行復育林地的責任。

然而，把自由生長政策奉為聖旨，等於向原生植物和闊葉樹全面宣戰。我跟羅蘋無奈地成了砍伐、鋸斷、環切、毒害落葉樹、灌木、草本植物、蕨類和人造林所有無辜生物的專家。即使這些草木為鳥類提供棲所，為松鼠提供食物，為鹿提供掩護，為小熊遮風擋雨，為土壤增加養分，甚至還有防腐作用，也同樣是死路一條。就算赤楊為土壤添加氮又如何，如今也被砍光或燒光，好讓出地方給幼苗生長。同樣地，一叢叢松草為花旗松的幼苗遮蔽陽光，不然皆伐地一片空曠，幼苗一定會被烈日烤乾。杜鵑花則保護幼小的刺狀針葉雲杉不受霜害，畢竟有參差不齊的樹冠保護，當然比毫無遮蔽安全得多。

不，現在的想法很清楚簡單：**擺脫競爭就對了**。一旦消滅原生植物，少了爭搶陽光、水分和養分的對手，高經濟針葉樹就能獨享這些資源，長得跟紅杉一樣快。這是一場零和遊戲。贏家全拿。

而我在這裡，為一場我不認同的戰爭披上戰袍。展開新實驗之際，熟悉的罪惡感又來折磨我——我會不會成了幫凶？但我這麼做是為了最終的目標：學習如何成為一名科學家，進而解開人造林幼苗發育不良的原因。

「我喉嚨痛。」羅蘋說。到甘露市以南兩百公里、靠近基洛納（Kelowna）的貝爾哥溪（Belgo Creek）噴灑完農藥之後，我們正準備要回旅館。為了躲太陽，我們凌晨三點就起床。畢竟大中午穿雨衣實在太熱，況且農藥還來不及發揮效用就會從葉片上蒸發。

「我也是。」我說。

「妳想是噴農藥的關係嗎？」

「我懷疑。我們都已經噴了一整個夏天。有可能是中暑。」

診所的醫生很和善，他帶我們一起到檢查室檢查，看得出來我們很害怕。「妳的喉嚨真的很紅，」他對羅蘋說：「但腺體沒腫起來。妳們最近做了什麼？」

我跟他說我們噴灑了好一陣子的嘉磷塞，羅蘋白了我一眼。醫生歪歪頭，問：「妳們有戴防護面具嗎？」

我說有，他要我拿給他看。我從貨車拿了一只進來，他轉開黑色的塑膠面罩，吁了口氣，說：「沒有濾網。」

「什麼？」我驚恐地盯著本來應該裝著濾網的地方。我們竟吸了一整天的嘉磷塞噴霧！羅蘋抓住桌子，我的腿開始發軟。

「別擔心，不會有事的。妳們的喉嚨只是被化學藥品灼傷，」他說：「喝點奶昔，明天早上就會好些了。」他拍拍羅蘋的肩膀安慰她並對我笑了笑。我們跌跌撞撞走出門，我跟羅蘋都嚇壞了，直到喝下一大杯巧克力奶昔，才覺得喉嚨好一些。早上起來，喉嚨就完全不痛了。

眼看已經八月底，我們的實驗即將接近尾聲。再過幾天，羅蘋就要前往納爾森（Nelson）——一個位在卑詩省東南方的小鎮，離媽的老家很近。羅蘋要去那裡當一年級的代課老師，而且她也想念她的男朋友比爾。她沒有那一天就棄我而去，但那天發生的事是最後一根稻草。我們兩個永遠都忘不了那起疏失有多嚴重。

幾乎所有方法到頭來，都未能改善針葉樹的生長狀況；可想而知的是，原生植物的多樣性卻因此降低。以樺木來說，除掉它之後，確實讓一些花旗松長得更好，卻害死了更多花旗松，跟預期的結果正好相反。當樺木因為遭砍伐和噴灑農藥而備受壓力，就無法抵抗原本存在土壤中的致病真菌——蜜環菌。真菌傳染給樺樹根，再傳給附近的針葉樹根。相反地，對照組的白樺任其自然生長，跟針葉樹混生，病原菌就繼續待在土壤裡，難越雷池。白樺似乎打造了一個環境，能讓病原菌和其他土壤有機物和諧共存。

我這樣猜謎還能猜多久？

然後，我開始時來運轉。

林務局有個育林研究員的正職缺。除了我，還有四個年輕人去應徵。一組科學家特別從省會飛來，確保應徵過程公平嚴謹。得知自己錄取的時候，我不敢相信我會那麼幸運。艾倫就這樣成了我的直屬上司。

現在我可以提出自己認為重要的問題了，至少能設法說服出資單位相信我的判斷。我可以根據我對森林如何成長的認知來做實驗，解決當前的問題，不會再像從前，只能試驗政策推動的方法，偏偏那些方法似乎反而破壞了森林的生態，使問題惡化。如今我可以根據自己的經驗，進行有利我們幫助森林從伐採中復原的科學研究。噴灑農藥的日子終於結束了。我總算可以開始調查，幼苗究竟需要從真菌、土壤和其他草木中獲得什麼了。

我拿到研究經費，實驗針葉樹幼苗是否需要與菌根菌結合才能存活。還在研究目的中另加一條：探討原生植物能否幫助兩者相互連結，而我打算比較混生幼苗和單一幼苗的生長情形，來找出答案。我之所以會有這個想法並爭取到研究經費，很大的原因要歸功於國境之南的林業發展。當時，美國國家林務署漸漸改變作法，因為社會大眾擔心森林日漸破碎化，危及斑點鴞等物種，而科學家也逐漸發現生物多樣性對森林生產力的重要性，多樣性也包括真菌、樹木和野生生物的保存。

物種能夠只靠自己就蓬勃生長嗎？

如果人造林幼苗跟其他樹種混生，森林會不會更健康？把一種樹跟其他種樹種在一起，能促進它們的生長嗎？還是應該把不同樹種隔開，分成一區區，像棋盤那樣？

這些實驗或許也能幫助我理解，為什麼高海拔的古老洛磯山冷杉和低海拔的花旗松都一叢叢長在一起。還有，長在針葉樹旁邊的原生植物是否有助針葉樹與土壤連結。針葉樹長在闊葉樹和灌木旁邊時，根尖是不是會有更多色彩繽紛的真菌？

我選了白樺作為我的實驗樹種，因為從小我就知道白樺能製造肥沃的腐植土，那不僅對針葉樹有益，也是我吃土那段歲月的美味點心。還有一點令我著迷，腐植土似乎能把樹根病原菌擋在門外。在木材公司眼中，白樺只是雜木。但對其他生物來說，亮晃晃的白樺提供了堅固防水的白色樹皮、可遮蔭的葉子，還有營養美味的樹液。

實驗本身原本應該很直截了當才對。

結果卻出乎我意料。

我打算試驗落葉松、雪松、花旗松這三種高經濟樹種，跟不同數量的白樺混生的情形。挑這三種當作我的另外三種實驗樹種，是因為它們是尚未砍伐的原生林的原生樹木。我喜歡雪松髮辮般的長長葉子；花旗松瓶刷般的柔軟枝葉；落葉松好似星星，每到秋天就會轉成金黃灑落一地的針葉。目前，伐木業把白樺視為最可怕的競爭者之一，因為他們認為白樺會遮住高價值的針葉樹，阻礙其生長。然而，若是白樺幼樹對針葉樹有益無害，如何混合種植才能打造最健康的森林？這三種針葉樹需要白樺遮蔭的程度各有不同，落葉松程度最低，雪松最高，花旗松居中。光是這點就可看出最佳混合種植比例因樹種而異。

最後我的規畫是：一片林地是白樺搭配花旗松，一片是白樺搭配西部側柏，一片是白樺搭配西部落葉松。實驗地點是造林失敗，甚至連扭葉松都難以落地生根的皆伐地。我在另外兩塊皆伐地設計了同樣的實驗，想知道樹木在稍微不同的地形會如何反應。

在每一種配對中，我都設計了各種不同的混合比例，以便比較單一種植針葉樹和不同密度、比例的白樺混合種植的差異，也能驗證我的直覺是否正確——特定的混合種植方式效果較佳，或許白樺與落葉松配對時，白樺要比落葉松少，但跟雪松配對時，白樺就要比雪松多。我猜測白樺能為土壤增加養分，並為針葉樹提供菌根菌的來源。我之前的實驗也顯示白樺能保護針葉樹，避免因為染上蜜環菌屬根腐病而早夭。

最後，我總共設計了五十一種混合種植的比例：一小片林地種一種，總共涵蓋了三塊皆伐地。

參與人造林和除雜草木實驗加起來，我總共花了幾百個日子，觀察植物和幼苗如何一起生長。從中我發現，草木能夠藉由某種方式感知鄰居離它們多近，甚至鄰居**是誰**。比起縮在密密叢叢的火草下，長在到處延伸、能固氮的赤楊之間的松樹幼苗，能把枝條伸得更遠。雲杉的幼苗會挨著冬青樹和大蕉長得欣欣向榮，卻會跟牛防風保持安全距離。冷杉和雪松喜歡有適度的白樺遮蔽，但頭上若也長了濃密的茅懸鉤子，就會退縮。相反地，落葉

原始林。上層林木是古老的西部側柏；下層植被有加州鐵杉、美國冷杉、越橘和鮭懸鉤子。對北美西海岸的原住民來說，西部側柏是生命之樹，對性靈、文化、醫藥和生態都極其重要。這種樹的木材是製作圖騰柱、木板屋、獨木舟、木槳和彎木箱的重要材料。樹皮和形成層則用來做籃子、衣服、繩子和帽子。西部側柏也是卑詩省的省樹。

乳牛肝菌，或稱鬆餅菇。這種真菌是外生菌根菌，只跟花旗松長在一起。菇可食，但價值不高，通常用來煮湯或燉東西。蕈傘底下的毬果是花旗松的毬果。前景的植物為高山懸鉤子和加拿大草茱萸。海達族人會把懸鉤子和蔓越莓混在一起曬乾。

花旗松母樹，約五百歲。厚且溝紋深的樹皮可抵擋火災，巨大的樹枝是鳥類和野生動物的棲息地，包括冬鷦鷯、咬嘴雀、松鼠和鼩鼱。原住民用這種木材來生火或製作魚鉤，粗大的樹枝則用來做小屋和蒸汽浴室的地板。

西部側柏祖母樹，約一千歲。第一民族（譯註：指因努特人和梅蒂人之外的加拿大原住民）剝下其樹皮，樹身因而留下垂直的裂縫。內皮與外皮分開之後，便可用來製作籃子、蓆子、衣服和繩子。採收之前，族人會把手放在樹幹上祈禱，請求祖母樹的許可，以此跟樹建立強大的連結。採收長度不超過三分之一的樹圍寬或三十呎長，只留下淺淺的傷口，以利樹木癒合。

小菇，或稱灰蓋小菇，屬於腐生菌，通常非食用菇。

毒蠅鵝膏菌，又稱毒蠅傘，可跟多種樹形成外生菌根，包括花旗松、白樺、松樹、橡樹和雲杉。可能含毒並引發幻覺。

海達瓜依群島上的北美雲杉母樹。下層植被的鐵杉幼樹在逐漸腐爛的保母倒木上重生。
保母倒木保護新生命，不受掠食者、病原菌和乾旱的侵襲。

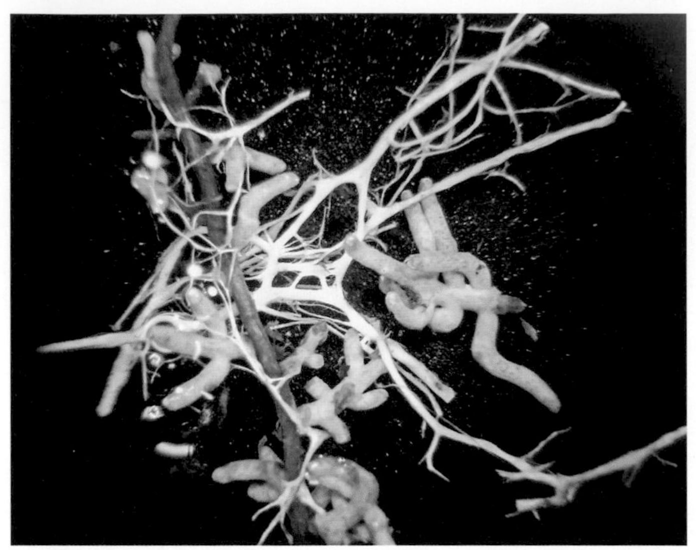

外生菌根菌的根尖和菌索。

美色乳牛肝菌，又稱假牛肝菌，屬於外生菌根菌。白色菌鞘包住樹木的根尖，形成羽狀結構。菌鞘可避免根尖受傷或染病，也是菌絲體發射到土壤裡探索養分的根基。這種菇可食，但味酸辛辣。

手指尖是在林地穿梭交織的白色菌絲體。

太平洋海岸雨林的西部側柏，約五百歲。這種樹是北美西海岸原住民文化的砥柱。用來做很多重要的文化用品，如衣服、工具和藥物，但歐洲人登陸之前，被砍掉的少之又少。原住民只會收集倒木，或者剝下活樹的樹皮，再拿紫杉或鹿角塞進樹幹的溝紋裡。

西部側柏母樹和它的後代。西部側柏藉由種子繁殖，但也可透過壓條（layering），即母樹的樹枝垂至土壤，在土壤裡生根。樹枝一旦穩穩扎了根，小樹就會跟母樹分開，成為一棵獨立的樹。母樹右邊是楓樹，是常跟西部側柏形影相隨的樹，因為它們在肥沃潮濕的土壤裡都長得很好，也都跟叢枝菌根網相連。

松周圍的白樺，要稀稀疏疏才會長得好，也最不容易死於根腐病。我不知道植物如何察覺周圍環境的變化，但經驗告訴我，種植時要精確拿捏混合比例。樹木之間的距離不能馬虎，種植的皆伐地也必須是平坦的土地，準確度才能達到最高。偏偏卑詩省是多山的省分，要找到三處平坦的實驗地點並不容易。

為了仔細觀察根部，追蹤針葉樹種在白樺附近，是否比單一種植更能與土地連結，我訂購了一台解剖顯微鏡和一本教人辨識菌根特徵的書，並用回家路上收集的白樺和冷杉根來練習。琴看到我把樣本拖進合租公寓儲藏室改成的辦公室，就會忍不住翻白眼，還拿我曾經答應負責晚餐，卻差點把鍋子燒了的糗事取笑我。我的拿手菜是墨西哥辣肉醬，她是義大利麵，但我們對烹飪都興趣缺缺。我常在洞穴般的辦公室待到十二點，在裡頭切除根尖、截取切面再放上載玻片。不久之後，我愈來愈擅長辨認哈氏網、釦子體、囊狀體，還有菌根根尖的各個部位，這幫助我分辨不同種類的真菌。

針葉柔軟的花旗松上附著的一些真菌，看起來跟白樺上的真菌是同一種類。若是如此，那就表示白樺上的菌根菌可能跳到花旗松的根尖，在上面進行異體受精。或許，這樣共同接種（或稱共享真菌、共生）能避免新栽植的花旗松幼苗裸露根部，甚至讓它們逃過我在里路耶山脈看到的枯黃幼苗遭遇的悲慘命運。假如花旗松其實需要白樺，那麼白樺就非林務員以為的會對冷杉造成危害。

剛好相反。

尋尋覓覓了幾個月，我終於找到三塊平坦的皆伐地，而且都是原本要種松樹卻沒種成的公有地，原因可能是土質不良。我在其中一片土地上，跟一名非法牧牛的牧場主人起了衝突。他大聲抗議我把失敗的人造林變成實驗林，口口聲聲說他在這裡經營牧場已經很多年，理所當然是這裡的主人。聽到我說我是森林研究員，有權使用這片皆伐地，侵占公有地的人是他，他臉都綠了。

搞什麼東西！這時候來亂。

準備工作又花了我幾個月。我們要把八萬一千六百塊植地先畫出來，在那之前，還得先處理三片皆伐地的傳染性根腐病。約有兩萬株砍伐後留下的殘根必須移除，因為枯木根染上蜜環菌屬根腐病並傳染給其他存活的樹，活樹成了病菌的寄主。約有三萬株染病的松樹死的死、病的病，或已經奄奄一息，所以得跟其他染病的原生植物一起移除。挖出染病植物也連帶傷了林地。推土機把堆積如山的殘根、死去的幼樹、染病的原生植物推到林地邊緣，但總算把林地清除乾淨，得以重新開始。

死傷拖走之後，林地看起來像田地還是戰場，我說不上來。我的研究經費並不包含裝設攔畜柵，於是我在入口的路面上畫了一個假柵欄。聽說牛看到路上有線就會停下來，因為怕折斷腿，結果真的有效——前幾個月。到了夏天，我跟組員頂著烈日，在確切的地點種下幼苗。

不到幾個禮拜，幼苗全部死光光。

我目瞪口呆。這麼全面的造林失敗，我還是第一次看到。我查看了腐爛的莖，不見日燒或霜瘤的痕跡。我挖出根部，放到我買的顯微鏡下觀察，也沒有染病的跡象。但它們讓我想起里路耶那些像泡過防腐劑的雲杉根，沒有長出新的根尖，只有暗沉無分枝的沉展根。大片青翠茂密的鴨茅從地上冒出來。我正在納悶這些草怎麼會大舉入侵，那個牧場主人就開車過來。「妳的樹都死了！」他大笑，瞇著眼睛看眼前的慘況。

「對，我不懂。」

看來他很清楚是怎麼回事，而且早在意料之中。因為氣不過牧場被奪走，他在皆伐地灑了大把大把的牧草種子。

我跟組員（忍不住低聲咒罵，多半是我）把牧草剷除，重種一遍幼苗，卻還是失敗，每個混種方式都一樣。先死掉的是白樺，再來是落葉松，再來是花旗松，最後是雪松。跟它們對光和水分不足的敏感性的順序一致。

下一年第三次試種，還是失敗。

第四次重種。

幼苗仍然死光光。那片試驗林變成一個種什麼死什麼的黑洞，除了茂密的牧草。乳牛走過來像在嘲笑我們，我很想把全部的牛糞集合起來，倒進牧場主人的貨車。第一年，我猜測是牧草奪走了幼苗所需的水分，但內心有點不安，懷疑問題出在土壤。我很快把錯推給牧場主人，但隱隱知道當初我大刀闊斧整地，反而破壞了林地，將表土刮除殆盡。到頭來一點幫助也沒有。

花旗松和西部落葉松，只能跟包覆其根尖外部的外生菌根菌形成共生關係，雜草只能跟穿透它們根部皮層細胞的叢枝菌根菌形成關係。這些幼苗之所以餓死，是因為它們需要的菌根菌被只有該死的雜草喜歡的菌根菌取代。我漸漸悟出一件事：那個牧場主人幫我解開了內心深處的疑問：跟適合的土壤真菌建立連結，是否對樹木的健康不可或缺？

第五年我捲土重來，但這次我從鄰近老熟林的白樺和冷杉底下收集了新鮮的土壤。我在三分之一的栽植穴裡放一杯新鮮土壤，打算跟另外三分之一種在沒放新鮮土壤的夷平林地裡的幼苗比較。至於最後三分之一的栽植穴，我在裡頭加了帶回實驗室用輻射殺死真菌的老熟林土壤。這樣能幫助我釐清，換了土壤的幼苗如果長得比較好，是否跟真菌的存在（或土壤裡的化學作用）有關。經過五次的嘗試，我終於感覺自己快要有新發現。

隔年我重返實驗林，看見種在老熟林土壤裡的幼苗欣欣向榮。一如所料，沒換土壤或換的是輻射殺菌過的土壤的幼苗都死了，步上它們、還有我們多年來遭遇的可怕命運。我挖出幾株幼苗樣本，帶回家用顯微鏡觀察。死去的幼苗都沒冒出新的根尖，跟我預期的一樣。但觀察長在老熟林土壤裡的幼苗時，我驚訝得從椅子上跳起來。天啊！根尖上覆蓋著五顏六色的真菌，有黃色、白色、粉紅色、紫色、米色、黑色、灰色、乳白色，你想得到的顏色都有。

所以問題出在土壤。

琴已經變成花旗松林的專家，對乾冷地區幼苗普遍發育不良的狀況瞭如指掌。我把她抓過來看。她摘下眼鏡，往顯微鏡裡瞧，興奮地大叫：「賓果！」

我欣喜若狂，但同時也知道自己只觸碰到問題的表面。最近，希瑪爾山出現大片皆伐地，一座座老熟林被夷平。我開上新集材道路，沿著從前停放爺爺船屋的河岸開去。吉格斯掉進去的戶外廁所，還有亨利爺爺的水車和水道以前就在那裡。如今只見一片又一片的皆伐地。伐採、單一種植和噴灑農藥，改變了我小時候的森林。為新發現歡欣鼓舞的同時，我也因為持續不斷的伐採作業而心碎。我有責任站出來反對政府的錯誤政策，因為那些政策破壞了樹木和土壤之間的連結，以及土地，還有我們與森林的關係。

我很清楚種種政策和作法背後那股宗教般的狂熱——金錢撐起的狂熱。

離開實驗林的那一天，我停下來吸收森林的智慧。我沿著鷹河（Eagle River）走向一棵老樺樹，之前我曾來這裡收集要放進栽植穴的土壤。我的手滑過它寬大結實的樹皮和薄如紙張的樹皮，口中喃喃向它道謝，謝謝它對我揭露它的祕密，也因此拯救了我的實驗。

接著，我許下了一個承諾。

我承諾要進一步挖掘樹木感知其他植物、昆蟲和真菌和傳送信號的方式。

讓更多的人瞭解。

真菌在土壤中死去，以及菌根共生機制崩潰，裡頭藏有我第一次視察的人造林雲杉幼苗奄奄一息的答案。我發現，不小心剷除菌根菌也連帶害死了樹木。把原生樹木下的腐植土和土裡的真菌放回人造林的土壤之後，樹木的情況才有所改善。

遠遠有直升機正在山谷裡噴灑農藥，目的是為了除掉顫楊、赤楊和白樺，以便種植雲杉、松樹和花旗松等經濟樹木。我討厭那個聲音。我非得阻止它不可。

我尤其想不通為什麼要對赤楊宣戰，因為弗蘭克氏菌（赤楊根內部的共生菌）有種特異功能，能將大氣中的氮轉化，供矮小灌木用來長出葉子。秋天赤楊的葉子掉落腐爛之後，氮就會釋放到土壤裡，供松樹根吸收。松樹仰賴這種氮的轉化方式，因為森林每一百年就會發生大火，導致大量的氮回到大氣之中。

但我若是想要改變業界的普遍作法，就需要更多有關土壤和樹木如何跟其他植物連結與傳送訊號的證據。艾倫一直鼓勵我回學校拿碩士學位，繼續提升我的研究能力。幾個月後，二十六歲的我開始到科瓦利斯（Corvallis）的奧勒岡州立大學讀研究所。我決定藉由實驗來調查，赤楊是否真如政策所說的是松樹殺手，還是因為能釋放氮，反而能改善土質，促進松樹生長。

我相信是後者。

最後證明，我的直覺甚至比我想像的還要準確。我知道執意要調查「自由生長政策」可能會惹惱制訂政策的人，卻完全不知道會引起何等的軒然大波。

6 赤楊窪地

囚車抵達的時候，我開始有點後悔。

二十名穿著黑白條紋囚服的犯人跌跌撞撞下了車，站在集木道路上。這些人被拘禁在甘露市以北的戒治中心，不是殺人犯之類的重刑犯，犯的多半是偷雞摸狗的輕罪，但看起來也不是好惹的。獄警和一名林務局的同事很快把他們整好隊。我跟羅蘋在離他們兩百公尺高的皆伐地上，看得一清二楚。她當我的研究夥伴已經一個多月，這段期間都跟著我到一片已有十年歷史的皆伐地，準備研究所的實驗。

這片皆伐地是一大片的錫特卡赤楊窪地，正適合用來做我目前的實驗。我的目標是要調查灌木型赤楊對扭葉松幼苗的生長和存活造成的影響。卑詩省各地的赤楊砍的砍，噴藥的噴藥，幾乎要被消滅殆盡，這樣松樹林才得以達到「自由生長」的標準。這個野心龐大的剷除計畫耗費數百萬元，卻沒有這麼做有助松樹生長的證據，只是人類因為恐懼赤楊有礙高經濟價值樹木生長而出現的（激烈）反應。

赤楊長在扭葉松原生林的地被層。十九世紀末，來這裡鋪設鐵路和尋找金礦的屯墾者放火燒了森林之後，大片冰雪覆蓋的內陸高原重新長出了扭葉松林。一個世紀後，扭葉松林被伐木集材機（一種拖拉機，機械手臂可轉動圓鋸、砍下樹木）夷平，倒楣的赤楊不是被輪子壓扁，就是跟著松樹一起被砍斷。上層林木消失之後，斷頭的赤楊殘株直接曝曬在陽光下，枝葉茂密生長，加上水分和土壤資源充足，這裡儼然成了赤楊的天堂。原有的根幹快速冒出叢叢赤楊，多葉的小樹冠下，松草、火草、茅懸鉤子大肆生長。看在一名開車經過的林務員眼中，松樹幼苗混在一大片赤楊和雜草之中，彷彿要被淹沒。從工作到讀碩士的這幾年，我為了查看人造林的內部狀況，開車穿越過很多森林，甚至下車涉進漫到路面的赤楊林。一旦穿過綠牆，我通常會發現長得很漂亮的松樹。但是看到漫到路邊的赤楊，即使有很多松樹從中探出頭，只要是林務員都必須確認，是否該動用化學藥劑或鋸子樹剪，大刀闊斧清理一番了。

但這樣做有什麼好處？沒人知道除去雜木，是否有益人造林生長。我的實驗目的就是要幫忙填補這個知識缺口。我想把赤楊和相關植物對松樹產生的競爭效應量化。我更感興趣的是，原生灌木會不會有可能跟松樹一同合作，幫助它們與土壤連結，打造一個健康的森林共同體。

要知道赤楊如何（以及會不會）妨礙松樹生長，我必須把高度及肩的灌木減少到不同的密度，某些區域甚至必須將之全面剷除。這樣才能將與不同數目的赤楊長在一起的松樹，跟獨自生長、毫無競爭的松樹相互比較。與其疏伐，我決定乾脆把赤楊全部砍掉，讓一定數量的赤楊重新抽芽，這樣我要種的松樹幼苗（高度到腳踝）就會面臨真正的競爭對手。雙方如果同時展開這場比誰長得高的競賽，我就能更精準地測量它們公平競爭時的表現。假如我是在皆伐後不久來到這裡進行實驗，只要減少剛抽芽的赤楊數量，就能種下松樹幼苗。然而我來的時候，赤楊的殘株已經又完全長大。大自然的合作關係客觀中立，不受情感左右。

這批囚犯的任務是用開山刀把赤楊砍光，只留下腳踝高的根株。每株赤楊約有三十條莖，源自同一根莖，類似玫瑰叢發芽的方式，只是更茂密。為了打造不同密度的赤楊，我打算砍掉赤楊之後，在其中幾叢的莖頂端塗上除草劑，藉此控制哪幾叢能長出新葉，哪幾叢不行。以此打造出五種不同的赤楊密度，從零（因為全塗上除草劑而死光）到每公頃兩千四百棵根株（完全沒塗除草劑，所以都活了下來）。介於中間的是密度每公頃六百棵、一千兩百棵、一千六百棵。

赤楊為零的區域，我想打造另一種草本植被的梯度，也就是有不同數量的松草、火草、越橘、茅懸鉤子和其他十幾種次要植物覆蓋的林地。這樣就能評估這些植物對獨立出來的松樹幼苗造成的競爭效應。赤楊被視為主要競爭對手，但矮小的植物據說也不遑多讓。說也奇怪，其中只有火草是真正的草本植物，松草顯然是禾本科植物，而越橘和茅懸鉤子則是灌木，但都不高過我的膝蓋，所以我把它們一起歸於我所謂的「草本層」。為了評估草本層的競爭效應，我打造了三種零赤楊的草本密度：一是一〇〇%的草本覆蓋，任天然的草本植物自由生長；二是五〇%的草本覆蓋，將天然的草本植物減半；三是零草本覆蓋，徹底剷除草本植物。每一個草本覆蓋率，我都先砍掉赤楊並在上面塗藥，接著噴灑除草劑，殺掉指定數量的草本植物。在全面剷除的區域，看到的植物一律噴藥，灌木、草本植物、禾本科植物和苔蘚都不例外，土地因而變得一片光禿。

把土地變得光禿禿的極端方法，讓我想起谷底的田地。很嚇人的作戰計畫，但我這麼做是有原因的。一九八〇年代的美國雜草木學家，跟隨著綠色革命的腳步，發現使用農藥、肥料和高產量品種，可產出成長速度最快的作物，而卑詩省的決策者相信他們可以複製這套方法，把松樹的生長潛力發揮極致。他們認為如果可以讓松樹長得跟豆子一樣快，伐採量也會隨著生長速度變快而提高。我得對照其他表現水準來評估這個方法。所以總共有七組實驗：四組有赤楊，三組沒有赤楊、但有不同程度的草本層，每組各重複實驗三次。每一塊實驗地的大小是二十乘二十平方公尺，總共有二十一塊，占十公頃皆伐地約一公頃。

七組實驗我都會種下松樹幼苗，測量它們跟赤楊和草本層為了爭奪陽光、水分和養分競爭（合作）得多激烈（密切）。藉由實驗，我會知道赤楊幫了松樹多少（或許是在土壤中添加氮），以及雙方為了搶奪陽光、水分，或磷、鉀、硫等養分的競爭狀況。我也會知道草本植物到底是強大的競爭者，還是某種保護者。我的目標是記錄松樹、赤楊和草本植物獲得的資源量，同時調查松樹的成長速度，以及它們在七種不同密度的赤楊和草本植物之間的存活狀況。

我跟羅蘋俯瞰著連綿起伏的松樹林，看見囚犯沿著小徑走上山。她已經二十八歲，比我大兩歲。她希望我跟她打個暗號，讓她相信不會有事，但我自己也怕怕的。看她穿了件無袖上衣，我說：「我覺得妳應該——」

「對。」她立刻在低胸背心上披了件伐木工穿的格紋襯衫。

囚犯邊發牢騷、邊走向我們，劈哩啪啦罵個不停。**馬的！我想哈根菸！**一行人罵罵咧咧爬過帶刺的鐵絲網。那片鐵絲網又緊又厚（用了五條鐵絲綁成），而且綁得一絲不苟，是凱利放假那個禮拜特別來幫我弄的，目的是要把牛擋在外面，而不是鉤住人的褲襠。**王八蛋，我的褲子破了**！某個囚犯一身肌肉、長髮，眼神冷酷，嘴裡嚼著菸草。「哈囉，小妞！」其中一個高喊：「寶貝，想跳舞嗎？」另一個邊嚷、邊扭屁股。

我跟獄警解釋，他們應該把灌木砍到地面高度。他耐心聽我說明，但情況隨時可能失控。他身上的武器只有警棍。囚犯開始工作之後，我跟羅蘋逃到遙遠的另一頭。

我們把樹剪和背包噴灑器留在原地，於是我決定跟她一起負責全面清空的區域，不找囚犯來幫忙。為了盡可能剷除所有植物，我們把每棵赤楊剪到只剩一小節，再把枝幹拖到一旁，讓底下的草本層露出來。我們在斷枝上塗 2,4 －二氯苯氧乙酸，草本層則噴灑嘉磷塞，把所有植物全數撲滅。草本覆蓋一半的區域則按照棋盤配置，只對一半草本植物噴藥。清除過的林地看起來一片荒蕪。害死這些植物讓我們心裡都不好受，但這次我們有更大的目標，意志也更堅定。假如能證明這些原生植物並非決策者口口聲聲說的松樹殺手，或許就能重新檢討卑詩省普遍採用的殘酷作法。

我們從凌晨三點就開始工作，這次確實裝好了濾網。現在，終於能脫掉塑膠手套和雨衣，在最後一片裸地的邊緣坐下來休息。羅蘋拿了一個瑪芬蛋糕給我，是用噴藥前採摘的越橘烤的。即使已經洗過手、也坐在噴過藥的區域之外，吃的時候，我們還是雙手包裹著塑膠袋。

「妳看，田鼠！」她驚叫，伸手一指。我的視線掠過掛著一滴滴粉紅色除草劑的樹葉，看見田鼠飛奔而過，把草莖拖往我們堆在邊邊的赤楊樹枝。「還有小兔子！」

她還沒意識到這些小動物正在吃有毒的樹葉。一個畫面閃過我眼前：田鼠在洞穴裡跟小孩分享致命的枝葉，最後全都死在地底。

「走開！」我大喊，跑向牠們。「不要吃那些樹葉！」

但我們阻止不了田鼠、兔子和地松鼠。一旦剷除赤楊，我們就擾亂了牠們的生活。我跟羅蘋無助地看著對方。甚至還沒開始測量實驗結果，生態系統受到的衝擊就明顯可見。

接著，我們聽到叫喊聲。羅蘋跟著我走向那些囚犯工作的地方，那裡的赤楊長得很密，離這裡有一百公尺。聲音愈來愈大，愈來愈快。我們趴在地上，穿過一片灌木好看個仔細。

「喝！喝！喝！喝！」囚犯異口同聲。

我們目睹了囚犯造反的一幕。站著的人，隨著吆喝的節奏把鼠蹊部往前挺。有個憤怒到連鬼看了都會怕的囚犯，帶著大家一起喊。另一個疤痕累累的囚犯，坐在樹樁上應和，用力到脖子青筋暴突。有個瘦巴巴的囚犯，眼神空洞得令人害怕。他們放下開山刀表達抗議，獄警命令他們站起來，我跟羅蘋屏住呼吸。二十名囚犯加兩名沒有武裝的獄警和我們兩人，危險一觸即發。

帶頭的囚犯安靜下來，獄警和我的林務員同事把他們趕上小徑，押回車上。他們只待了兩個小時。

查看過他們的成果之後，我覺得全身不舒服。原本期待他們會從赤楊的根部俐落砍斷，留下平整的切面，這樣我們就能輕易塗上除草劑，控制重新長出來的赤楊數量。實際上，赤楊看起來卻像是被亂刀砍死，樹冠被劈斷，留下尖銳的莖幹，高度到我的大腿。汁液從裂開的樹皮滲出來，流下布滿斑點的褐色樹幹。這些枝條就像一支支矛，可能會害一頭鹿穿膛破肚。

過了一週，我跟羅蘋合力完成原本託付給囚犯的砍樹任務，我的其他幾位「研究助理」齊聚一堂。我們全家總動員。羅蘋把一頭黑髮束成馬尾，手握鏟子，蹲在一箱箱松樹幼苗旁，迫不及待要把它們種進土裡。凱利穿著牛仔褲和牛仔靴，腰間掛著木工腰包，看起來非常專業，準備幫我把柵門做好，並且把阻擋牛群的鐵絲網綁牢（當地的牧場主人拿到了放牧許可）。跟我們像一家人的琴，提著用來測量栽種幼苗之大小和狀況的工具（卡尺和捲尺）。我媽坐在樹樁上，手拿筆記本，含著微笑看著自己的兒女，表達她看到我們聚在一起有多開心。那群囚犯帶給我跟羅蘋的緊張不安，因為老媽在這裡而煙消雲散。再過幾個禮拜，老爸也會過來。我們小心避免爸媽在同一個時間，出現在同一個地方。

站在我旁邊的是一頭深色鬈髮的唐。他是我一月時在奧勒岡州立大學認識的研究助理，他的教授研究的是伐採森林對地力造成的長期影響。唐很照顧我，教我研究生該具備的基本能力，比方如何使用電子試算表、哪裡可以慢跑、哪間酒吧最讚。「統計分析程式就是這麼寫的。」他說，為我解開了長久以來的疑惑。我一直盼著他出現，他來了之後，很快跟大家打成一片，開心聊著林業話題。有他在身邊，我雀躍不已，心裡暖暖的，因為我戀愛了。

「蘇西，你把這裡規畫得很好。」唐說，望著我們用來為二十一塊實驗地分界的柱子。聽到他已經用家人叫的小名喊我，我胸口發熱。他說話時，還伸手輕觸我的腰背。

為了把他的注意力拉回工作，羅蘋向他解釋每一區會種七排松樹幼苗，一排七株，排與排之間隔二．五公尺，空隙另外再種十株，供做特殊的破壞性量測。她看得出來他很能幹，但還是得進一步確認。唐沒讓她失望，除了解釋他的作法，還用他最愛的喜劇演員格魯喬．馬克思（Groucho Marx）的一句名言，幽自己一默：「這些是我原則，但如果你不喜歡……呃，我還有其他原則。」大家哄堂大笑並開始爬上山，準備在不同密度的赤楊叢中種下一千兩百三十九株幼苗。

「該我們了。」琴對我媽說。她們跟在羅蘋和唐的後面，琴走下第一排剛種下的幼苗，在每株幼苗旁邊插上尖木樁並釘上金屬標記，再用尺量高度、用卡尺量直徑，媽媽負責將她量測的數字寫在紀錄表上。在赤楊的分岔枝椏下，松樹幼苗的一串串針葉纏在一起有如花束。最後它們會長成高高瘦瘦的扭葉松，取代之前被砍伐的松林，頂著針葉組成的樹冠，像蠟燭上的火光。

凱利的圍欄已經蓋到最後一段。我們走過去時，凱利問我：「蘇西，妳的門要加門閂還是不用？」我很慶幸能跟他獨處幾分鐘，一起研究高低起伏的地形，看柱子該怎麼放。除了蓋圍欄，無所不能的他還幫了我好多忙。他徒手挖洞，儘管為了練習騎牛曾經肩膀脫臼（年少時的熱情絲毫不減），雙手還是一樣有力。最後他在我的實驗地周圍圍了木柵，數十年都屹立不搖。

「我也不是很懂，但我想要一個簡單的開放式柵門，留一個人能通過、但牛擠不過去的Y型缺口，應該就可以了。」我說。

「嗯，這樣最簡單也最省錢。」他說。

「只是缺口要夠大，讓工具進得去，比方我跟爸再過兩個禮拜會用到的壓力計。」我說，比出大概的大小。差不多就像維妮外婆的勝家牌輕便型縫紉機那麼大。

「我可以把外圍門柱調窄，讓牛擠不進來，但那個什麼計的進得來？」他笑著說，嘴唇下的疤痕隨之撐開。「真想看看爸跟這群牛在一起的樣子。」

「一定很好玩。我們要在半夜搬那個傢伙。」

「可惜他今天不在。」凱利輕聲說，對爸媽分開仍未釋懷，即使那是十三年前的事。

「他們兩個碰在一起，氣氛太僵了。」

「我下週末會在威廉斯湖競技場見到他。我報了套小牛和騎牛比賽。」

「太棒了，加油！」我謝謝他幫我做了這麼棒的圍欄，還要他替我向蒂芬妮問好。我還沒見過她，但聽說她有一頭狂野的紅髮，兩步舞跳得超好。

「謝謝，我會的。」凱利說，咧嘴露出跟梅布爾湖一樣寬的微笑。他以自己做的事為榮，也為我對他的支持而感動。他拿起鏟子，揮揮手趕我去工作，臉上仍堆滿笑容。

唐幫我跟羅蘋種下更多幼苗，琴跟媽媽則繼續釘標樁，收集第一次的幼苗資料。「跟我們的土地比起來，你們的土地原始又開闊。」他說，手臂對眼前的風景一揮，讓我為自己從小長大的土地感到自豪。「我希望能來加拿大，永遠跟妳在一起。」他一股腦兒說出口。唐很健談，說話又急又快，令我深深著迷。幾天來，我們不停工作——原本只覺得辛苦累人，後來變得艱鉅無比。夜裡，我呼吸著他皮膚裡的泥土芬芳。

重返研究助理工作的前一天，唐跟我用一呎長的T形土壤採樣器，收集了土壤樣本。他教我把採樣器的一端推進土裡，再拉起手把，抽出一長條礦質土並放進採樣袋。植物全被剷除的區域，土壤軟得像奶油。相反地，植物蓬勃生長的地方，抽出的土壤卻硬得不得了，富含碳的樹根組成的迷宮抵抗著採樣器，我們還得踩著手把，才能把採樣器推進土裡。不到中午，我就腰痠背痛，唐還替我揉背。

他離開的那一天，我哭了。他跟我保證九月就會回來幫我完成最後的幼苗量測工作。我們約好要一起去威爾斯葛雷公園（Wells Gray Park）划獨木舟。

幾個禮拜後，我跟羅蘋回到實驗地點記錄每個組合吸收陽光、水和養分的狀況。既然赤楊又長回來，剩下的草本植物也冒出綠葉，它們搶走了松樹幼苗多少光線？它們吸收了多少養分，又剩下多少給松樹幼苗？其他植物滿足所需之後，土壤中還剩多少水分可供松樹根吸收？

我們利用中子探測器測量土壤裡的水分。中子探測器跟它的名字一樣致命，其實就是一個黃色金屬箱，長得像炸藥引爆裝置，裡頭的中子放射源可測量水分附著於土壤孔隙的強度。水分愈少，附著於土壤顆粒的力度愈強，松樹就愈難吸收——中子探測器一測就知。赤楊、松樹和草本植物都需要水才能行光合作用，但赤楊的需求量最大，因為有足夠的水，才能製造足夠的能量將空氣中的氮轉化成之後能使用的銨（固氮作用）。為了完成這件很耗能量的事，我預期赤楊會吸收最多土壤的水分。這是我的直覺。而禾本科植物和草本植物交織錯綜的鬚根，應該也非常渴。

之前，我跟羅蘋已經把鋁合金管埋入地下一公尺，在每一區都植入這些用來測量土壤含水量的管子。我們將帶來的黃色箱子小心翼翼放在管子上面。赤楊吸收的水分愈多，光合作用速率就愈高，就有更多能量投入固氮作用。但另一方面，剩下能分給松樹幼苗的水分也就愈少。一物換一物。

箱子裡面是一卷電纜，末端連著一根探管，探管裡頭的放射性顆粒會射出中子。活塞送出電纜之後，探管就會掉進鋁合金管，使顆粒射出高速中子與土壤中的水分子碰撞。電子探測器可以測到有多少速度變慢的中子彈回來，並以此測量土壤的含水量。只要按下按鈕，電纜就會收回箱子，跟收吸塵器的電線一樣快。

「這是怎麼運作的我毫無概念，可是我還想生小孩。」羅蘋說。

我壓下手把，讓電纜掉進管子。我討厭中子探測器。不只機器老舊又笨重，電纜還黏黏的，而且每當我的車尾貼上輻射警告時，其他駕駛人就會用奇怪的眼神看我。但這些都比不上我對放射線的恐懼。

測量二十一個區域的土壤含水量，要花上一整天。我們趁夏天結束前，重複測量了很多次，調查每一區的乾旱有多嚴重，尤其是赤楊稠密區。這項工作要很細心，因為儀器很難搬運，電纜也不是每次都會順利掉下去，而且有時候如果我們放在箱子上面的外帶咖啡被松鼠打翻，管子還會進水。

我們終於進行到最後一區，緊張的一天就快結束。我往地面一看，猛然倒抽一口氣。內有中子放射源的探管竟然露在外面，跟著我們一路拖行。上一次使用時，上鎖機制大概壞了，電纜沒收好。我們被放射線掃射卻不自知。

「蘇西！」羅蘋大叫。

「可惡！」我也跟著叫。我按下黃色箱子的按鈕，電纜和探管隨即收回箱子裡。

這樣有多危險？加拿大原子能公司規定我們，使用這部儀器要在上衣口袋貼膠片配章，測量我們的重要器官接觸到的輻射量。腳比較不用擔心，畢竟腳的面積較小，裡頭沒有器官，受到的軟組織傷害也比較小。

「我想應該沒事。」我說，跟她解釋配章的功用。

羅蘋想念比爾，兩人打算感恩節在媽媽家的客廳舉辦婚禮，這次疏失對她來說是致命的一擊。我答應她立刻把配章送去檢驗，自己也慌了手腳，畢竟輻射會引發癌症。晚餐時，琴為了轉移我們的注意力，說起她去視察人造林不小心把肥料留在那裡，乳牛吃了肥料不但腫了一圈，還一直放屁打嗝。我寫信給唐，向他傾訴內心的恐懼。

加拿大原子能公司傳來回音時，我盯著結果一動也不動。我們的輻射暴露量離危險門檻還有一大截。好險。

從六月初到九月底，我跟羅蘋每兩週就回來，用中子探測器重複測量土壤含水量。利用兩週一次的數據，我分析了土壤含水量在生長季節的趨勢。一個清楚的模式浮現。春天時，剛融化的雪讓土壤孔隙含飽水分。赤楊是否抽芽根本不重要，因為再多赤楊，也不會減少兩公尺高的積雪層融化後提供的水分。但到了八月初，在赤楊又茂密重生的區域裡，土壤孔隙的水分流失。蓬勃生長的赤楊樹葉急著打開氣孔、蒸散大量水分，因此消耗了大部分的水資源。相反地，在赤楊完全剷除的區域，無根的土壤孔隙整個夏天仍舊水分飽滿。

呃，或許真讓除草狂熱分子說對了。盛夏時，赤楊留給松樹幼苗的水分確實少之又少。但真正重要的問題是：沒有赤楊與之競爭的松樹真如決策者的預期，比跟赤楊在一起生長的松樹長得更快更高嗎？它們是否吸收並**利用**了原本只有春季才充沛的額外水源？

為了回答這個問題，我必須測量松樹幼苗在盛夏時，到底吸收到多少水分。我找來我爸當我的幫手。

我們在八月七日的午夜離開市區。根據我跟羅蘋用中子探測器採到的數據，這是赤楊底下的土壤最乾燥的時候。到我的實驗地點，開車要兩個小時。又高又瘦的老爸抓著新任妻子瑪琳幫他準備的豐富午餐，擠進我的貨車駕駛艙。車子開上公路，他從保溫瓶裡倒了兩杯咖啡。集木道路開始顛簸不平，愈深入森林，樹叢就愈陰暗，爸爸直直盯著前方的路。他從小就怕黑，但從沒因此犧牲全家遊山玩水的機會；我們曾在梅布爾湖與世隔絕的岸邊船屋，一連住好幾個禮拜。我跟他說我帶了很亮的燈方便作業，要他別擔心。

在林地邊緣等著我們的是浮筒大小的高壓氮氣槽。我跟他解釋，我們要在半夜用這種氣體檢測，松樹幼苗是否從白天的乾旱壓力中復原。根據中子探測器測到的高度土壤含水量，我猜測種在裸地的松樹，晚上會比跟吸水高手赤楊種在一起的松樹復原得更好。半夜測量完後，中午我們還得重測一次，看它們大中午的壓力有多大。假如它們白天**跟**晚上都很缺水，我就知道哪些幼苗岌岌可危，甚至夏天還沒結束就會枯萎。這也足以解釋，比起和赤楊種在一起的幼苗，裸地的幼苗為什麼長得更快。

老爸調整著拳頭大小的頭燈上的鬆緊帶，我幫他把燈開到最亮，看到光線大亮，他立刻浮現笑容。我也打開自己的頭燈，並轉開兩支手電筒，接著把車燈關掉。我們面面相覷。頭燈和手電筒還是不敵眼前的一片漆黑。「爸，緊跟著我。」我說。他點點頭。

我們得把儲氣槽的一些氣體裝進保溫瓶大小的鋼瓶裡，因為儲氣槽太重，沒法拖上實驗林。我為他示範調壓閥怎麼減壓，讓氣體從儲氣槽通過連接管，注入鋼瓶。少了調壓閥，我們可能把管子和儲氣槽、甚至自己炸成碎片。我雖然也怕犯錯，仍努力藏起緊張的心情。

裝好氣體之後，我們開始穿過烏漆墨黑的樹叢，兩人緊貼著對方，所以不斷撞在一起。爸爸拿著警示喇叭和氮氣瓶，我搬二十磅重的壓力計。這個儀器能夠測量木質部（樹幹中央負責運輸水分的維管束組織）的水壓。

我把手電筒往柵門一照，說：「這片圍欄是凱利做的。」

「是嗎？」爸拉拉最上面的鐵絲看有多緊，再用食指摸一摸，彷彿那是一件上等的家具。「做得很好。」爸爸努力工作供應凱利所需，或許是為了彌補自己苦哈哈的童年。他買最好的曲棍球裝備給他，每場比賽都不錯過，還幫他報名高強度滑冰（power skating）並支持他參加明星球隊，希望他跟加拿大的很多小男生一樣享受冰上運動。

我們跌跌撞撞在赤楊最密集區和裸地區之間設好測量站。我把一片膠合板平放在一個老樹樁上，然後把儀器放上去擺好。爸爸像魔鬼氈一樣貼著我。這個沉重金屬箱裡頭有個小壓力室，看起來很像冷戰時期偷藏炸彈的手提箱。打開之後，會看到一個凹室、一個刻度盤和數個旋鈕，長得像能測謊（或把間諜電死）的裝置。「妳爺爺以前也有類似的儀器。」爸說，讚嘆地吹了聲口哨。爺爺在老家地下室的工作坊有各種奇怪的機器，多半是他為了伐木親手做的。

「你的任務是走去種滿赤楊的那一區，從做了標記的松樹幼苗上剪下一根側枝。」我說，用手電筒去照一棵綁了粉紅色帶子的松樹。「要剪側枝，不要剪到主枝，因為少了主枝，松樹就不知道怎麼往天空長了。」

爸爸看我的眼神，好像我要他從懸崖上跳下去，但還是輕聲說：「瞭解。」目前為止，他還算鎮定，但現在我擔心他從小到大對叢林的恐懼會瞬間升高（更別提還是黑漆漆的叢林），害他恐慌起來。「爸，我就在這裡。」我說，轉開我跟琴借來的隨身聽。險峻海峽搖滾樂團的〈人生百態〉在夜色裡飄送。老爸消失在我眼前，只剩一抹上下擺動的頭燈。我不斷大聲說我就在這裡。不一會兒他就跑回來，手裡驕傲地拿著一根汁液飽滿的主枝。

無論如何，我還是接了過來，剝掉上面的針葉和韌皮部，只留下一吋長的中心木質部。木質部為了因應蒸散作用（進行光合作用時，針葉從氣孔排出水氣）造成的缺水問題，會從根部輸送水分給枝葉。白天的時候，木質部的水壓應該比較低，因為根部奮力從逐漸乾涸的土壤中吸取水分，好彌補蒸散作用流失的水分。到了晚上，木質部的水壓應該會比較高，因為氣孔閉上，而主根也在吸收地下水，所以木質部水分飽滿，缺水壓力解除。然而，若是中午乾旱嚴重，幼苗可能直到晚上都還沒完全復原，木質部裡的細胞或許直到半夜都還很缺水。

我把剝到只剩中央木質部的莖，穿進二十五分硬幣大小的橡皮塞中間的小洞，其餘的莖和針葉則倒掛在橡皮塞底下。接著，再把橡皮塞卡進壓力計的厚重旋轉蓋中央二十五分硬幣大小的洞，然後把軟趴趴的莖葉塞進梅森罐大小的氣室，最後把蓋子轉緊。枝條看起來，就像倒掛在寬口玻璃瓶裡的盆栽。我照了照已經轉緊的蓋子，看到裸露的木質部像牙籤直直突出來，覺得很滿意。

老爸一臉驚奇地看著我把氮氣瓶的管子緊緊卡進壓力室，然後轉動旋鈕，聽氣體的聲音。當我施加的壓力等於木質部內含水分的反抗力時，莖部切口就會浮現一顆水泡。幼苗承受的壓力愈大，木質部就會把水分含得更緊，我也得愈用力轉動旋鈕。

老爸的任務是一看到水泡就喊：「現在！」

他被當下的緊張氣氛感染，喊「現在」的聲音大到害我嚇一跳。我立刻關閉氣體，看到結果不禁吹了聲口哨——五個刻度。幼苗很渴，即使到晚上也沒完全恢復。爸爸跟我保證他採的樣本是赤楊叢間的松樹幼苗。

赤楊把大部分的水吸光，導致幼苗口渴難耐。我跟爸爸解釋，赤楊或許需要大量水分，才有辦法把氮轉化成銨。土壤資料也告訴我，秋天當赤楊的葉子枯萎分解，就會釋放大量的氮到土壤裡，這時松樹根也能取得氮。「這株幼苗雖然口渴，但針葉應該有大量的氮。」

「可以測出來嗎？」爸問。

我答應他把針葉帶回實驗室測氮濃度。我打開壓力室，把樣本拿出來遞給他，他三兩下就把針葉放進塑膠袋。我發現他很適合當技術人員。

「接下來要測量哪一株？」他迫不及待再度鑽進黑暗中探險。這次他從赤楊全部剷除區採到正確的側枝。測出的缺水程度是零。也就是說，木質部水分飽滿。零赤楊區的幼苗到了晚上就能復原，因為土壤裡有較多的水分。目前為止，幼苗在在證明決策者是對的，盛夏的赤楊確實搶走了松樹所需的水分。我忍住失望的心情。但我的研究有個更大的目標：指出簡化結論和短視近利的危險。如果把眼光放遠，把氮對植物不可或缺的複雜性同時考慮進去，這能證明什麼？

後來，我跟羅蘋又帶著中子探測器回去測量土壤含水量三次。每一次，我跟爸爸半夜就會接著去檢查幼苗對土壤含水量變化的反應。

我們的發現出乎我意料。

到了八月底，中子探測器顯示赤楊稠密區的土壤又重新飽含水分。雖然才八月，**赤楊稠密區的含水量已經跟裸地區不相上下**。土壤孔隙不只因為夏末降雨和露水而飽含水分，晚上還有地下水的滋潤，因此赤楊的主根能從土壤深處吸收水分，並經由側根把水發散到乾燥的表土。此過程稱為水力重分配（Hydraulic redistribution），亦即改變水流路線。

此外，只種了松樹幼苗的裸地區也出現了變化。降下的雨水很快從表土流失，還把土壤顆粒一起帶走。泥沙、泥土和腐植土隨著雨水形成的小河流走，因為沒有樹葉或樹根攔住它們。赤楊稠密區從八月到之後幾個月開始補水之際，裸地區反而流失了水分。

我跟爸爸用壓力計測量松樹幼苗是否感覺到土壤含水量的改變。土壤補滿水之後，松樹在赤楊之間感受到的壓力完全消失。除了八月初的那一小段時間，跟赤楊共存的松樹感受到的缺水壓力，其實不比裸地的松樹大。為了讓松樹自由生長而剷除赤楊，到頭來只給了松樹短暫的水資源優勢。我愈來愈覺得把赤楊趕盡殺絕，未免矯枉過正。不只如此，還會造成土壤流失的副作用。

接下來，我檢查了光線強度。長在重生赤楊間的松樹幼苗，跟裸地幼苗照到的陽光差不多，所以光線改善不是裸地幼苗長得更快的原因。除此之外，還要納入另一項重要因素：唐收集的土壤樣本證明，剷除了赤楊就沒有氮新增到土壤裡，因為具有固氮能力的弗蘭克氏菌隨著赤楊根死去而消失。氮對於製造蛋白質、酵素和 DNA 不可或缺，樹葉、光合作用和演化都需要它。植物沒有氮就無法生長。此外，氮也是溫帶森林最重要的養分之一，卻經常在森林火災中散失。在北方森林裡，缺氮和低溫都是阻礙樹木生長的常見原因。

然而，赤楊和它的搭檔弗蘭克氏菌消失之後，雖然不再有新的氮加入土壤（確切地說，是空氣中的氮轉化成的銨），但是當枯萎的根莖分解後，短期卻會為土壤添加其他養分

（磷、硫、鈣）。這些殘骸逐漸腐爛時，赤楊的蛋白質和DNA會進一步礦化或分解成無機的含氮化合物，例如銨和硝酸鹽。透過這樣的過程，氮就會以無機氮的形態，重新被利用並釋放到土壤。無機化合物溶於土壤的水分之後，就能輕易被松樹幼苗吸收，並在短時間內提高它們的生長速度。然而，經過大概一年，死去的赤楊分解得差不多，礦化氮也被幼苗、植物或微生物吸收殆盡或被地下水濾掉，裸地的氮總量跟赤楊自由生長區比起來卻大幅下降。植物分解期間短暫增加的銨和硝酸鹽等含氮化合物很快用光，又沒有赤楊能補足或增加氮含量。氮就這樣不斷流失。

第一年秋天，水分和養分短期增加（植物分解期間釋出），讓裸地幼苗比跟赤楊長在一起的幼苗長得更快。這就是決策者看到的結果。但裸地幼苗會一直超前嗎？還是終究逃不過缺氮的問題？解讀這些資料彷彿在解讀幼苗的星盤，不禁讓人毛骨悚然。

「我們一定得等到這裡長成一座森林，才能得到答案嗎？」羅蘋問。

我不確定。我想起之前讀過的論文。松樹顯然從土壤獲得氮，而土壤則是從赤楊之類的固氮植物中得到養分，松樹根或寄生在上面的菌根菌，再從土壤吸收氮。

我不解的是，身為扭葉松林的基石，松樹為什麼要等赤楊用完剩下的養分？它們難道沒有找出更好的存活方式嗎？

或許，當赤楊和草本層枯死的根分解完之後，這些長在裸地的松樹幼苗能夠想辦法取得足夠的氮。或者，會不會有另一種更直接的方法？

目前，這已經超出我的理解範圍。

十月時，我拿到了樹葉含氮量的資料。長在赤楊叢中的松樹幼苗，含氮量豐富，沒有赤楊作伴的松樹卻極度缺氮。即使裸地的松樹從枯死分解的赤楊根吸收到更多的磷和鈣，卻因為不再有氮添加到土壤裡而更加缺氮。此外，赤楊密集區的少數幼苗儘管因為盛夏期間缺水而枯萎，大多數仍安然無恙，氮和水都很充足，跟裸地的幼苗長得一樣快。這就表示，除了八月最缺水的那幾個禮拜，大多時間赤楊都會為土壤補充水**和氮**。這座森林運行的方式，遠比粗糙的自由生長政策所想像的更加複雜。

對我來說，決策者只看到資源消耗的資料。而且是短期的、匆匆一瞥的第一眼印象——赤楊搶先占用了松樹幼苗可用的資源。

但只要拉開距離，把時間、季節和場景的範圍拉大，就能發現那並非事情的全貌。我手上的資料揭露的似乎是一個慷慨相助的故事。

赤楊全部剷除的區域，有更多松樹幼苗死在田鼠和兔子手裡，因為牠們可以直奔松樹，享用松果大餐。我跟羅蘋擔心的動物，在剪下的赤楊殘骸堆裡大量繁殖。幼苗是裸地上僅剩的綠色植物，因此就像磁鐵一樣把齧齒動物引來，這些動物一到春天就開心地將香甜多汁的嫩枝咬斷。大部分幼苗都被咬到只剩下枯黃的一小截。兔子的牙齒留下的切口跟我和羅蘋用樹剪剪出來一樣平整。還有一些幼苗不敵霜害，針葉變得短而黃，最後只剩下蒼白枯槁的莖。也有一些被曬傷，底部因為沒有遮蔭（平常周圍的多葉植物會提供它們保護）而留下疤痕。夏天結束前，超過一半沒有赤楊為鄰的幼苗死去。裸地變得像月球表面一樣荒涼。

另一方面，有赤楊作伴的松樹，幾乎都活了下來。即使長得比裸地少數存活下來的幼苗稍微慢一些，但針葉呈健康的深綠色。我把赤楊密集區的幼苗（總共五十九株）的材積全部加起來，結果比裸地區多出很多；那裡只剩少數幾株還活著，只是生長速度很快。數量多的小樹加起來的材積，比數量少的大樹加起來的材積還多。

再過一段時間，相較於每年噴灑農藥、阻止赤楊和其他植物再生的區域，赤楊蓬勃生長的區域持續為土壤添加氮。再過十五年，這些區域的土壤含氮量就會比零赤楊區多上三倍。換句話說，裸地為了得到短期的好處（陽光、水分和養分短時間內增加），換來了長期的痛苦（沒有固氮植物持續為土壤添加氮）。除雜草木策略等於在挖東牆補西牆。

後來，我回科瓦利斯完成碩士學位，搬去唐的舒適小屋跟他同住，他把多出來的房間改成我的書房。我們的生活作息逐漸固定下來：早上騎腳踏車去學校，中午沿著鄉間小路慢跑，然後在花園裡用餐。我們一起去摘蘋果和越橘，唐再把這些新鮮水果烤成派。他還種了番茄和南瓜，請朋友來吃晚餐時，就能用來做燉菜。我雖然生性害羞，他的朋友之間輕鬆熱鬧的對話卻讓我放鬆下來。我把心思投入上課和分析資料；他則上班、煮飯，收看世界大賽。除了收集土壤樣本，唐也要用儀器分析土壤成分、分析資料，以及管理教授的實驗室，一天工作八小時。他喜歡這種規律的生活。這樣的生活讓我的心穩定下來。他還特別找時間，教我怎麼用質譜儀分析樣本、確認土壤的保水力及整合大量的資料。流連忘返的九月變成涼爽宜人的十月。十一月的風雨變成十二月的降雪，雪深到可以一路滑雪到學校。我繼續閱讀寫作和學習。唐不介意我把心思都放在上面，甚至對我的研究愈來愈感興趣。我一心想要解開松樹和赤楊之間的祕密。週末，我們會一起去喀斯喀特山脈健行或滑雪。我在太平洋西北地區的這個大學城，終於有家的感覺，唐也很開心能跟我一起安頓下來。我想當時我們都不知道，那時的生活是多麼輕鬆愜意。

但我手上的資料提醒我，前方可能遍布荊棘。

剷除赤楊會使土壤的含氮化合物減少，已是明顯的事實。不到一年，赤楊減少對土壤含氮量的影響，從松樹針葉的氮濃度變低就清楚可見。除此之外，沒有赤楊與之競爭的松樹雖然長得更快，卻有一半以上枯死。我擔心時間愈長，再過幾十年，土壤含氮量減少也會拖累存活松樹的生長速度。最後的結果是，擺脫了赤楊的松樹會因為嚴重營養不良，遭到黃松樹皮蠹蟲大舉入侵，大多數難逃一死。三十年後，當初種在裸地區的幼苗只有一〇%能存活下來。

宣揚除雜草木法的人，一直忽略長期缺氮的不良後果，以及這對人造林的危害。我們怎能忽略這件事？我必須說服他們，赤楊對恢復土壤肥力是必要的，而且長期來看，對松樹的生長有益無害。我需要更多證據來證明赤楊能促進松樹生長，而不只是松樹的競爭者。但可能要過好幾十年，剷除赤楊造成的衝擊，例如固氮作用、分解作用和礦化作用衰退，才會從森林產量下降的結果中浮現。我沒辦法等那麼久。此外，幼苗似乎很快就感覺到缺氮的問題。才過一年，裸地松樹的針葉含氮量已經比赤楊間的松樹少。赤楊和松樹之間，一定有更直接的連結管道。

我百思不解，松樹幼苗**怎麼**會這麼快就從赤楊那裡獲得氮。過去都認為轉化後的氮儲存在赤楊的葉片中，葉子暮秋掉落之後，會被各種蟲子組成的食物網分解。一個動物金字塔，大的吃掉小的：蚯蚓，蛞蝓，蝸牛，蜘蛛，小蠹蟲，蜈蚣，跳蟲，馬陸，盆蟲，水熊蟲，蟎，少足綱，橈足亞綱，細菌，原生動物，線蟲，古菌，真菌，病毒。你吃我，我吃你。一茶匙土壤裡，就住了超過九千萬種生物。牠們吃掉落葉，就會把葉子變得愈來愈小。吃掉葉子和彼此的同時，牠們也把多餘的氮排進土壤孔隙中，變成松樹根可吸收的氮化合物「精力湯」。但在分解和礦化的過程中，雜草之類長得比較快的植物，會搶在松樹之前取得無機氮，但還是比不上跟赤楊和雜草混生的松樹針葉所含的氮量。

一個尤其令人驚心的研究指出，根尖長出的菌根菌會伸出菌絲，侵入住在土壤中以腐爛落葉維生的跳蟲。菌絲會直接從跳蟲的肚子裡吸出氮，送給植物夥伴，之後跳蟲當然死得很慘。真菌光靠跳蟲肚裡的好料，就能為植物供應四分之一的氮！

我很好奇，是否有一個更直接的管道，能夠把氮經由真菌傳給松樹，繞過跳蟲之類的分解者。

我查閱期刊，向土壤科學家請益，還走訪了不止一家真菌實驗室。我還記得在史特萊因溪看到的那株水晶蘭（沒有葉綠素的白色植物），有著特別的水晶蘭類菌根，能附著在松樹上，從它們身上直接獲取光合作用產物並送給水晶蘭。有如俠盜羅賓漢。

最後，我終於發現我要找的東西。我在大學圖書館翻了好多天期刊，偶然看到一篇瑞典的年輕研究員克莉絲蒂娜・亞內布蘭（Kristina Arnebrant）發表的新文章。不久之前，她發現赤楊和松樹共用的菌根菌能連結兩者，直接傳送氮。我快速瀏覽文章，驚訝得說不出話來。

松樹不是從土壤裡獲得赤楊釋出的氮，而是從**菌根菌**！赤楊就像是透過導管，直接把維他命輸送給松樹。菌根菌占據赤楊根之後，菌絲就往松樹根延伸，將兩株植物連在一起。

原來氮透過這個連結，從氮含量高的赤楊順著濃度梯度流向氮含量低的松樹。

我從書庫衝到大廳打電話給羅蘋。秋天時，她已經回納爾森教一年級。

「等我一下。」她喊住一名在走廊上奔跑的小孩。我在另一頭滔滔不絕，說著松樹從菌根菌獲得氮的新發現。

「等等，等等，菌根導管怎麼知道要如何辦到？還有，赤楊老大一開始為什麼要把氮送給松樹？」

「呃……」我任由她挑戰我的看法。「也許赤楊擁有的氮已經超過所需。」

「或者松樹會回報赤楊其他東西？」她說：「我得走了！」

我看著話筒，聽到另一頭傳來嘟嘟嘟的聲音，才衝去唐的辦公室。他正在處理數據資料。我劈哩啪啦說自己找到一篇很酷的文章，證明赤楊能透過真菌網跟松樹連結，把氮傳給松樹。

「嗄？什麼？慢慢說。」

我一屁股坐進他的辦公桌旁邊的椅子。他的電腦跟一台電視一樣大，螢幕上的程式正在跑大量的數據資料。我把讀到的文章詳細說給他聽。

「說得通。」唐說。他告訴我加州有個新研究，指出同一種菌根菌占據了奧勒岡白櫟和花旗松，科學家正努力確認兩種樹是否互相連結，而養分是否在兩者之間傳送。

我從背包翻出他烤的巧克力豆餅乾，比之前雷烤的好吃許多。跟唐交換想法的同時，我燃燒熱量的速度簡直跟噴射機一樣快。假如像赤楊這種可轉化氮的植物，能將氮傳送給松樹之類的植物，那麼森林裡的氮或許不像我們想的那麼有限。

我們興奮地討論這對農場的意義。舉例來說，假如豆科植物能把氮傳給玉米，我們就能混合種植不同的作物，不再需要使用污染土壤的肥料和除草劑。

我的腦袋像上了發條的時鐘，鐘擺來回擺盪。赤楊和松樹之間的直接連結可能是菌根菌，這也足以解釋松樹為什麼能那麼快感覺到赤楊轉化成的氮。因為這個連結，松樹立刻偵測到赤楊被砍光。如果我能證明赤楊是如何將氮傳送給松樹，傳送的速度又有多快，我們就不需要再等一百年，才能從森林的生長狀況得知剷除赤楊對森林產量造成的危害。我腦內的時鐘指針往前跳，敲下十二點的鐘聲。

「你想這能夠阻止他們對赤楊噴藥嗎？」我問。

唐敲了敲鍵盤，計算終於完成。「蘇西，」他說：「老實說我很懷疑。業者想要長得快又便宜的木材，況且他們在奧勒岡海岸山脈，早就發展出成熟的花旗松種植技術，不用一百年，只要四十年就能伐採，這樣已經行之有年。噴藥剷除紅赤楊，之後再添加氮肥，這樣賺錢又快又多。」紅赤楊是喬木，不像它的親戚錫特卡赤楊是灌木，所以更會跟松樹爭奪陽光，即使它為土壤添加了十倍以上的氮。赤楊是剷除名單上的第一名。

最後一個學生輕步穿過走廊，天色已暗。我的實驗得到的數據只能看到部分全貌，仍有一些地方模糊不清：赤楊根的共生菌和菌根，以及土壤裡其他隱而不顯的生物，是如何幫助松樹成長？此外，這些數據也無法彰顯一項重要的事實：植物為了爭取資源而產生的互動，並非「贏家全拿」，而是「互通有無」的過程，長時間一點一點累積並從中找到平衡。唐說的沒錯，公家機關和精打細算的企業在意的，是降低成本、快速獲利和最後盈虧。

看到我垂頭喪氣，他鼓勵我提出一個可靠的理論，並用實驗得到的資料捍衛自己的理論。我精神一振。過去，我有多次噴灑除草劑剷除赤楊，卻無助松樹生長的經驗。但我真正需要的，是赤楊**有助**松樹生長的證據。

「還記得今年夏天，我到妳的碩士實驗地點採集土壤樣本，檢驗赤楊的固氮程度，最後又有多少無機氮傳到松樹那裡？」他關掉電腦。「我打算用那些資料來做長期的預測。」唐如果發表他的預測結果，或許等我們一起搬回加拿大之後，能幫助他在那裡找到工作。他利用我的松樹生長和氮含量數據，來調整預測模型，模擬不同數量的赤楊對松樹生長可能會有的長期影響。目前為止，他已經用這個模型預測過紅赤楊和花旗松的生長狀況，發現若將紅赤楊剷除，花旗松一百年內都會成長衰退。

「所以我們**確實**有資料，能告訴我們赤楊對松樹有無幫助。」我又愈說愈興奮。黃昏把牆壁染成耀眼的橘。

他拿起腳踏車安全帽，該回家了。數據資料只是這場戰役的一部分。剷除赤楊可能使土壤中的氮不再增加，但目前為止，我們只有一年的幼苗成長紀錄。即使有唐的預測模型可以利用，我還是需要更長期的數據資料，才具說服力。

「林務員要看的是結果。」他說。如果我想走出去，告訴這世界我的發現，我也需要實際的結果。

我扣上安全帽，心裡很清楚他說的沒錯。

「可是我很不會演講。」我說。我很怕在大眾面前說話。「我常常做惡夢，夢到演講講到一半，就把幻燈片灑了一地，只能即興發揮。」我有一次那樣的慘痛經驗，當下全身僵硬，難堪到差點要昏過去。

「這就是我永遠只能當技術人員的原因。」他說：「但如果妳想要有所改變，就不能逃避。」

我們一同騎腳踏車回家。街道兩旁的大葉楓一片金黃，紅櫟樹在涼爽清新的秋日空氣中彷彿著了火。我們轉進一條空蕩蕩的街，我加快速度跟唐並駕齊驅，經過一排美式別墅，一群群學生在開放式門廊下看書或談天說笑。之後，我們還經過好多層樓且漆成白色的兄弟會館，裡頭停了名貴汽車，許多男生在打排球、喝啤酒。以前在卑大讀大學時，我從沒看過這樣的兄弟會或姊妹會，這種美國文化體驗，對我來說很迷人。我忍不住看呆了。

我們繞過一隻死掉的負鼠。負鼠喜歡亂翻堆肥和烤肉用具，所以常引來罵名。我很好奇牠們對此有何感想，畢竟牠們會吃壁蝨、蛞蝓和蝸牛，扮演這麼重要的角色卻被忽視。我們在十字路口停下來。我問唐，假如科學擋了伐木公司的財路，他們會有何反應？

唐聳聳肩。「他們會希望有政策保障他們的收益。所以妳的理論必須要非常有說服力才行。」

他再度加速。我苦苦思索，究竟要如何找到能促成改變的人。過去遇到衝突，我只會逃避，因為不擅長堅持立場、據理力爭，演講更不用說了。

「蘇西，小心！」他大喊。我急踩煞車。一輛車從我面前切過去，差點就撞上我。

完成碩士學位時，我已經有更多在當地林業研討會發表的經驗。我慢慢培養了一些演說技巧，一開始著重在把幻燈片做好、清楚呈現資料和精進表達能力。之後，我開始拋開一些技巧，讓自己更放鬆自然，免得演講聽起來太沉悶無趣。過程中，我犯了不少錯。比方有一次，我大剌剌地說，「這株幼苗看起來像快嗝屁了」，結果被人投訴，「年輕女孩不該說話那麼難聽」。但也曾經有一位著名研究員稱讚我「有演講的天分」。其實我沒有，但我很感謝他的鼓勵。我知道自己還有很大的進步空間。我有想要傳達的理念，卻不知道如何用強而有力的方法表達。

後來我跟唐搬回加拿大。那年秋天，我們在甘露市附近一閃一閃的顫楊木下結為夫妻，我二十九歲，他三十二歲。儘管我不急著結婚，但如果唐想待在加拿大，我們得先結婚才行。反正我們彼此相愛，沒有理由不結婚。

羅蘋是我的女儐相，琴是伴娘，我們三個穿上簡單的裙子配襯衫。我的衣服是媽媽挑的，是顫楊樹皮般的乳白色；羅蘋穿湖邊蘆葦葉的顏色；琴的衣服上面有水色蕩漾的小藍花；媽和維妮外婆穿的是紫色。媽媽做了小黃瓜三明治，還烤了結婚蛋糕——泡過雪利酒、淋上杏仁糖霜的水果蛋糕。外婆幫我編蜈蚣辮，還別上滿天星。她跟平常一樣安靜不多話，綁完辮子後，她順順我的頭髮，說我看起來很美。我知道她很驕傲我跟她一樣強悍，又不會強悍過頭。五年前，她得了紅斑性狼瘡，差點送命，幸好後來漸漸復原，現在又能照顧大園子了。但年紀愈大，她愈常落淚。如今看我找到歸宿，她強忍著淚水送我出嫁。

羅蘋跟比爾（現在成了她的丈夫）一起。比爾拿著相機，低調地捕捉自然隨興的照片。琴也剛新婚。爸爸跟瑪琳一起來參加婚禮。他們跟媽打趣地說，我、羅蘋和琴三年內陸續結婚，凱利肯定也快了。「老天啊，那麼多場婚禮！」瑪琳說，很擅長化解爸媽之間的緊繃氣氛。儘管天氣不佳，唐的父母仍然大老遠從聖路易斯趕來。

凱利這週末特別請假，穿上淡藍色牛仔褲和維妮外婆為他織的海軍藍毛衣，常穿的牛仔靴也換成了皮鞋。這個季節，他正忙得不可開交，要把牛群聚集起來、將灑水管收好準備過冬，所以他能來，我喜出望外。蒂芬妮說什麼都不會錯過這場婚禮，偏偏她的祖母剛好病了。凱利咧著有如梅布爾湖大大的笑容和飛揚的神采，大步走向我。他愛情事業兩得意，還展開了騎馬放牧的牛仔生涯。「蘇西，恭喜妳。」他在我的耳邊說。

婚禮時，貝蒂阿姨激動地彈著鋼琴。當我們十七個人站到陽光下時，她突然切換成〈婚禮進行曲〉。待我跟唐說了「我願意」、轉身擁抱家人之後，所有人都站在原地、停留片刻。

不久，我看見凱利一個人站在樹叢裡，雙手插著口袋，想事情想得出神，或許他只是在享受片刻的寧靜。我們從小就很清楚，沉默能撫慰人心，顯得震耳欲聾，或是代表壓抑感受、隱藏心中的煩惱。凱利抬起頭對我笑，表示他沒事。

比爾要我們一起到湖邊照相。「妳的高跟鞋會卡在泥巴裡。」他開玩笑說，指著覆上一層白霜的腐植質，看我踩著綠紫相間的高跟鞋一拐一拐走路。「別擔心。」我說，坐在一根木頭上，從背包拿出登山鞋。

「比爾，從上面的角度照。」凱利說。我們從小徑走到拍攝地點。比爾用相機捕捉我們頂著微弱的陽光、在顫楊下笑開懷的照片，湖邊的水已經開始結冰。

我的生命跟其他人緊緊交織在一起，有如披在我背上的髮辮。

7 酒吧爭執

我走向講台，緊張到腦袋一片空白。明亮的燈光下，會議室有如平頭和棒球帽組成的汪洋。我抓著汗濕的幻燈片遙控器。熱烈的掌聲漸漸止息，前一個講者是孟山都的人，他推銷了年年春的除草木效果，秀出的畫面仍歷歷在目：自由生長的扭葉松四周圍繞著死去的顫楊；花旗松旁邊是奄奄一息的白樺；雲杉擺脫了隔壁的越橘。我穿著藍色的棉質長褲，上半身的白色馬球衫已經濕透，我很慶幸芭比把她的深藍色西裝外套借給我。芭比在林務局當我的研究技術人員已經三年。我們今年都是三十三歲，一樣是中等身材，儘管我們的背景就跟白樺和花旗松一樣天差地別。她是有三個青春期兒女的睿智母親，我還成天泡在書堆裡。

「謝謝你們邀請我來。」我說。麥克風吱了一聲，台下聽眾不由一縮。有些林務員和決策者拿起筆記本，年輕女性專注地看著我。其他人跟旁邊的人交頭接耳。後面有個人嚷著要我大聲一點。孟山都的那個人完全沒提殺掉原生植物、達成自由生長目標是否能幫助針葉樹活得更好或長得更快。

我扣上西裝外套，芭比在台下對我豎起兩根拇指。我們來到威廉斯湖這個牛仔城發表我的赤楊研究。當時我在科瓦利斯攻讀博士，進一步深入研究落葉樹和針葉樹究竟如何互相連結。為了這場演講，我特地飛過來，芭比開著她的公務車（一輛綠色皮卡）從東南方三百公里遠的甘露市來機場接我。我一眼就看到她那頭火紅的頭髮和迷你版粉紅色迪士尼背包（她從小孩那裡接收的舊包包）。

我勾住她的肩，跟她一起大步走過記錄著威廉斯湖牛仔競技場歷史的大幅黑白照片。照片上，堅毅不撓的牛仔不怕死地騎著無鞍的公牛和野馬，旁邊的照片則是為了金礦、毛皮和牲畜跋山涉水、英年早逝的人們。她警告過我，林務局已經有人對我們實驗的準確性表示質疑，但我還是迫不及待抓住這次機會，因為凱利住在這裡，這樣我就有機會見到他。我們約在酒吧會合，我希望到時蒂芬妮也會出現。兩年前，他們小倆口已經在「前進」牧場的牛仔婚禮上結婚。兩人忙著牛仔競技賽和凱利的馬蹄鐵事業。我為政府規畫了一個野心龐大的林地復育計畫，唐則是創立了森林生態諮詢公司，但之後我們都暫停工作，回學校拿博士學位。

我開始秀出我精心準備的前幾張幻燈片。看到一大片綠葉繁茂的赤楊，大家都臉色一亮，但下一張赤楊就被砍光，只剩下褐色的殘株。經過苦練，我演講時聲音已經不會發抖，而且我記得爸爸要我把觀眾想成一顆顆包心菜。我沿著一排包心菜看過去，視線停在芭比身上片刻，發出緊張的呼吸聲，然後說：「今天我要跟各位分享的研究，已經通過同行審查並對外發表。」

有些包心菜對著我的幻燈片點了點頭。芭比一臉興奮。唐留在家裡寫博士論文、烘焙、騎腳踏車去上課。回到奧勒岡之後，他又重拾舒適愜意的校園生活。前幾年，我們在甘露市郊區的森林蓋了一棟木屋。我們雖然想念森林裡的家，但唐不太能融入小鎮以紙漿廠為中心的工人階級文化。他很開心我們能重溫過去在科瓦利斯、沿著鄉間小路跑步騎車，他沿途建議我要如何分析資料和建立自信的往日時光。

我吁了一口氣，準備放下一張幻燈片。上面指出，無論是全面或部分剷除赤楊，對松樹生長都毫無幫助。除雜草木，是為了幫助人造林達到讓林木自由生長的規定，而且花費公司數百萬元，卻沒有提高樹木的產量。儘管砸了那麼多錢，這些擺脫雜草木、得以自由生長的松樹，卻沒有長得比與赤楊共生的松樹快，兩者的生長速度不相上下。

會議室靜得令人不安。大衛傾身靠向他的主管，指著幻燈片。他是個年輕開朗的林務員，我是在一場森林復育研討會上認識他的。一直以來，他們都盡責地為人造林除雜草木，而我的言下之意卻是根本不必要剷除赤楊。我的碩士實驗中，唯一有益松樹生長的種植方法是裸地大滅絕，把所有草本植物、雜草樹葉剷除殆盡。但長在零雜草土地上的幼苗——少數還未因為霜害或曬傷而死掉或被齧齒動物吃掉的倖存者，長得高高瘦瘦，樹枝大而畸形，莖部膨大，因為可以盡情吸收大量的陽光、水分，還有周圍的植物遺骸腐爛後形成的養分。我深呼吸，準備細說從頭。

「光是除掉赤楊，對松樹沒有好處。如果想要松樹快速成長，就得把草本植物和松草全部消滅。」我說，秀出巨木散落在雜草大幅清除的林地上的畫面。看見模樣怪異、樹幹扭曲且布滿潰瘍的松樹，台下聽眾開始竊竊私語。這些林務員知道長得很快的松樹會有寬年輪和大節瘤，跟大火之後自然更新、慢慢長大的樹木截然不同。但他們寄望人工栽培的樹木會克服這些缺陷，過了五十年、到下次伐採時，仍然具有價值。我提出的資料挑戰了他們的美好希望。他們跟我一樣清楚，一般經營方式絕對無法打造這樣的裸地，光是整地成本就很嚇人。他們實際能做到的就是一口氣把赤楊砍光，地被層就不管它。但根據我的資料，這麼做一點好處也沒有。問題是，自由生長政策害他們綁手綁腳，不除掉人造林中長得較高的灌木型赤楊，會害他們吃罰單，或是得動用更花錢的方法。我瞭解這項政策是為了確保公有林在伐採之後，能再長滿健康、生長不受阻礙的樹木，但決策者太急於達到目標，似乎忘了森林遠遠不只是一大片生長快速的樹木。為了讓樹木提早長大而除掉原生植物，期望藉此提高未來的收益，終究行不通。不管對誰都是有害無益。

我特別指出，一項以生產大量經濟樹木為目的的政策，若無法實際打造更健康的森林，就不是一項好政策。我專注地看著筆記，沒發現台下的決策者一個個手臂交叉。「從這張幻燈片可以看得出來，剷除赤楊在某個程度，一如預期提高了松樹獲得的陽光和水分，但只有盛夏短短一週的時間，而且植物殘骸一旦分解完，松樹可吸收的氮就會減少。最終的結果就是，五年後林分成長狀況進步有限。」我說，繼續分享我的氣象站收集到的資料，指出剷除所有植物，使當地氣候更加極端——白天酷熱難耐，晚上表土層卻結了霜。我又開始結巴，幻燈片上不停旋轉的風向儀、翻倒的接雨桶、接得亂七八糟的電線和偵測器，還有滴滴答答的記錄器，彷彿出現在我身旁。這時，芭比喀擦拍了一張照片，試圖穩住我的心情。她是攝影高手，只差沒拿過獎。

有隻手舉起來，我的視線轉過去。「這是妳的實驗地點得出的結果，換到真實世界呢？」一名林務員問。他周圍的人點頭附和。

「好問題。」我興奮地說：「我一直在追蹤定期除雜木的人造林的生長狀況。伐木公司砍掉了那裡的赤楊，但保留了草本層。我也拿沒有除雜木的對照組互相比較。我們一再發現同樣的結果。除雜木確實能讓樹木自由生長，長得比剩下的植物還高。但無論是噴灑除草劑或用電鋸剷除、在乾燥或潮濕的土地上、在南部或北部、種的是松樹或雲杉，林分的生長狀況都沒有提升，即使能更快達到自由生長的規定。讓我困擾的是，這些自由生長的松樹，如今有一半染上致命或嚴重的病害。」

林務局的一名主要決策者垮下臉。我把這篇文章發表在同行審查的期刊之後，他甚至要同事檢查文章裡有沒有瑕疵。大家都叫他「傳教士」，因為他到處宣傳他協助擬定的政策。正是這些政策，決定了森林的組成物種和整片森林地景的健康。他旁邊是我們的同事喬，負責植被管理。芭比就是從他那裡聽說有人在討論我們實驗的可信度。傳教士和喬兩人同坐，突然感覺很危險。

芭比對我點點頭，示意我要穩住陣腳。我拿出另一項證據，指出唐的模型預測，當赤楊消失、不再為土壤添加氮之後，百年松林的生產力將減少一半。而一次又一次剷除赤楊，會進一步降低森林的生命力。從模型可以看出，松樹是多麼需要赤楊這個鄰居供應源源不絕的氮，才能長成一片健康的松林，尤其是碰到砍伐或大火之類的變故、氮資源耗損嚴重的時候。

一名年輕女性舉起手，沒等我點她就直接問：「既然對培育人造林沒幫助，甚至可能有害，那我們為什麼要花那麼多錢噴藥？」

大家開始動來動去，交頭接耳。我頸後的肌肉繃緊，但我鼓起勇氣對她直言：「我們應該更仔細評估自由生長政策，看這些錢花得值不值得。我擔心的是人造林未來的健康。」真希望艾倫也在這裡，他一直很支持我和我的研究，我抓著這個念頭不放。要是他在這裡，就能幫我回應這些問題。

傳教士不知跟喬說了什麼，兩人哈哈大笑。他們再也不是包心菜。膽子變大的喬舉起手，說我的結論還言之過早，並接著問：「我們不是應該謹慎一些，等到更長期的數據出來再說？」

他語氣溫和，但立場很清楚。剛開始，喬很支持我的研究，研究結果逐漸清晰之後，他才改變心意。他一心想要出人頭地，跟高層的政策唱反調等於自毀前程。我提醒自己不能示弱。假如我也認同自己的研究還不完整，就不會有人把我當一回事，到頭來什麼都改變不了。芭比往前傾，鼓勵我正面迎擊。我靠向麥克風。她把一頭紅髮往喬的方向甩，狠狠瞪他一眼。我心平氣和地說（連我自己都覺得意外），能拿到長期的數據當然很好，但目前的研究已經預告了未來。幼苗階段就發育不良，往後不太可能突飛猛進。我們不該寄望產量能夠提升。我接著說：「這些為了達到自由生長目標的除雜木方法，似乎反而提高了人造林提早死亡和生長力長期下降的危險。更保險的方法是完整保留原生植物群落，讓人造林跟它們一起成長，而我們則專注於造林計畫的其他弱點，比方何時種植、種什麼，以及如何整地。」

有幾個人起身離席。前排有個人開始大聲跟同伴說話。我試著暗示他打擾我說話了，但他還是照說不誤，逼得我不得不加強語氣，就像小時候在街上玩曲棍球一樣。一向不吝於跟我討論新作法的大衛，對打斷我的人皺起眉頭。

我很想直接問打斷我說話的人有什麼問題，但還是壓下衝動。然而，我的心已經涼了一半，而且不想把事情鬧大。換成維妮外婆，她會怎麼做？她會堅定而安靜地說下去。我的手在發抖，但還是繼續放下一張幻燈片，呈現我在其他植物群落做的大大小小的實驗。確切的數目是一百三十個。全是一再重複、隨機取樣、對照組也毫不馬虎的實驗，全部得到類似的結論。

噴藥或砍掉柳樹，對雲杉的生長或存活並無幫助。

噴藥、割掉或任由羊群吃掉火草，都無益於雲杉或扭葉松的表現。

噴藥或割掉茅懸鉤子，無法幫助雲杉成長。

剷除顫楊，無法增加松樹的樹圍。

無論是噴藥、砍除或任由牛羊吃掉高海拔人造林的杜鵑、假杜鵑、越橘群落，也絲毫無助於雲杉生長。我回想起羅蘋對著杜鵑噴灑農藥，那時我們就懷疑根本是浪費時間。

在這些高海拔森林裡，業者砸了很多錢在空曠地區種植非原生植物。相較之下，種植在已剷除非經濟灌木區的幼苗，存活下來的數量確實比種在未剷除區的幼苗多出二○％——但只有一小段時間。在同樣的亞高山地帶，噴藥把蕨類夷平，也無法提升雲杉的長期存活率，但短期間幼苗的高度會比蕨類保留下來的區域高四分之一。這些極小且暫時的進步，就足以滿足決策者。

「為什麼即使剷除了原生植物，讓幼苗得以自由生長，多半也無助於樹木的存活和生長，我一直在思考這個問題。」我說：「此外，我也在思考，為什麼很多得以自由生長的樹木後來卻染上病蟲害，反而每況愈下。首先，我認為我們高估了原生植物跟針葉樹之間的競爭關係。在大多數區域，重生的原生植物並沒有茂密到會妨礙樹木生長。我甚至猜測這些植物反而保護幼苗抵擋病害和日曬雨淋。我們應該把剷除雜草木、以促進短期生長的目標，轉移到怎麼做，才能讓整座森林長期下來更健康。」

我想起有些朋友把眉毛連根拔起，眉毛就再也長不出來的實例，但這不是我可以在研討會上分享的比喻。

我向他們解釋，為了達到我們想要的產量，我們把人造林當作農場一樣對待，無論何種地形，一律要求符合自由生長規定。然而，在大片土地灑了大筆經費，結果卻降低了植物多樣性。

我跟芭比稱之為「林業速食策略」。在不同的森林生態系統，一律使用同樣粗糙簡略的方法，就像對不同文化提供一模一樣的漢堡，無論是在紐約或新德里。第三排有個頭戴印有芬寧機械公司（Finning）的黃色棒球帽的人，拿出一袋胡蘿蔔開始大聲啃食。休息時間快到了。

「我們拿樹開刀，根本就搞錯了方向。」我說。幾位林務員笑出聲來。芭比噗嗤一笑，那是她聽到我說冷笑話的一貫反應，但其他人都面無表情。

一名決策者舉起手。「妳專挑我們不那麼擔憂的植物來研究。我們早就知道那些植物沒什麼大不了。」傳教士點點頭，即便他跟發問者一樣清楚，這些植物都是他們的政策最常鎖定的植物。「那麼像松草和白樺這種競爭力更強的植物呢？」

「說得好。」我回答：「松草很會吸收土壤裡的水分和養分，但我們發現噴藥或用挖土機把松草剷除，松樹幼苗的存活率和生長力也只會提高二〇%。而且還會有意想不到的副作用：這麼做的同時，會把土壤壓緊，減少裡頭的養分，加劇土壤侵蝕，減少菌根菌的多樣性。」

「松草地我們一律用挖土機夷平，妳是說根本不值得這麼做？」一名年輕女性問。我稍微放鬆下來，掃視房間，找到她熱切詢問的臉。只見她一頭紅褐色頭髮梳成頭髻、盤在頭頂，對周圍一片靜默似乎不以為意。傳教士轉頭看究竟是誰會問這樣的問題。

「我們必須搞清楚自己贏了什麼又輸了什麼。」我回答：「或許有比夷平林地更能改善人造林的方法。帶走土裡的有機物，把土壤壓緊，對森林的長期健康並非好事。若要這種方法一體適用於所有地形，需要有更充分的資料才行。」

「蘇珊，那白樺呢？」房間後面傳來一個聲音。「這是自由生長政策真正鎖定的雜木。」發問的是一名來自維多利亞城的科學家，他也想弄清楚白樺和顫楊究竟是有礙、還是有益針葉樹生長。他跟我一樣，對除雜草木對生態造成的長遠後果很感興趣，但立場偏向當局的決策方向。

我終於能繼續說明，我在包含白樺的植物群落得到的研究結果。「你說的沒錯。噴藥、砍除或用鏈鋸環切白樺，確實能增加花旗松的樹圍，有時還會增加一・五倍之多。」我表示。幻燈片切換到一張統計圖，標示在不同種植法下，花旗松的成長狀況。有個人靠在百葉窗上，一束陽光剎時灑進房間，台下的包心菜傾身向前。我好希望能跑出去呼吸新鮮自由的空氣。我雖然想談談白樺，但那會觸及很多棘手的問題。

喬對傳教士點點頭，指指幻燈片，終於看到他想看到的東西。

「但我們得非常小心，因為砍掉愈多白樺，就有愈多花旗松死於病害。」我說。「砍伐和環切讓白樺倍感壓力，使它們的根更容易染病。白樺才砍完不久，根部就染病，甚至蔓延到花旗松的根，導致染病率比自然生長的林分還多上六倍。我擔心這樣雖然提高了早期的生長力，卻犧牲了長期的存活率。」

有個植物病理學家插話表示，由於我的研究並未指出病害在整座森林如何表現，所以我應該對結果更加審慎。致病真菌長在不同的區域，究竟在地底何處也無法確切得知，而我的兩個實驗地點（一個實驗組，一個對照組）都是隨機的選擇，可能偶然連到會致病或不會致病的區域。他認為我可能是偶然或幸運選對了實驗地點，才得出這樣的結果。換句話說，我必須在更大的區域研究病原菌的行為反應。之前我們私下討論過這個問題，兩人都認同我已經在不同地點重複過多次這個實驗，所以我的發現具有一定的準確性。因為如此，他在這個時候提出這些問題，更讓我沮喪。

「確實沒錯，」我盡可能平和地說：「但這個實驗已經重複過十五次，所以我對結果有信心。」台下的包心菜轉向病理學家聽他怎麼回應，他微微把頭一搖，展現自己在這方面的權威。那個啃胡蘿蔔的傢伙大聲一咬，彷彿在附和他。

演講結束時，台下響起零零星星的掌聲。林務員很慶幸我拿出的證據與他們在林中所見的某些狀況吻合，但決策者嘴裡卻念念有詞。他們繼續用我熟悉的方式質疑我，說白樺這類「雜木」如果置之不理，人造林就會變成灌木林。他們需要更長期的資料，前提是資料要符合他們對未來的期望。他們不可能因為我的實驗就改變政策。休息時間到了，大家鳥獸散。

人三三兩兩站在一起喝有金屬味的咖啡，吃瑪芬蛋糕。我的幻燈片匣不小心掉下去，幻燈片散落一地。有個年輕人衝過來幫我撿，其他人瞥了一眼就繼續聊天。我用顫抖的雙手倒了咖啡，雖然根本不想喝，又必須留下來跟大家交換意見。有幾名林務員稱讚我「講得很好」，大衛說我的研究結果雖然有道理，但他們還是得繼續除雜草木，因為規定就是規定。幾個決策者彼此聊得很起勁，似乎沒人想來找我說話，再說掌控全場的人是傳教士。芭比走過來，知道等待別人的認可有多難熬，甚至難堪。即使在最好的狀態，我已經很不會聊天，何況現在我的腦袋一片混亂。最後她抓著我走出去。微風拂過臉龐，有隻灰噪鴉飛過去。

「那些王八蛋！」她說：「妳為了瞭解我們對森林做了什麼，付出那麼多，他們起碼可以感謝妳的努力。」

我全身無力，很像我跟羅蘋對赤楊噴完藥、脫下濕透的防護衣的感覺。做我們又愛又恨的事。全身上下的每個細胞都被榨乾。芭比為停車場邊緣的古老雲杉和顫楊拍了照片，雲杉幼樹的種子落在地被層上。紅褐色頭髮盤在頭頂的女人停下來謝謝我。政策不會一夕之間改變，但如果能獲得其他關心此事的林務員的共鳴，或許就有可能改變。

酒吧裡燈光昏暗，瀰漫著走氣啤酒和牛糞的味道。凱利坐在吧台，跟頭髮灰白的牧場主人羅伊談馬匹交易的事，他頭上的牛仔帽和腳下的靴子都已磨舊。兩人把瘦稜稜的手肘靠在上過蠟的老舊吧台上，O型腿張得開開的，宣示自己的地盤。我試著引起凱利的注意，但他跟羅伊有說有笑，聊得正起勁——說話方式正符合他自然的節奏和習慣的停頓。我離他們很近，聽到他們正在協商某匹阿帕盧薩種馬的價格，但我感覺得到，這筆生意還得你來我往拉鋸一番才會成交。凱利想盡辦法忽略我的存在，就像小時候我要引起他注意的時候一樣。

在研討會上受盡冷落、嘗過被排擠的辛酸之後，這比平時更讓我火大。芭比推著我去看角落一個半滿的黃銅痰盂。我們穿著T恤和短褲，一看就不像當地人，自然引來其他牛仔的側目。有個傢伙直盯著我披在肩上的會議外套，跟同伴低聲說笑。我不是很在乎。我想見凱利，去年我們都沒能碰到面。他光顧著談生意，不肯抽身過來找我，讓我的火氣愈來愈大。可惜蒂芬妮沒來，不然她就會提醒凱利要留意時間。他似乎感覺到我的不耐，示意我再兩分鐘就好。

五分鐘後，我已經氣到想把這地方炸掉，但芭比叫了一壺啤酒，走到角落的一張桌子坐下來，招手叫我過去。當凱利跟羅伊的交易無可避免陷入僵局，他終於抓著啤酒慢吞吞地走過來。羅伊有得是錢，看來是買定了。凱利寬大的下巴鬆開，露出笑容，我的怒火煙消雲散。能見到他太好了。我們終於能坐下來喝一杯。真是難熬的一天。

「最近有看到偉恩舅舅嗎？」我問他。

「有啊，那個王八蛋幫我找了一份幫卡里布公司趕牛的工作。」他哼了一聲，一大口咖啡色菸草直直落在痰盂裡。芭比讚嘆地睜大眼睛，我不禁以自己的弟弟為傲。他是那麼奇特，惹人注目，獨一無二。我很想念凱利，還有他對這種古老生活方式的堅定追求。他就像是從上個時代投胎轉世的牛仔，騎公牛、嚼菸草、接生小牛，甚至自己打鐵。

「你們住在牧場上？」

「對。我跟蒂芬妮住在前進牧場的宿舍裡，靠近教會，就是那間有戀童癖的神職人員經營的原住民寄宿學校。」他低頭看腳，因為那些人渣對小孩做的事而感到厭惡。這部分的加拿大歷史令人不齒（譯註：十九世紀加拿大爲同化原住民，設立原住民寄宿學校，後來傳出原住民兒童在寄宿學校受虐、失蹤的醜聞，也陸續在學校地底下挖出兒童遺骸）。我跟凱利認識那所學校的一些小孩，親眼看到好幾個人就這樣毀了。其中有些人很幸運地逃了出來，我的朋友克拉倫斯就是一個例子，他現在是一名雕刻師，在海達瓜依群島雕刻傳統的雪松圖騰。

凱利的幾個朋友走進酒吧，大聲跟他問好，然後扯著嗓子問：「明天可以來幫我的馬釘蹄鐵嗎？」他把火腿一般的大手輕輕一揮，說「好，沒問題」。

「蒂芬妮人呢？」

「她害喜。」凱利藏不住滿心的驕傲喜悅。

「哇，太棒了！恭喜！」我從椅子上跳起來跟他擊掌。我們家的人不習慣擁抱，但笑容和手勢也能達到一樣的效果。

羅伊原本在跟另一個牛仔閒聊，這會兒也走過來幫我們倒酒，要跟我們敬酒。我動作太大，酒有點灑出來，羅伊又幫我斟滿。凱利說話開始跟德州人一樣慢聲慢調。

「會開得怎麼樣？」他有點口齒不清。

芭比搶先說：「那些混蛋不爽聽女人發表意見。」

「他們不相信我。」我低聲說。尤其讓我反感的是，我秀出土壤含氮量和中子探測器的結果時，喬靠過去跟傳教士交頭接耳。回想到那一幕，我的身體又開始繃緊，一如往常想要溜之大吉。遇到情緒方面的話題，我們家能輕鬆討論的不多。我瞥了一眼酒吧另一頭凱利的朋友。

「林務局那些傢伙對放牧的事也一竅不通。他們要我們把牛趕出人造林，那麼吃力的工作卻指望我們說做到就做到。所以天一亮，我就得上工。」凱利說。

我笑出聲。房間漸漸「漂浮」起來。我搖搖晃晃走去廁所，想起以前我跟凱利會到森林裡騎腳踏車，把老樹樁當小牛一樣用套索套住，藉此逃離父母之間的緊張關係。回座位後，我繼續喝酒。

「不過，要趕得動牛群也不是沒有方法。」凱利說，他跟我一樣醉。「只要把牠們當女人一樣駕馭就行了。」

我瞪著他漂浮不定的眼睛，不確定我有沒有聽錯。讓我不舒服的話常令我錯愕，甚至在腦中自動改寫原本的意思，假裝沒這回事。或是把聽到的話修改得溫和一些，強迫自己認同我其實不認同的意見。但這次我醉到無法扭轉那句話的意義。芭比坐得更直，即使我很肯定她跟我一樣醉。

一九九〇年代初，凱利在當地的牛仔競技賽上套小牛。套住小牛之後，他會跳下馬抓住小牛，然後把牠的三條腿綁在一起。

「這話是什麼意思？」我的臉頰又紅又燙。酒吧另一頭的自動點唱機換成鄉村歌手威利・尼爾森低沉沙啞的聲音，歌詞講到媽媽和小孩。我希望我能結束這場對話，立刻逃離即將爆發的衝突。芭比抵住桌子一推，椅子刮過地板，作勢要站起來，大概在想要怎麼做、要如何插手，才能讓我冷靜下來。羅伊從另一頭莞爾地咧咧嘴，手指著我們，示意酒保端更多酒過來，慫恿我們喝個痛快。

「母牛是牛群的核心，牠們唯一的工作就是餵飽小牛。」凱利舉起手在頭上畫圈圈，彷彿在用繩索套住母牛。

「女人不是只會餵小孩，開什麼玩笑。」我醉到難以壓下尖銳的語氣，所有的委屈都到了嘴邊，一觸即發。換成清醒的時刻，我可能會一笑置之，想也知道凱利這麼說並無惡意。他在馬背上辛苦工作了一個禮拜，現在好不容易放鬆下來，只是隨口說說。但是當下我很想當場把他掐死。

他繼續火上加油：「重要的是閹牛，牠們會控制母牛。」

「你是認真的嗎？」我的杏仁核綁架了我的前額葉皮質。胃裡的膽汁湧上來。我一把推開啤酒。芭比趕緊拿起啤酒杯，小心翼翼地走向吧台交還，像交出一個逃學的任性小孩似的。

凱利又喃喃說些關於那些該死母牛的事。

「女人他媽的高興做什麼就做什麼，甚至要當首相也可以！」我坐在座位上一轉，我模糊的身影從他身後的鏡子漂著。我看起來肯定不像首相。我到底在胡說什麼？

除了「嗄」之外，我沒聽到凱利之後說了什麼。周圍景物一片模糊，他雖然坐在我對面，我甚至看不清他的臉。芭比說我們得走了。我搖搖晃晃站起來，試圖穿上外套。

「幹！」我大罵，一隻手套進袖子，拖著外套怒沖沖地走開。在吧台暢飲威士忌的牛仔轉過頭，其中一個低低吹了聲口哨。

凱利對著我的背不知吼了什麼，我跌跌撞撞走出酒吧，點唱機還在咿咿啞啞唱著歌。

我帶著有生以來最嚴重的宿醉飛回科瓦利斯，嘴唇發燙，頭痛欲裂。回到家一走進門，我就倒在沙發上，用濕毛巾敷眼睛。唐抱著我，安慰我不會有事的，凱利終究會氣消。

結果，我卻因此跟自己的弟弟和那些決策者展開冷戰。最諷刺的是，酒吧爭吵事件對我的博士論文想探討的主題是一大打擊。我想探討的是大自然中的合作關係。森林的主要結構是競爭？還是合作也一樣重要，甚至比競爭更重要？

管理森林裡的樹木時，我們強調的是控制和競爭。除了森林，還有農田裡的作物和農場裡的牲畜。我們強調的是分別而非融合。在林業上，控制理論透過除雜草木、間隔、疏伐和其他促進經濟樹木生長的方法，加以落實。在農業上，這是砸大錢噴灑農藥和肥料、進行基因改造、以促進單一高產量作物（而非多元作物）生長的背後理由。

鼓吹人類只是土地的管理者，而非擁有者，不知不覺成了我的人生志業。我嘗試過跟負責這些事務的人建立連結，結果卻一敗塗地。我這麼容易覺得自己受人輕視，在酒吧裡甚至完全失控，這條路要如何走下去，我實在很懷疑。

同時間，皆伐地在卑詩省有如癌症四處擴散，森林管理者對「雜草木」趕盡殺絕的狠勁，如同在作戰。環保人士挺身而出，把自己跟樹木綁在一起。克拉闊特灣（Clayoquot Sound）爆發反對砍伐森林的大規模抗議活動，但我說服自己，專注於研究或許才更能發揮自己的長處。

那年夏天，我回到自己從小長大的森林，寄了張明信片跟凱利道歉，但他從沒回信。媽媽說蒂芬妮懷孕的過程順利，但他不跟我說話仍讓我心痛。我就快當姑姑了，我也想要參與其中。我決定等他自己回心轉意，不要逼他。小時候，我們會用冷杉樹蔭下的樺樹倒木蓋堡壘，花上好幾個小時埋頭苦幹都不說話。凱利需要足夠的空間好好做自己。我們都會沒事的。

但我都先低頭了，不禁納悶凱利為什麼這麼久還沒回應。為什麼與人連結、成為一家人，總是要花那麼多力氣？

8 放射性實驗

我跟芭比把四十個高度及腰的遮陽篷，從她的貨車車斗搬下來。「天啊，有夠重的。」她說。每個重約十磅，是把遮陽布縫成圓錐形，再罩上三腳鋼筋做成的。她的一頭紅色髮用黃手帕包住，外面圍著一圈密密麻麻的蚊子（六月中蚊子正多），肌肉發達的手臂搽了防曬乳和防蚊液，閃閃發亮。她外在是個可靠的好幫手，內心就跟怦怦跳動的心臟一樣溫暖。我們一起開車上山，從藍河鎮以南八十公里的鐵路小鎮菲溫比（Vavenby），前往亞當斯湖北端的一片皆伐地，設置我博士研究的主要野外實驗。這雖然只是六個實驗之一，卻是目前為止最重要的一個。

白樺已經從殘根中新生，有些是從隔壁林木灑下的種子長出來的，比我們一年前種下的針葉樹長得還高，生長速度是前者的兩倍。我想知道這些白樺只是競爭者，搶走了花旗松存活和生長所需的資源，還是同時也是合作者，提升了整體環境，讓整座森林得以蓬勃生長。假如這些多葉原生植物確實會跟針葉樹鄰居相互合作，我想知道怎麼個合作法。為了回答這些問題，我要試驗白樺削弱花旗松透過光合作用製造養分的能力之外，是否也為它們貢獻了資源。白樺為了製造醣、攔截了陽光的同時，是不是也分享了自己製造的養分，彌補位於地被層的花旗松降低的光合作用率？這個研究將幫助我釐清，花旗松長在白樺之中（林務員眼中強大而多餘的競爭者）究竟如何存活，甚至茁壯。白樺如果真的把養分（因為日照充足，得以製造大量醣）慷慨地散播出去，或許是透過地下管道（即連結兩種樹木的菌根菌），將養分傳給光線被擋住的花旗松。白樺與花旗松互相合作，以促進群落整體的健康。

「我不太會縫東西。」我咕噥。兩人一起把罩在三腳架上的粗糙帆布用鐵絲綁緊。

「但它們跟磚砌的廁所一樣堅固。」芭比說，欣賞著有如埃及金字塔並肩立在一起的小帳篷。「怎麼吹都吹不倒。」她非常會安慰人。

這些小帳篷得撐一個月。一個月的時間，足以降低花旗松的光合作用率和製造的醣。厚布料的綠色帳篷會遮擋九五%的光線，薄布料的黑色帳篷則遮住一半。酒吧爭執已經過了兩個月，凱利還是沒消沒息，但芭比安慰我，他想通了自然就會跟我聯絡。

我跟芭比合力把小金字塔帳篷搬到實驗林，越過皆伐地一堆堆的木頭和一叢叢的赤楠葉假黃楊和火草。我們的口袋塞滿了捲尺、卡尺和筆記本，待會用帳篷蓋住幼苗之後，要用來測量幼苗。我們還帶了一個紙袋，裡頭有六十張寫著「0」、「50」、「95」的小紙條，我從中抽出一張（像在變魔術），隨機分配遮蔽的程度。這麼做，是為了避免花旗松可能因為光線遮蔽以外的不可知因素所造成的統計偏差，例如地下泉。如果紙條上寫著「95」，我就用一個厚布料的綠色圓錐帳篷遮住花旗松，為它擋去大部分的陽光。鋼筋三腳架卡進去年我為了抑制「三姊妹」（三種指定樹木：花旗松、雪松，還有種在它們附近的白樺幼苗）的糾結樹根，而埋進土裡的一呎深金屬板。我轉了轉金屬板，確定它穩穩嵌進土裡，接著把帳篷往下壓，直到鋼筋腳架牢牢卡進土裡。牛仔褲上滿是鐵鏽，我從口袋拿出一張皺巴巴的地圖。我很愛地圖，因為地圖通往冒險和新發現。我手上的這張地圖標示出六十組「三姊妹」散落的地方，涵蓋範圍相當於一座奧運游泳池。

我計畫用厚布料的綠色帳篷蓋住三分之一的花旗松，另外三分之一蓋薄布料的黑色帳篷，剩下三分之一完全曝曬在陽光下。這樣能打造出花旗松的光照梯度，從高度遮蔽到幾無遮蔽。這麼做是為了模擬在白樺自然形成的不同遮蔽程度下，幼苗的生長環境。

在自然狀況下，通常砍伐過後不久，白樺就會從殘根上冒出新芽或散播種子、自然更新，因此比人工種植的針葉樹有高度優勢。我的白樺卻跟人工種植的花旗松一樣高，完全無法形成遮蔭，所以我必須利用帳篷自製遮蔭。不過跟自然形成的遮蔭不同的是，帳篷只能遮住陽光，無法同時改變土壤中的水分或養分含量。這樣才能把遮蔭這個單一因素造成的效果獨立出來，不受其他不可見的關係影響。

眼看快被蚊子大軍淹沒，芭比趕緊拿出一頂帽緣寬大、周圍包著細紗網的驅蟲帽。她說我很幸運，林務局竟然答應讓我研究白樺跟花旗松之間是否有合作關係。

「我把這個實驗夾雜在其他實驗裡面。」我笑著說。申請研究經費時，我愈來愈懂得把有爭議的研究藏在主流研究之中。

自從讀到大衛・瑞德爵士（Sir David Read）在一九八〇年代初的發現之後，我就對白樺和花旗松之間透過菌根菌交易醣的可能性感到好奇。瑞德爵士是雪菲爾大學的教授，他跟學生發現松樹幼苗會從地下把碳傳送給其他松樹。他在實驗室把松樹種在一起，透過透明根箱觀察。先是把幼苗根與菌根菌接種在一起，讓它們在地下形成真菌網，然後用放射性碳追蹤其中一棵松樹（捐贈者）透過光合作用製造的醣。為了做到這一點，他把松樹枝葉封在透明箱裡，然後把其中一株幼苗在空氣中自然吸收到的二氧化碳換成放射性二氧化碳，讓這株幼苗吸收幾天，再透過光合作用將之轉化成放射性醣類。再來，他把相機架在根箱上，希望記錄到透過真菌網、從捐贈松樹傳送到受贈松樹的放射性微粒。沖洗底片時，他看見帶電粒子在松樹之間移動的路線。它們透過地下的真菌網來回移動。

我很好奇出了實驗室，在實際森林裡是否也能偵測到這種現象。醣可能會從一棵樹的根部傳送到另一棵樹的根部。若是如此，具放射性的碳十四或許如同大衛爵士的發現，只在同種樹之間移動。但要是它也能在混生林中的**不同**樹木之間傳送，如同我們常在大自然中發現的現象呢？

假如碳確實在不同種樹木之間傳送，這就呈現了一種演化上的矛盾，因為一般咸認樹木是藉由競爭而非合作演化的。另一方面，這個理論對我來說完全合理，因為可以理解樹木維持群落欣欣向榮有利己的一面，這樣它們也能獲得所需。我雖然擔心林務局的人不知會怎麼想，但我不能不管這樣的可能。大衛爵士的實驗中，捐贈松樹把碳送給受贈的幼苗，當受贈幼苗被遮蔽時，獲得的碳甚至更多，但他並不知道受贈幼苗會不會把碳再送回去。如果捐贈者從隔壁樹木得到的回報跟它給的一樣多，這代表雙方的交易達到平衡，誰也沒多拿。大衛爵士的實驗無從得知這一點，因為他只用示蹤劑追蹤其中一株幼苗，沒有另外追蹤受贈者是否回報捐贈者一樣的量。但如果一方拿的比較多，就足以幫助它生長嗎？若是如此，這可能會挑戰在演化上和生態上的主流理論：合作不比競爭重要。

我開始想像梅布爾湖沿岸的白樺和花旗松，跟實驗室的松樹一樣，透過菌根菌在地底互相連結，藉由菌絲網來回傳送訊息。就像透過一九八九年（離現在才不過幾年）發明的全球資訊網進行對話。但在我的想像中，樹木之間的訊息是由碳而非文字組成的。我想起之前上過的植物生理學課，想像白樺的葉子行光合作用的過程：結合空氣中的二氧化碳和土壤中的水，把光能轉化成化學能（醣）。因為能行光合作用，樹葉是化學能的來源、生命的引擎。醣（氫和氧連成的碳環）累積在葉子的細胞裡，然後送進葉脈，就像血液打進動脈。接著，醣從葉子輸送到韌皮部的傳導細胞。韌皮部是樹皮底下、圍繞著樹幹的組織層，形成從葉子到根尖的輸送管道。香甜的樹液一旦送到韌皮部最上方的篩細胞，就會跟鄰近的韌皮部細胞形成一種滲透梯度。根部從土壤吸收的水分會送到木質部（連接根和葉的內側維管束組織），再透過滲透作用送到韌皮部最上方的篩細胞，將樹液稀釋，以跟相連的的篩細胞平衡其濃度。細胞內壓力增加（稱為膨壓），會迫使光合作用產物往下穿過篩細胞的平順管道，最後抵達根部。根部跟地上的葉芽和種子一樣需要能量，而且是醣補給的**儲匯處**。（葉子是光合作用產物的**供源**〔source〕，而根則是積儲〔sink〕。）根細胞會快速代謝醣，並把一些醣連同水移到鄰近的根細胞，減輕它們的膨壓。醣水從一個根細胞移到另一個根細胞的過程，在供源－積儲梯度上扮演一定的角色，因為溶液不斷從樹根流到樹葉，再從樹頂流到樹根，科學家稱此過程為壓力流（pressure flow）。那就好比血液從我們的骨髓（供源）打到血管，再進入人體細胞（積儲），滿足我們對氧氣的需求。只要樹葉透過光合作用合成醣，確保供源無虞，樹根也繼續代謝送來的醣並長出更多根組織，提升積儲，醣溶液就會順著壓力流，持續依照供源－積儲梯度從樹葉送到樹根。

我跟芭比把更多帳篷搬到下坡其他的三姊妹那裡。這個實驗其實是在冒險，畢竟我們還不知道森林裡是否已經形成地下網路，何況是不同樹種之間的網路。更難想像的是，這個網路可能是樹木互相合作和交換醣的管道。但從小在森林裡長大，讓我深深體會合作力量大的道理。到林木茂密的希瑪爾山健行，還有跟凱利一起爬樹和蓋堡壘也是。

我想像的運醣列車並沒有在樹根停住。我在書上看過，光合作用產物會從根尖卸到樹木的好搭檔菌根菌上，就像貨物從運貨車廂卸到卡車上，讓整個包住根細胞、還伸出菌絲深入土壤的真菌細胞充滿了醣。接著，從土壤吸收的水分湧入接收了醣的真菌細胞，與鄰近的真菌細胞平衡醣濃度，就像之前在樹葉和韌皮部裡一樣。水流入導致壓力升高，迫使醣溶液透過包住樹根的菌絲細胞擴散開，再透過菌絲發散到土壤中，就像水從水龍頭穿過相連的水管流來流去。有些醣散到土壤中幫助菌絲生長，長出的菌絲又再收集更多水分和養分送回樹根。

我打算用放射性同位素碳十四為白樺進行標記，追蹤從白樺流向花旗松的光合作用產物，同時用穩定同位素碳十三為花旗松標記，追蹤從花旗松流向白樺的光合作用產物。這麼一來，不只可以得知白樺是否把碳傳給花旗松，也能確認花旗松是否也會反向把碳傳給白樺，就像雙向公路上的貨車。只要測量每株幼苗最後剩下多少同位素，我也能算出白樺傳送給花旗松的碳，是否多於它收到的回報。藉此可以看出樹木之間的關係是否不只爭奪陽光那麼簡單，而是一場更複雜的探戈舞。我還能驗證自己的直覺是否正確——樹木之間密切協調，會根據群落的運作狀況，改變自己的行為。

這陣子以來，凱利的事讓我煩心，因此一個禮拜後去查看幼苗，對我來說特別令人振

奮。幼苗長得很好，從原本的腳踝高度長到了膝蓋高度。我跟芭比在一組又一組三姊妹之間移動，迎接我們的是芬芳的花束和淡淡的樹影。小傢伙們生命力昂揚。「你看起來好像要告訴我什麼祕密。」我喃喃自語，拉了拉一株莖很結實的花旗松。它那有如瓶刷的針葉已經觸碰到隔壁白樺的鋸齒狀柔軟葉片。雪松躲在白樺的涼爽陰影下熠熠生輝，保護葉綠體不被烈日曬傷。白樺樹葉遮不到的地方，雪松轉成紅色，避免葉綠素受傷。三姊妹挨著彼此，彷彿命運相連，綁在同一個故事裡，擁有同樣的開頭、中間和結尾。

芭比問我為什麼要把雪松放在白樺和花旗松旁邊。

雪松無法跟白樺和花旗松形成菌根，建立合夥關係。原因很簡單，因為雪松只能形成叢枝菌根，不能像其他兩種樹形成外生菌根。假如雪松根取得白樺或花旗松合成的醣，也是等到醣從兩者的根滲入土壤才吸收到。我把雪松當作對照組，藉由它來得知有多少碳滲入土裡，或是可能有多少碳透過連結白樺和花旗松的外生菌根網路傳送。

我跟芭比利用輕便型紅外線氣體分析計，來檢查帳篷是否成功壓低了花旗松幼苗的光合作用率。分析計跟汽車電池一般大，有個桶狀的透明內室。我把蓋子打開，將一株沒蓋帳篷的花旗松針葉夾進透明內室。卡在裡頭的針葉會繼續行光合作用，但用的不是漂浮在空氣中的氣體，而是被迫透過這台小機器運作。換句話說，氣體分析計能夠測量出它的光合作用率。

陽光照進透明的塑膠內室，刻度盤的指針擺來擺去。針葉在裡頭狂吸二氧化碳，機器告訴我，它正用它最快的速度行光合作用。芭比記下數字，我們移往下一組三姊妹，這次的花旗松只照得五％的光線。我把透明內室放進帳篷下，將針葉夾進去，這才鬆了一口氣。用來遮陽的帳篷發揮了作用。遮蔽程度高的松樹幼苗的光合作用率，只有零遮蔽的松樹幼苗的四分之一。發現帳篷沒有影響氣溫，也讓我鬆了一口氣，表示帳篷底下夠通風，空氣能自由來去，不然也可能影響光合作用率。我們跑向下一棵樹，這次蓋的是遮蔽率介於中間的黑帳篷，底下幼苗測出的光合作用率也介於中間。

我們從一棵松樹移往下一棵，逐步確認其中的規律。接著換白樺。零遮蔽白樺的光合作用率是同樣零遮蔽的松樹幼苗的兩倍，是高遮蔽綠帳篷下的松樹幼苗的八倍，證明了兩者之間的供源－積儲梯度極深。假如兩者透過菌根網路相互連結，而碳確實如大衛爵士所說，經由相連的菌絲順著供源－積儲梯度流動，那麼白樺葉內多餘的光合作用合成醣應該會流進松樹根。從白樺葉（供源）流向松樹根（積儲）。瀏覽過一排數據之後，我興奮不已。帳篷的遮蔽程度愈高，白樺到松樹的供源－積儲梯度愈深。

一天的工作結束之後，我們把氣體分析計搬回車上。我坐在車尾檢查我們有沒有忘了什麼。芭比記錄了二氧化碳、水分和氧氣的濃度，還有針葉照到的光線量，以及分析計內室的氣溫。後來我想起克莉絲蒂娜·亞內布蘭在實驗室做的研究，這位瑞典的年輕研究員證明了赤楊透過菌根傳送氮給松樹。於是，隔天我又回去收集白樺和花旗松的葉子樣本，打算拿來檢驗它們的氮濃度。

兩週後，實驗室傳來檢驗結果。白樺葉的氮濃度是花旗松針葉的兩倍。這不僅有助於解釋白樺的光合作用率為什麼比花旗松高（氮是葉綠素的關鍵成分），也代表兩者之間有氮的供源－積儲梯度。就像在克莉絲蒂娜的研究中，能固氮的赤楊和不能固氮的松樹之間的關係。

我很好奇，這種氮的供源－積儲梯度，會不會跟促使碳從白樺流向松樹的碳供源－積儲梯度一樣重要，還是兩種元素的供源－積儲梯度其實攜手並進。或許包括碳在內的醣分子不是完整地在真菌管道中流動，而是拆解成獨立的元素（碳、氫、水），獲得自由的碳於是能跟從土壤中吸取的氮結合，在樹葉和種子等地方形成胺基酸（用來製造蛋白質的有機化合物）。新形成的胺基酸和累積的醣，之後再透過真菌網往外發射。有了碳和氮的梯度（醣裡的碳、氮及胺基酸裡的碳），白樺完全有能力送出養分給松樹，甚至比它收到的還要多。

我得等帳篷下的花旗松放慢速度。等待的一個月間，時間過得特別慢。我跟琴一起沿著史坦河健行，去看了問天石，還用冰河水泡腳。除此之外，我還花了幾天的時間，跟同事去測量其他實驗地的樹，也不斷查看訊息，看凱利有沒有來電。老爸說他跟蒂芬妮很好，但我還是希望他跟我聯絡。日子一天天過去，我想像著白樺和花旗松之間的光合作用率梯度愈來愈高。一週，兩週，三週，時間緩慢流逝。我猜想遮蔽程度高的花旗松，生理機能想必已經變得跟冷天的蒼蠅一樣慢。我的四週休假終於在七月中結束，該是確認白樺和花旗松之間是否在進行交流的時候了。

我跟我的大學副研究員丹恩．杜瑞爾博士（Dan Durall）一起回到實驗林。他是用碳同位素標記樹木的專家，也是我在科瓦利斯的好鄰居。丹恩剛完成環境保護局（EPA，簡稱環保局）的一個案子，用碳十四標記樹木，從中發現樹木有一半的碳被傳送到地下，儲存在根、土壤和菌根菌之類的微生物中。環保局需要這些資訊，才能逐步釐清把碳儲存在森林裡的最佳方法，藉此緩和氣候變遷。當時是一九九〇年代初，我從奧勒岡州立大學的午間演講得知氣候變遷的議題，聽到有人預言浩劫難逃時，大受震驚。我帶著這個消息回到加拿大，但林務局的管理者都不相信我。

我們的第一項工作是搭帳篷，因為那裡的蚊子大得不得了。蚊蟲漫天飛舞，有黑蠅、鹿蠅、馬蠅和沙蚊，每次呼吸都免不了吸進振翅的蚊蟲。我們把一張桌子搬來當工作台，在上面組裝儀器並處理樣本。我光是跑回車上拿注射器和儲氣罐，再跑回帳篷拉上門，就已經被叮得滿臉包。要是沒有帳篷，我們一定會被蚊子咬得不成人形。不過就算有，也只能勉強撐一下。

標記幼苗要花六天的時間，每天十組。每組都用垃圾袋大小的透明塑膠袋，罩住白樺和花旗松。其中一半，我們會在白樺的袋子裡注入用碳十四標記的二氧化碳，在花旗松的袋子裡注入用碳十三標記的二氧化碳，讓它們在兩小時內透過光合作用吸收，藉此偵測碳在樹木之間雙向流動的狀況。碳十三和碳十四比常見的碳十二略重，原子量分別是十三、十四，但自然界很少，因此可用來追蹤碳十二在光合作用和醣輸送中的表現。另外一半，我會改用碳十三標記白樺，用碳十四標記花旗松，以免白樺和花旗松認出不同的同位素，因而影響了它們透過光合作用吸收和傳送給隔壁樹木的碳量。假如樹真能察覺兩種同位素在質量上的微小差異，我就能算出每種同位素的不同輸送量，並修正這個差異造成的結果，以免破壞我判斷遮蔽率如何影響碳吸收量的能力。

丹恩跟我討論到，我們要確保花旗松從白樺那裡獲得的碳同位素，不是兩小時標記完成後，我們移開袋子時飄散到空氣中的二氧化碳。我一心想知道是什麼在真菌網內移動，根本不在乎飄散到空氣中的那一點二氧化碳。再說，雪松是我的對照組，無論是空氣中或土壤裡的碳，它都會吸收，從中我就能得知散失的總量。

但丹恩堅持我們可以做得更好。拿掉袋子之前，他建議我們把沒被吸收的二氧化碳吸到管子裡，這樣就能大幅減少空氣傳送的可能。

經過縝密的規畫，我迫不及待要展開標記幼苗的工作。這是我目前為止做過最大膽的實驗，我們對於森林的看法極有可能因此改變，當然也可能一無所獲。那感覺好像我就要從飛機上跳傘，這一跳或許會降落在復活節島上。我緊張不已，腎上腺素狂飆。一旦有結果，就算凱利還是不跟我聯絡，我都能親自去跟他獻寶。等我見到他和蒂芬妮，酒吧爭吵就會煙消雲散。

隔天，我們在帳篷裡測試用碳十三標記幼苗的方法。我跟一個特別的廠商買了純度九九％的 ^{13}C-CO_2 氣體，寄來的兩個高壓氣瓶跟玉米芯一般大，一個要一千元，占了我的預算的二〇％。為了練習從氣瓶裡抽出 ^{13}C-CO_2，丹恩把調節器裝上去，然後拿一米長的乳膠管套進接頭。我們打算這樣慢慢把氣體輸入管子，就像在灌香腸形狀的氣球。管子灌飽之後，我們再用大注射器抽取五十毫升的 ^{13}C-CO_2，注入包住幼苗的塑膠袋內，讓幼苗透過光合作用吸收，甚至透過菌根菌把一些同位素傳給隔壁的樹。當他把氣瓶轉開，往軟管裡灌氣時，我要確保軟管緊緊套在接頭上。

「準備好了嗎？」他問，伏在工作台上，汗水從眉毛滴落。

「好了。」我說，緊張地按住接頭。在大學的化學實驗室，我表現得還可以，但在森林裡處理化學元素，令我害怕。

丹恩轉了轉調節器。

「那個嘶嘶的聲音是什麼？」我問。原來是軟管掉到地上，像蛇一樣扭動，價值千元的氣體從尾端噴射出去。我這邊的接頭在壓力下鬆了開來。我趕緊把管子打了結，最後一絲氣體嘶嘶洩出。

丹恩目瞪口呆。我看著他的表情，彷彿剛剛掉的是一個明朝古董花瓶。

幸好我們有兩個氣瓶。

我們把注射同位素氣體到塑膠袋的技巧練到爐火純青，終於能為幼苗進行標記了。皆伐地本來就熱，穿著防護衣更熱。因為碳十四具有放射性，我擔心身體暴露在外有危險，所以穿了雨衣，還戴了防毒面具和大護目鏡，手上的橡膠手套也用膠帶封住。丹恩覺得我瘋了，他知道依照我們使用碳十四的方式不至於有危險，所以只穿了實驗室的白袍。這些微粒的能量很低，連要穿透一層皮膚都難，用外科手套就能輕易擋住。碳十四最可怕的是，一旦它真的滲入你的身體，例如跑進肺裡，就會久久不散，因為它的半衰期是五千七百三十（加減四十）年。至於碳十三就沒有放射性，所以不需擔心。

第一組，我把花旗松幼苗上的帳篷拿掉，用番茄架套住它，白樺幼苗也一樣，雪松幼苗則跳過。架子是為了撐住塑膠袋，確保標記期間袋子不會扁塌。

架子架好之後，終於到了我從種下這些幼苗以來、期待整整一年的一刻：確認白樺和花旗松是否會交換碳；雙方是不是透過地下網路跟彼此交流。這對我來說是關鍵時刻。我認為合作對森林的生命力至關緊要的直覺是否正確，就看這一刻了。假如我對了，我就得背負起停止大規模剷除原生植物的重責大任。我們在第一批番茄架套上塑膠氣密袋，就像給鳥籠罩上遮布，把個別的白樺和花旗松整個包起來，再用膠帶把幼苗的莖跟塑膠袋和架腳黏在一起封住，不留一絲縫隙。袋子完全密封之前，丹恩把手伸進其中一個塑膠袋，把一瓶有放射性的碳酸氫鈉冷凍溶液用膠帶黏好，然後用事先放進塑膠袋的大玻璃注射器，小心翼翼地把乳酸注入放射性的冷凍溶液。針一刺進去，乳酸就慢慢滴進冷凍溶液，釋放出可讓白樺幼苗透過光合作用吸收的 $^{14}C\text{-}CO_2$。

我也沒閒著。我回到帳篷，用注射器從氣瓶抽出五十毫升 $^{13}C\text{-}CO_2$，準備把它注入包住花旗松的另一個塑膠袋。因為滿頭大汗，我的護目鏡都霧了，就這樣搖搖擺擺一組接著一組注射。蚊蠅像灰塵一樣團團湧至。丹恩在三姊妹和工作台之間快速移動，因為我們把一瓶瓶凍在液態氮裡的放射性溶液留在工作台。我的進度比較慢，每次都得回來工作台抽取 $^{13}C\text{-}CO_2$，再走去下一組三姊妹注射。

接下來兩小時，我們讓幼苗吸收標記過的二氧化碳。移走塑膠袋之前，我們先把袋子裡可能殘留的同位素吸乾淨。就算還有殘留氣體，也很快被風吹散了。

一拿掉袋子，丹恩立刻跑回帳篷躲避蚊蟲大軍。我用最快的速度搖搖晃晃跟上，趕緊把門拉上並脫掉雨衣。丹恩像外科醫生脫下乳膠手套，丟進廢棄耗材垃圾桶。我們看著對方。我開心大叫：「我們成功了！」

丹恩說：「或許。」我們還得用蓋格計數器檢查幼苗。

沒錯。我重新穿上雨衣，穿上外科手套，抓起蓋格計數器跑回最近的一組三姊妹。起風了，白樺幼苗的葉子在轉個不停的葉柄上搖晃，穩踞一方的花旗松迎著氣流斜向一邊。湖面上映著團團烏雲，有如墨汁鬼傘菇。有一隻松鼠從我面前跑過去，然後停在樹樁上探頭探腦。

我把蓋格計數器拿到用碳十四標記的白樺樹葉前。我屏住呼吸——葉子有放射性嗎？如果沒有，我們所有的努力都泡湯了。若是捐贈者沒有吸收具放射性的二氧化碳，我們就無從得知，它們是否能把有機化合物傳送給隔壁的花旗松。丹恩出現在我旁邊，神色憂慮。

我轉開開關，管子劈趴作響。丹恩的臉色一亮。刻度盤上的指針急向右轉，顯示放射量極高。

「太好了，我沒弄錯。」丹恩說，如釋重負。

「你想我們在隔壁的花旗松，也能偵測到什麼嗎？」

「我懷疑，畢竟從標記到現在才過幾個小時。」他說，因為訓練有素，對最初的結果都不敢不慎。根據瑞德爵士的研究，可能要過幾天，放射性才會從白樺經由地底傳給花旗松。就算真的會傳給隔壁的樹，量也可能低於蓋格計數器的可偵測值，我們得等結果出來，才能把樣本拿到實驗室檢驗。

但現在先用蓋格計數器測測看，又有何妨？我們可以事先看看是否有任何蛛絲馬跡，暗示我們答案就在花旗松的針葉裡。我撫平心情。我相信丹恩的判斷正確，標記植物的事，他幾乎比任何人都懂。

但管它的。試試看又不花錢。我直覺走向隔壁的花旗松，然後蹲下來。丹恩忍不住跟上來，站在我身後看。我們都深深吸進刺鼻的松脂味，那一刻我忘了多年來的辛苦和一次次的挫敗。我用手抹了抹管子尾端，確保沒有東西擋住訊號。真相大白的時刻來了。指揮對著管弦樂團舉起手，團員拿起樂器。我把耳朵歪向幼苗的莖，抓著蓋格計數器在針葉上掃一圈。

手腕興奮地微微抬起，蓋格計數器微弱地劈啪一聲，刻度表上的指針擺了一下。弦樂和木管樂器，銅管樂器和打擊樂器，眾聲齊發，淹沒我的耳朵，這個樂章快速又強烈，和諧又神奇。我心醉神迷，渾然忘我，深陷其中，而穿過我的幼小白樺、花旗松和雪松的微風，似乎把我整個人舉了起來。我成了比自身更強大力量的一部分。我看了丹恩一眼，他驚呆了。

「丹恩！」我大喊：「你聽到了嗎？」

他瞪大眼睛看蓋格計數器。他一心盼望標記能成功，但當場聽到花旗松發出聲音，還是出乎他的意料之外。

我們聽到的是白樺跟花旗松溝通交流的聲音。

C'est très beau！（譯註：太美了）

但我們必須用上能更敏銳偵測到碳十四的閃爍計數器，以及測量碳十三的質譜儀，才能正確分析組織樣本，精確地量化在白樺和花旗松之間傳送的已標記光合作用產物。儘管如此，聽到這個剛迸出的線索，丹恩還是兩眼發光。我則是開心到要飛上天，笑得合不攏嘴，激動地高舉雙手大喊 Yes！兩人內心深處都知道，我們終於以各自的方式發現了兩種樹之間發生的不可思議的事。而且是另一個世界的事。就像從無線電波攔截到可能改變歷史走向的神祕對話。

我走向雪松，手心在冒汗，答案似乎已經近在咫尺。我舉起管子，用蓋格計數器在它一串串的葉子上掃一圈。

沒聲音。雪松活在自己的叢枝菌根世界裡。很好。

同位素要花多少時間，才能完成從一株幼苗前往另一株幼苗的旅程，這還是個謎，所以我打算再等六天。這段時間足以讓更多同位素，從捐贈者的根部經由真菌進入隔壁幼苗的組織中。我蹲下來，丹恩在我旁邊坐下，儀器擱在腿上，風漸緩，一隻草地鷚在唱歌。挫敗、被否定、與悲傷奮戰、因為跟凱利吵架而內疚不已，種種感受都在那一瞬間消失。我激動地摟住丹恩的肩膀，輕聲說：「我們發現了很酷的東西。」

六天之後，我們從土裡把樹挖出來。白樺、花旗松和雪松的根粗大糾結，上面覆蓋著菌根。「看起來像有一群地鼠來過這裡。」採收完後，我說。我們把根和枝葉分開放進不同的袋子，然後收起防蚊帳篷和工作台。

開車離去時，我回頭望著即將為我們揭曉幼苗是否互相連結、交流的那一小片土地。一隻渡鴉低聲嘎叫著飛過去。我想起這片實驗林其實是那卡帕姆斯族的土地，他們認為渡鴉是改變的象徵。

隔天，我帶著保冷箱裡的樣本，開車去維多利亞。我要利用指定的實驗室器材，把我帶來的組織樣本磨成粉末，再把粉末送去加州大學戴維斯分校，分析每個樣本的碳十四和碳十三含量。我把具有放射性的樣本放進抽風櫃，這個特殊的密閉櫃裝了玻璃窗，上頭還有抽風管，能把櫃內的放射性粒子吸進隱藏的收集袋再棄置，以確保安全。磨粉的工作麻煩又乏味。我得把研磨機（咖啡壺大小的金屬機器）放進抽風櫃，才能吸走木屑，避免放射性粒子散到實驗室裡，同時也避免自己吸進或沾到木屑。

第一天，我早上八點就到實驗室報到，穿上實驗室白袍，戴上護目鏡和口罩，把樹根樣本放進研磨機，然後靠在抽風櫃上等。一個小時又一個小時過去，我盡可能把樣本磨細。下午五點，我把磨好的樣本放進箱子，接著把抽風櫃、工作台和地板清理乾淨，用蓋格計數器在平台上掃一遍，確保沒有放射性粒子殘留，最後梳洗一番才離開實驗室。回到旅館後我沖了澡，到隔壁酒吧吃漢堡，之後就回房間開著電視倒頭大睡。接下來四天，我都在六點鬧鐘響起時起床，把同樣的過程重複一遍。

每天十小時、一連五天，終於把所有樣本磨完。最後一天抽風櫃正在抽風時，我隨手調整口罩，才發現了上方鼻樑處有個金屬片。我往金屬片的兩邊一壓，口罩便神奇地包緊我的鼻子。我的心一沉。原來我這幾天都沒把口罩戴好戴滿。

我急忙摘下口罩，驚訝地看見裡頭有一層粉塵。我從鼻腔裡掃出薄薄一層木屑，差點沒昏倒。這幾天我不知吸了多少粉末微粒。我不敢置信地癱坐在實驗室的長凳上。

錯誤已經無法挽回。發生的就發生了。

我打電話給丹恩。他要我別擔心，我不太可能把粉末吸進肺裡，而且只要我有做好清潔工作就不會有事。但願他說的沒錯。我走去洗眼機前把眼睛、鼻子和嘴巴沖洗乾淨，然後把器材收好，將剩下的樣本裝箱寄去加州。

幾個月後，我人在奧勒岡州立大學，分析從加州實驗室傳來的同位素數據。這個無窗的小辦公室過去是養昆蟲的實驗室，現在成了我的祕密基地。頭上的紅外線燈早就不能用，白色磚牆上的氣栓已經了無生氣。丹恩在忙自己的論文，研究卑詩省一個相當於奧勒岡州大小的區域，皆伐作業對森林結構和碳儲存模式的影響，不久他就會發現，皆伐導致二氧化碳以前所未有的速度進入大氣。我們的生活圍繞著分析資料、跑步運動、跟其他研究生喝酒這幾件事打轉。

我不是在分析同位素數據，就是在顯微鏡實驗室觀察花旗松和白樺幼苗根尖上的菌根。我利用從實驗地收集來的土壤，在不同的溫室種植了白樺和花旗松幼苗。有些白樺和花旗松分種在不同的花盆裡，有些種在同一個花盆裡。經過八個月的澆水和觀察，我採收了分開種的幼苗，把根尖放到顯微鏡下觀察。土壤裡的孢子和菌絲盤據了根尖。即使白樺和花旗松分開生長，盤據它們根部的菌根菌多半仍是**同一種真菌**，而且不止一種真菌，而是**五種**。真菌的種類跟它們孕育出的菇一樣多變。

暗色隔膜內生菌（*Phialocephala*），詭異的半透明深色菌絲，延伸到白樺和花旗松的根部內外。

土生空團菌（*Cenococcum*），烏黑的菌氈包住少量根尖，發出跟刺蝟身上的刺一樣硬的刺毛。

威氏盤菌（*Wilcoxina*），光滑的褐色菌氈和透明的菌絲體，從柔嫩的米色菌蓋底下露出來。

疣革菌（*Thelephora terrestris*），形成米白色的根尖，最後長出一團團鑲著白邊、質地堅韌、玫瑰花一般的褐色菇。

小而多產的紅蠟蘑（*Laccaria laccata*），樸素的根尖和往外放射的雪白色菌絲，合為搶眼的橘褐色菌蓋。

輪到種在一起的白樺和花旗松時，我興奮得臉頰發燙。之前有研究指出，混生樹能孕育出它們獨自生長時不會有的新菌根。那就好像樹木之間需要互相照應、互相鼓勵，或許是透過菌絲網為鄰居送碳。

當我把混種的花旗松根放到顯微鏡底下時，我差點從高腳椅上掉下去。根鬚跟廚房拖把上的布條一樣又大又多。更驚人的是，盤據其上的不同真菌，跟熱帶林的樹木一樣多樣。不僅如此，花旗松和白樺根部還出現兩種全新的真菌。一種是乳菇（*Lactarius*），乳白色菌氈，從乳白色菌蓋下的菌褶滴下的液體也是乳白色。另一種是塊菌（*Tuber*），短短胖胖的金色菌桿覆蓋在根尖上，長出黑色的地下松露，類似佩里戈爾黑松露。

我立刻跑去我的博士論文指導教授大維．佩里（Dave Perry）的辦公室。他正低頭在看電腦，抬起頭時，他把眼鏡推回一頭長灰髮上。他的桌上堆滿累積數十年的文件，沒有半點空隙，每一堆都搖搖欲墜。我大聲跟他說，跟白樺一起長大的花旗松看起來就像裝飾過的聖誕樹。相反地，獨自生長的花旗松就沒有那麼多菌根。

「哇！」大維跳起來跟我擊掌，邊點著頭邊聽我描述五顏六色的真菌、興奮地比手劃腳形容那些菌根有多大。他已經看過同一種真菌同時附著在花旗松和黃松上，但並不知道真菌能否連結樹木或傳送養分。我們都知道，這個結果代表白樺和花旗松有潛力形成牢固、複雜、彼此相連的網路。更重要的是，正如我在分析野外實驗收集到的同位素數據時的猜測，我們就快要解開樹木之間是否透過真菌網交流的祕密。大維從桌子裡拿出一瓶蘇格蘭威士忌，用燒杯倒了兩杯酒。他喜歡看見學生有石破天驚的發現。我在腦中想像著白樺和花旗松編織出如波斯地毯般鮮豔的真菌網。

後來我們發現，白樺和花旗松共享的七種真菌，只是兩種樹之間常見的多種真菌的一小部分。而雪松如我所料，只會被叢枝菌根盤據，不在連結白樺和花旗松的真菌網裡面。

實驗林的碳傳送資料從實驗室送來那天，我又期待又害怕。結果就要揭曉。科學層面面俱到，實驗本身已經考慮到每個變數。我獨自一人在無窗的辦公室裡看報告，眼睛上上下下瀏覽數據，臉頰發燙。我用統計程式比較白樺和花旗松吸收的碳十三和碳十四量，以及遮住光照對花旗松的吸收量是否有影響。我一次又一次檢查數字，只想確認自己沒弄錯。結果令人不敢置信。白樺和花旗松透過真菌網來來回回地**交換**光合碳。更驚人的是，花旗松從白樺那裡得到的碳，比它回報給白樺的多很多。

白樺不但不是「萬惡的雜草」，還把資源大方送給花旗松。

而且捐贈量多到能讓花旗松結實與繁殖。但真正讓我震驚不已的是遮蔽效應：白樺遮住的光照愈多，捐給花旗松的碳也愈多。**白樺與花旗松之間有種非常緊密的合作關係。**

為了避免錯漏，我一再重新分析資料。

但無論怎麼看，呈現在眼前的資料都告訴我同一件事：白樺和花旗松互相交換碳。雙方不斷在溝通交流。白樺會偵測並隨時感應花旗松的需求。除此之外，我發現花旗松也會回報白樺一些碳。互惠彷彿是雙方日常關係的一部分。

樹與樹之間彼此連結，相互合作。

我太過震撼，不得不靠著辦公室的磚牆，消化在我眼前逐漸揭開的祕密，腳下的土地彷彿在轟隆作響。共享能量和資源，就表示它們就像一個合作並進的系統。一個聰明、敏銳且反應快速的系統。

呼吸。思考。吸收。理解。我想打電話給凱利，但我們還沒打破僵局。相信我們很快就會恢復聯絡。

獨自生長的樹根無法茁壯。樹木需要彼此扶持。

我翻閱一堆記錄樹木之間競爭效應的論文，還有另一疊逐漸增加的論文，探討樹木如何互助。之所以收集這些文章，是因為研究人員分成涇渭分明的兩個陣營，讓我感到沮喪。在研討會上，雙方爭持不下，各有各的道理，但樹木之間的複雜互動關係，有待人類發掘。儘管大家意見分歧，無差別地剷除原生植物，仍是業界目前的作法，森林多樣性仍舊是犧牲品。但我不是沒有選擇。我可以冒著被打回票的風險，把研究結果呈現在決策者面前。或者，我也可以待在實驗室裡，盼望有朝一日，某個人會利用我的研究發現。

辦公室的電話響起。

我走過去接電話，雖然這裡的電話多半不是找我。

我拿起話筒。

我聽見蒂芬妮不停地啜泣，然後彷彿從很遠的地方脫口說出：「蘇西，聽我說，凱利死了。」

我抓住桌子的一角，耳朵緊貼著話筒。

蒂芬妮的聲音斷斷續續傳來：更換灑水器的頭……把拖拉機開回穀倉外面停放……然後停進車位……引擎空轉……彎身站在穀倉門下……穀倉門直墜而下……把他壓倒，撞上傾卸卡車。

我怔怔聽著她說完。

她告訴我，凱利之前就有不好的預感。上禮拜五，他把母牛從山上趕到較低的牧地，草都結冰了，溪水也是，牛群籠罩在十一月的大霧中，全部擠在一起。他在大霧中看見一個牛仔飄向他。騎著馬、帶著他的邊境牧羊犬「小子」趕五十頭牛，可是個大工程，所以看到人他很開心。

仔細一看，他才發現那人是老朋友，對方朝著他的方向點點破舊的帽子，灰色小鬍子底下揚起微笑。他從容地騎著馬，溫暖的皮褲包住一雙長腿。

突然間，凱利渾身戰慄。

他認識那個牛仔，但他去年就死了。

老人招他過去，凱利跟上前。死去的牧人緩緩穿過飄忽不定的白霧，凱利半信半疑地策馬趕上去。牛仔還回頭確認凱利是否跟上。

後來老人突然消失在迷霧中，跟他出現時一樣突然。

凱利嚇壞了。蒂芬妮開始泣不成聲：「我跟去醫院陪在他旁邊，他的身體好冰冷。他怎麼能丟下我？」他們的孩子再三個月就要出生。

她掛上電話後，我什麼都聽不見，聲音彷彿都靜止下來。時間瓦解了。我不停地顫抖。唐到外面打棒球，但我不知道在哪裡。我錯愕地趕回家。我得打電話通知其他人，爸爸、媽媽、姊姊、祖父母，但還是等到唐回到家。後來是他幫我通知所有人，陪他們面對這個令人震驚的噩耗，就像臉上挨了一拳又一拳。

隔天我搭飛機回甘露市。我全身麻木，彷彿掉進一部古老的默片裡。

喪禮那天冷冽無比。顫楊的葉子掉光光，冷杉挨在它們掛著冰雪的分岔枝幹下。蒂芬妮雙手交叉，抱著肚子裡的兒子，皮膚白如瓷器，平靜的臉上透著哀傷。我雖然很想站在她旁邊陪伴她，但我忙著照顧爸媽。羅蘋也懷了六個月的身孕，跟比爾和蒂芬妮一起坐在教堂後面。凱利的朋友都來了，牛仔帽遮住眼睛，輪流上台分享凱利是一個怎麼樣的好人，還有跟他一起度過的時光。教堂長椅早在我們出生前就存在了，我們死後也會一直在這裡，組成椅子的木材有我們無人能及的穩固堅韌，還有我們只能學得一二的肅穆莊嚴。凱利的冰冷遺體躺在樸實的松木棺材裡。我無法呼吸。我想親吻他的額頭卻無法彎身。心中悔恨不已，卻再也無法彌補。我再也無法跟他和好。我們跟彼此說的最後幾句話，竟然是喝醉酒、出於憤怒和誤解而撂下的狠話。

姊弟關係永遠破碎，再無機會挽回。

9 魚幫水，水幫魚

我的悲傷陣陣襲來。淚水，懊悔，憤怒。唐還在美國忙論文的事，所以我獨自一人在加拿大。我們在科瓦利斯的鄰居瑪麗打電話來安慰我，說這種傷痛需要時間才能癒合。我很感謝她的好意，但我的悲傷無止無境。因為無法專心工作，所以我跑去越野滑雪。從白天到晚上，用滑雪把自己累垮。我懲罰自己，卻還在森林裡。即使內心痛苦不堪，我也知道森林具有某種程度的療傷力量。

有時候，當最壞的事情發生，我們就不再害怕過去害怕的事。那些都是瑣碎小事，無關生死的事。我一頭栽進研究裡，即使只是為了埋藏無力回天的絕望，試圖在跟樹木的關係之中找到我跟弟弟永遠失去的東西。我不確定是因為凱利，還是跟凱利無關，但我決定發表我的研究發現。在大維、丹恩和我的其他博士論文口試委員的鼓勵下，我把文章寄給《自然》科學期刊。

一週後，我收到編輯的退稿信。

我收到的批評似乎不難改正，再說對我也沒什麼損失，所以我修改完文章，又重投一次，就像從前漂流木一再漂上岸，我再把它們重新丟回梅布爾湖一樣。或是我跟凱利不斷修改自製木筏，直到可以下水，載我們到下一個海灣探險。

《自然》決定在一九九七年八月把我修改過的文章當作封面故事登出，還借用了琴在藍河鎮附近拍攝的一張白樺和花旗松混生的成熟林照片。我受寵若驚。我的文章打敗了發現果蠅基因組的文章，榮登封面。編輯還邀大衛．瑞德爵士為我的文章寫一篇獨立的評論，跟我的文章在同一期刊出。他在文中寫道：「希瑪爾等人的研究……在實地狀況下（處理）這些複雜的問題，而且第一次……清清楚楚地證明有相當多的碳（所有生態系統的能量貨幣），在溫帶林裡，透過真菌共生體的菌絲，從一棵樹流向另一棵樹，甚至在不同種類的樹木之間流動。由於森林覆蓋了北半球大半的地表面積，是大氣中的二氧化碳的主要積儲，因此瞭解這個層面的碳經濟十分必要。」

《自然》稱我的發現為**樹木的網際網路**（wood-wide web），世界從此為我打開大門。媒體紛紛來電，我的電話響個不停，信箱也被信件塞爆。我跟同事都想不到在《自然》登出的那篇文章會引起那麼大的迴響。有天晚上，我的內心世界跟著爆炸，我泣不成聲，這在我們家不是常有的事。一直以來，我藏起自己的悲傷，好讓父母放心宣洩他們的悲傷，如今我再也止不住眼淚，哭到眼淚都流乾。陸續接到倫敦《泰晤士報》和《哈利法克斯先鋒報》的電話，我才又重新振作起來。除此之外，我還收到來自法國的來信，以及一封皺巴巴、蓋著中國郵戳的信。

我的文章受到全球的矚目，或許也會引起林務局的注意。

我雖然救不了凱利，但也許可以拯救其他生命。

有天下午，艾倫靠在我的辦公室門口。冬天過得好慢，我心情低落。登在《自然》的文章獲得全球媒體的報導，卻動搖不了林務局的政策，讓我難以確定接下來的研究方向。艾倫建議我穿上靴子重回山林，整理思緒。他說等我心情好轉，我們再帶那些負責決策的傢伙走訪森林，親眼看看我們的研究代表的意義。我抓起車鑰匙，前往我的混生實驗林；還記得當初有個老牧人為了阻撓我，在這裡灑下大把牧草的種子。

開到鷹河時，我把皮卡開下加拿大橫貫公路。碎石路上一片泥濘，不見任何輪印，這表示我是入秋以來第一個踏上這條路的人。我來到之前為了救活幼苗而來收集土壤的古老白樺林。我拿出掀蓋手機打給羅蘋，但收不到訊號。再過幾週，她就要生了，蒂芬妮也是。我也想要有自己的小孩，但唐還在科瓦利斯跟論文奮戰；預定完成的時間，正好是威廉斯湖牛仔競技場打算在開場幫凱利舉辦追思會的時間。但這樣也好，畢竟唐要跟一群牛仔打成一片，就像油水混合一樣困難。

我放棄打電話，抓起巡邏背心和驅熊噴霧，徒步走上最後一公里路。我需要呼吸冷冽潮濕的空氣，感覺真實的**事物**。走在樹林裡，嗅聞汩汩流動的樹液，感受它們的存在，讓它們知道我在這裡傾聽。

在混生試驗林旁邊的老熟林裡，我涉進一呎深的積雪，雨褲變得好重。一縷雲煙、一抹微光在召喚我。樹枝上垂掛著一條條淡黃色的地衣，就像凱利的白襯衫仍吊在蒂芬妮的衣櫥裡。我在這片森林深處設置了博士班的第二個野外實驗。在濃密的林蔭下種下二十叢花旗松，一叢五棵，為的是要看看幼苗在重重遮蔽下如何存活、能存活多久。其中十叢，我讓幼苗跟老樹的菌根網自由交織；另外十叢，則用一米深的金屬板圍住幼苗，阻止老樹將根鬚伸向它們。就跟之前的樹木網際網路實驗中的花旗松、白樺和雪松三姊妹一樣，但在這裡陰暗的林蔭下，我只種了花旗松。在林木線內，花旗松幼苗跟鄰近老樹產生連結和交流的可能性，甚至更大。

因為新生的幼苗簇擁在父母附近，奮力存活。

跟百年老樹的真菌網連結，有可能決定了幼苗的生死。

老樹或許會照應年輕的樹，那麼當老樹死去後，年輕的樹也有能力填補倒木形成的空缺。讓新一代贏在起跑點上。因為這裡的地被層光照少，所以我猜這些巨大的老樹供給花旗松幼苗的碳，應該比之前那塊皆伐地三姊妹中的白樺幼苗供給花旗松的碳更多。就像尼加拉大瀑布跟潺潺小溪的不同。這裡的供源－積儲梯度特別高，反映了這些古老守護者樹木扮演的角色。

密林裡的第一叢花旗松，只有一棵存活下來，枯黃的主枝幾乎被埋在雪裡。我雖然喜歡這個實驗，但看來它注定會失敗。我的心好痛，喉嚨緊緊的。冰冷的水滴從樹木形成的天篷落下，流下我的脖子。被冰雪壓彎的雪松枝條，讓我想起褪色的魚骨。在腐植土沼澤中漸漸醒來的黃花水芭蕉發出微光，卻也不足以讓周圍的灰白大地找回光彩。

我渾身發抖，輕輕把倖存者身上的雪撥掉，如此幼小的生命卻已經來日無多。其他四株的莖已經發黑，我掃掉上面的冰晶，死去的根困在土裡。我邊摸邊找，終於碰到我埋在土裡、阻擋老樹接近它們的金屬片——用來檢驗我的猜測是否正確。果真沒錯，這麼做等於打造了一個墳墓。在這片陰暗的地被層裡，跟家人的連結似乎是它們存活的關鍵。

我穿過雲霧走到下一叢花旗松，對照我帶來的手繪地圖。一簇綠色的新枝從冰雪中冒出頭。這區幼苗底下沒有金屬隔板，任由它們跟老樹的豐富真菌網相互連結。從去年夏天至今，所有幼苗都長高一公分，也都冒出了飽滿的頂芽。我把雪刮掉，這裡的雪不深，因為有溫暖的莖，然後再剝開幾公分深的枯枝落葉，露出底下厚厚的、色彩繽紛的菌根，有如一幅文藝復興畫作穿過有機的地下世界。我立刻心情一振，充滿了希望。我找到一株幼苗的根，發現深色鬚腹菌的菌絲把它跟幾公尺外一棵巨大的花旗松連在一起。另一條根覆蓋著微光閃閃的黃色菌根菌：髮膚菌（*Piloderma*）。循著這些肉肉的黃絲線，我找到了一棵古老的白樺。我往後一坐，大吃一驚。這株小幼苗，同時跟成熟的花旗松和白樺交織在一個生意盎然的菌根網中。

我拉下帽子蓋住耳朵。真菌網確實很像在照應這株幼苗。老樹可能透過地下的真菌厚墊傳送醣或胺基酸給幼苗，當作對它的補償，畢竟細小針葉在幽暗光線下的光合作用率極低，幼苗根從土壤吸收到的養分也有限。也有可能老樹直接把自己根部的一整套菌根菌接種在幼苗上，方便幼苗直接取得緊緊包在菌根裡的土壤養分。

我繼續挖土，又發現其他幾株幼苗，並在它們的根部發現另外六種菌根。現在我已經知道這座森林有一百多種菌根菌，其中約有一半是廣勢種（generalist），在一個多樣的網路裡，同時盤據在白樺和花旗松的根上，形成一張複雜交織的地毯。另一種是專一種（specialist），只為白樺或花旗松效忠，不會同時效忠兩者。每種專一種據說都有自己的優勢，有些擅長從腐植質取得磷，有些是從老化的樹木取得氮。有些從土壤深處吸收水，有些從淺層。有些到春天才活躍，有些是秋天。有些會製造富含能量的滲出物，供給細菌燃料以進行其他工作，例如分解腐植質、轉化氮或抵抗疾病。有些製造的滲出物較少，因為負責的工作不需要那麼多能量。我看到的那個連接白樺的髮膚菌，根閃閃發亮，很可能供應豐富的碳給螢光假單胞菌（*Pseudomonas fluorescens*，其抗體能抑制奧氏蜜環菌這種根部病原菌生長），使之形成一層亮亮的生物膜。塊菌這種菌根，則是芽胞桿菌的宿主，此種細菌能轉化氮，或許能解釋為什麼白樺葉的含氮量比花旗松的針葉多那麼多。

我們對絕大部分菌根具備的功能，幾乎一無所知。可以確定的是，古老森林裡的真菌比人造林多樣，而那些跟老樹尤其剪不斷、理還亂的各種真菌厚厚一層，多肉、強韌，能取得藏在難以到達的土壤角落中的資源。它們釋放了封鎖在腐植質和礦物微粒的堅韌合成體長達數百年的重要資源。藏在頁矽酸鹽土和綁在碳環裡的氮和磷等古老元素，透過菌絲像細鐵絲網一樣彼此相連。

這些年，我在不同季節跟丹恩一起去採集蕈菇，從中發現老熟林內藏有特別的原始真菌。有些只在特別多雨的年月出現，有些只出現過一次。還有的只在乾季結實，其他則是無論何種季節都會冒出大量蕈菇。我們也挖出森林裡的白樺根和花旗松根，從幾年到幾百年的都有。我們分析它們的DNA，跟全球基因庫的資料比對，確認它們的種類。

我走入森林深處，那裡的鐵杉和雲杉在白樺和花旗松的庇蔭下混合生長。我停在一株逐漸脫去一身冰雪大衣的幼樹前，伸手撥去上面最後一塊結晶，柔軟的莖便慢慢挺直，不禁心想：**我們天生就有復原的能力**。看到一排有如行軍隊伍、沿著一棵保母倒木（nurse log，譯註：枯倒木，常爲幼苗成長的溫床）生長的鐵杉幼樹，我停下腳步。我在梅布爾湖也看過同樣的景象。我猜這樣對幼樹來說好處多多，既能避免經土壤傳播的病菌，也能把倒木當作梯子，離陽光更近。鐵杉幼樹的根往腐爛木頭的上下兩邊生長，包住樹根的節瘤，還有榛樹、錫特卡花楸和赤楠葉假黃楊到處蔓延的地下莖。宛如一個緊密團結的小鎮。它們或許都屬於同一個外生菌根網路。甚至連側柏和紫杉，還有蕨類和延齡草（現在我知道它們隸屬於叢枝菌根）或許也形成了一個網路。一個天衣無縫的叢枝菌根網，與外生菌根網涇渭分明。即使不同的菌根網各自獨立，森林裡的所有植物都互為一體。

我已經知道，白樺和花旗松彼此連結並進行交流，卻覺得白樺送給花旗松的碳，不可能一直比它回收得還多。要是一直這樣下去，花旗松可能會把白樺的生命榨乾。

會不會有些時候，花旗松送給白樺的碳比它得到的還多？或許當森林變老，花旗松自然而然長得比白樺更高大時，花旗松傳送給白樺的碳會達到淨轉移（net transfer）。

光束引導我往旁邊就是皆伐地的林木線前進。我第三次的博士班野外實驗就在這裡，想當初那個牧人為了報復，還在這裡遍灑牧草種子。幸運的是，儘管如此，這塊小區域的樹都長得很好。幼樹如今已經五歲，長得比我還高。我在一棵白樺小樹前蹲下來。一截厚厚的塑膠片從土裡突出來，將白樺團團包圍。那是我為了圍住它的根系、故意埋下的一米深城牆，類似之前我在森林埋下的金屬薄片。不過，這次我不是在所有的幼苗周圍挖一條護城河，而是把種在這區的六十四株幼苗各自用圍牆分開。塑膠片至今完好無損，多年以後想必也是。這麼做是為了測試白樺是否會持續幫助花旗松成長，還有花旗松最後會不會回報白樺（或許在白樺葉子掉光的初春時節），甚至在花旗松漸漸成熟、自然而然追過白樺時，回報得更多。

為了得到答案，我把這區有城牆的樹木，跟附近另一區也種了六十四株白樺和花旗松，但沒圍城牆、任其互相交織的林地相比較。挖這些小溝渠，就像在樹根組成的古城進行考古挖掘。我跟芭比雇了一個人用小型挖土機挖土，另外還請了四名年輕女性，用鏟子鑿出一米深的溝渠。我們挖出蔓生的根系，慢慢將花崗岩移除，在八排樹木之間挖出九條溝渠，最後一條在最後一排樹的外圍。接著，垂直線再挖九條溝渠。水平和垂直線交叉成六十四個小島，一個島種一棵樹。之後，我們用塑膠布把小島跟小島之間隔開，不讓樹根和菌根穿越小島，最後再把泥土填回溝渠迷宮中。露在外面的片片塑膠布是唯一可見的痕跡，底下則藏著一個八乘八的整齊拉丁方格。

我很好奇，這裡的花旗松是否真的長得比另一塊林地毫無阻隔的花旗松瘦小。有棵小樹死了，紅色針葉落在雪地裡，有如一滴滴乾掉的血。我抓住它層層剝落的樹幹，把它從土裡拉出來。逐漸腐爛的殘根，覆蓋著到處蔓延的黑色菌絲，確切的名稱是菌索。我拿出刀子從莖的底部刮掉樹皮，露出底下的木質部。只見雪白菌絲形成一圈套索，被奧氏蜜環菌這種致病真菌宣判了死刑。我在塑膠溝渠中尋找更多殘骸，結果發現三分之一的花旗松都死了。

相反地，沒有阻隔的那塊林地，所有小樹都還活著，我敢發誓也長得更高大。一隻渡鴉咻咻飛過，火車汽笛聲劃破空氣。我拿出我的卡尺和筆記本，開始測量兩塊林地的白樺和花旗松的直徑。當太陽沉到山的背面，我開始往回走，全身濕透並簌簌發抖。回到車上，我發動車，把暖氣開到最大，在逐漸消逝的光線下，用計算機計算收集到的數據。

我猜的果然沒錯。跟隔壁白樺互相連結的花旗松不但都還活著，也長得比被溝渠圍住的花旗松高大。另一方面，白樺沒有因為跟花旗松離得近而受影響，沒有因為彼此的聯繫而被榨乾。白樺並未因為把自己的碳傳送出去而枯竭，它給的碳，足夠幫助花旗松生長和存活，卻又不至於犧牲自己的活力。

當白樺感受到花旗松不再缺碳時，是否就會關閉水龍頭？我也想知道，白樺是不是在其他時候（或以其他方式）從花旗松那裡受惠，只不過從這些簡單的測量中看不出來。這裡的花旗松都沒有染上蜜環菌屬根腐病的跡象。與白樺混生似乎讓花旗松免於病害，跟我在其他許多實驗中的發現不謀而合。我說服我在林務局的暑期田野助理朗達，在碩士論文中延續我對螢光假單胞菌（一種會發出螢光的細菌，我發現它可以對抗奧氏蜜環菌）的研究。她比較了不同林型之間的有益細菌數量，發現白樺林的有益細菌量比花旗松林多四倍。或許是因為白樺根和菌根菌的光合速率較高，比起花旗松，能為細菌提供更多養分。她也發現，混合種植花旗松和白樺之後，兩種樹的細菌量都變得一樣多。這些細小的微生物似乎能在兩種樹緊密混合之後，從碳充足的白樺身上移到花旗松那裡。

春天我都在林間度過，在我們位於甘露市的小木屋裡獨自生活；唐在千里以外的科瓦利斯努力完成論文。假如他在這裡，我們就能在松草和心葉山金車叢裡漫步，討論要去哪裡和生兒育女的事。他會提醒我要記得替院子翻翻土，清理桌上的文件，打掃廚房，煮些營養的食物。但實際上我卻躲進實驗裡，成天在牧場旁乾燥又開闊的大草原和山上松林間遊蕩，查看哪些樹活了下來，哪些生意盎然。開車回家時，我一頭亂髮，座位上散落著地圖和塞了蘋果核的空咖啡杯。我打電話詢問接線總機，有沒有給我的電話留言。

四月，蒂芬妮生下馬修・凱利・查爾斯。兩週後，羅蘋和比爾迎接第二個小孩凱利・羅絲・伊麗莎白出生，三年前他們才生下長子奧利佛。我的姪子和外甥女名字裡都有我死去弟弟的名字。我送給馬修一張嬰兒床，送給凱利・羅絲一件蕾絲洋裝。白天漸長，土壤漸暖，我逐漸從獨處中找回了平靜。

六月的某一天，我回到亂糟糟的辦公室，發現上面有張違規通知單，說我的期刊堆有引發火災之虞。芭比大笑著走進來。通知單底下有一封《自然》的編輯的來信，信上說英國某實驗室寄來一篇評論，編輯希望我審查一下這篇評論，看它是否有刊登的價值。

文中提出的第一項批評是：我偵測到從土壤傳送至雪松的碳量（是白樺和花旗松之間的菌根網傳送量的五分之一），多到足以使透過真菌傳送的碳量相形見絀，導致菌根網扮演的傳送途徑角色難以成立。我一邊打字回覆，一邊對芭比解釋。對方沒發現的是，我做的統計測驗證明，透過土壤傳送的碳量，不但遠比透過真菌網傳送的碳量少，而且差距相當顯著。此外，我也明確指出樹木之間不是只有一種交流途徑。

第二項批評是，從花旗松傳至白樺的碳量太少（是白樺傳至花旗松的十分之一），機器可能誤讀了數據，因此我不能斷言兩者之間有雙向交流。「我們在另一個案例中，證明了這種雙向交流。」我說，把我模擬野外實驗的實驗室研究拿給芭比看。

第三項批評是，我把 ^{13}C-CO_2 注入標記袋時，給了幼苗過多的二氧化碳，因而提高了植物的光合速率，使得樹根充滿醣。他們認為，這麼一來，轉移到隔壁植物的碳量就會比自然情況下還多。這樣的指控之所以出現，是因為我用了不少 ^{13}C-CO_2，以便質譜儀能更輕易偵測到傳進植物組織中的碳十三。這跟使用碳十四的情況又不一樣，因為用來偵測碳十四的閃爍計數器很敏感，脈衝不用太高就已足夠。芭比幫我找出我在博士班做的實驗室研究，證明我實地使用的二氧化碳量，並不影響碳分配到幼苗的不同部位或傳送量。

最後一項批評，讓我不小心把嘴唇咬到流血。對方認為我不能主張我的幼苗之間只有合作關係，沒有競爭關係。但我本來就認為樹木之間的關係有很多面向，白樺藉由分享碳跟其他幼苗互助合作，同時也跟其他幼苗爭搶陽光。我從未主張其中完全沒有競爭的成分。他們誤讀了我的文章，我很生氣他們的目的似乎是要否定我的發現。我寫下我的反駁意見，並在結論表明該評論並無刊登價值。芭比把我的回覆連同我的其他相關研究，放進牛皮紙袋再送去收發室。不到一週，《自然》來信說，他們決定不刊登那篇評論。

後來，我才發現我錯了。

不到一個月，某位同事寫電子信跟我說，他在澳洲的一場主題演講中，聽到同一間實驗室對我的論文的批評。我還是沒當一回事，畢竟科學是建立在同行審查上。學院喜歡大發議論，而我自認為是科學家，更甚於學者。再說，他們可能將英格蘭草地的叢枝菌根，跟我在森林發現的熱鬧繽紛的外生菌根混為一談，前者的碳不會在花草之間傳送，後者的碳卻能像小雪橇一樣移來移去。我的同事堅決認為我不該沉默以對，因為這就像當眾被打臉。之後，另一位同事寄來的電子信提到一場在佛羅里達州舉辦的演講。**天啊**，我這才發現自己太過天真，應該更公開地回應外界的批評才是。艾倫曾說名氣是一把雙面刃。唐建議我別去理會各種傳言，更好的方法是發表文章加以回應。他說得沒錯，但我似乎就是無法聽從他的建議。我說服自己，爭議終究會平息。我太疲倦也太無知，不懂這些事情的重要性，也沒有想到要公開自己的回覆。過不久，原來的團體就發表文章，詳述對我的批評。

很快地，新的期刊文章引用我的作品時，開始附上反駁我的文章，賦予兩者同等的地位。我的研究逐漸被烏雲籠罩。在唐看來，解決辦法清楚可見。別再焦慮，寫就對了。「我知道。」我擰著手說。大維看我停滯不前，寫了一篇文章，反駁那篇反駁我的文章，發表在《生態和演化學趨勢》（*Trends in Ecology and Evolution*）期刊上。

過了很久，我才理解究竟發生了什麼事。但之後我很快拼湊出事情的全貌：我一不小心撞上了英國科學辯論的冰山一角。大衛．瑞德爵士在實驗室中發現碳在松樹之間傳送，是否代表自然界的真實現象，一直以來未有定論，也引發其他爭議，包括共生對演化有多重要。過去都認為，競爭是森林得以形成的主要力量。這種看法是建立在物種競爭是天擇的核心之共識上，如今這個共識卻岌岌可危。那間英國實驗室針對叢枝菌根植物所做的研究指出，菌根網內進行的碳傳送並無重要意義。我這看似憑空冒出的研究卻提出相反的看法。就這樣，我一腳踏進學術風暴的中心。後來，我分別在兩篇論文中提出反駁，但那時候我的博士論文提出的發現已經受到質疑。

幾年後，我到一場研討會發表論文。為了澄清誤會，我走向當初撰寫那篇評論的教授。他沉浸在對話中，我在一旁徘徊，等待時機跟他攀談。我不確定他有沒有看到我，也想不通怎麼可能沒有，但他沒有轉過頭來。等了感覺好幾光年之後，我終於放棄，只能接受這場論戰其實重點不在我，而是在我之前爭辯已久的科學家們。我只是一個來自加拿大、不小心把戰火搧得更旺的年輕女性。我對他們遍布花朵的英國草地一無所知，他們也對我的巍峨森林知之甚少。

沒有在批評出現的一年內發文反駁，仍然是個錯誤。這在學術圈就像承認了自己的錯誤。每次我讀到一篇新文章引用我的博士研究並附上對我的批評，導致我的研究成果大打折扣，我就會深切意識到自己犯下的錯。但我無論如何都得振作，重新再站起來。問題是，我仍在為林務局工作，他們看不出我的研究有何重要，既沒有繼續研究的明顯需求，也沒有研究經費。我沒有跟政府單位的同事分享我的發現，也沒有和他們討論學術上的論戰，反而選擇了退縮閃躲，把自己藏起來。此外，我想要小孩，也需要時間跟唐相處，找回平靜，學習重新喜歡自己。我需要給自己時間哀悼，需要投入不那麼緊張焦慮的事，所以我把專注力轉向森林的其他問題：冬夏兩季漸漸變得比平常還暖，樹木病蟲害也跟著增加。

然而，奧卡納根學院的梅蘭妮．瓊斯博士（Melanie Jones）不肯到此為止。她很在意這件事。她是我的博士口試委員會的成員，身為我的博士論文的共同作者，她想要回應外界的批評，終止這場論戰。於是她去申請了研究補助，跟她的學生琳恩重做一次我登在《自然》期刊的實驗，這次不只在夏天為植物注入同位素，也在春天和秋天重複同樣的實驗，看看淨轉移的方向會不會隨季節而改變。換句話說，春秋兩季當花旗松逐漸茁壯、白樺葉子掉光時，花旗松會不會傳送更多碳給白樺，跟我們在夏天觀察到的結果正好相反？

第一次標記在初春進行。當時花旗松的葉芽已經開始冒出針葉，但白樺還全身光禿禿。這時候花旗松是醣的供源，白樺是積儲。第二次標記在仲夏進行，跟我的《自然》實驗一樣，這時白樺枝繁葉茂，醣分飽滿，花旗松在白樺的遮蔭下長得較慢。既然如此，我們也期待發現同樣的結果：碳順著供源－積儲梯度從白樺傳送到花旗松。第三次標記在秋天進行，這時花旗松的樹圍和根繼續生長，白樺的葉子卻已枯黃，停止光合作用。花旗松再次成為供源，白樺成了積儲。

我們的直覺果然沒錯。碳在樹木之間傳送的方式，會隨著生長季節而改變。夏天時，白樺傳送較多碳給花旗松；春天和秋天，花旗松則傳送較多碳給白樺。兩種樹之間的交換系統隨著季節而變化，可見樹木之間有著很複雜的交換模式，或許會在一年的期間達到某種平衡。

白樺得益於花旗松，正如花旗松也得益於白樺。

魚幫水，水幫魚。

花旗松並沒有把白樺的碳吸乾，反而會在春、秋兩季回報白樺。兩種樹互相輪流回饋，誰回饋誰，端視它們的大小差異和供源－積儲梯度而定。雙方以這種方式和諧共存。菌根網的動力學逐漸現出端倪。同為真菌和細菌網路的一分子，白樺和花旗松互相分享資源，即便有一方長得比較高，並且遮住了陽光。藉由這種互惠的神奇力量，雙方能夠維持健康和多產。

儘管如此，我還是得長時間在人造林中實際檢驗這些想法。有必要把基礎科學應用於真實環境中，幫助林務員理解如何改變原本的作法。包括混合種植不同的樹種；拿捏樹木之間的空隙；何時栽種、除雜草木、間伐、疏伐等等。我設計了數十種混合林實驗，來闡釋這種「舞蹈」的不同面向，呈現植物群落的運作模式，如何隨著地域、氣候和不同樹種的密度而改變，其中又有多少跟樹木的年齡和狀況有關。

在實驗中，我把白樺和花旗松之間競爭及合作關係的不同強度量化，以它們的高矮、年紀作為衡量標準。我在不同類型的土地上實驗，貧瘠或肥沃、乾燥或潮濕都有，看它們在一段長時間內如何合作或競爭。這項研究告訴我，何種大小的樹最善於競爭或合作，或是兩者皆有，何種類型的土地問題最多，等到除草木時就能專門去除這些不利元素。在另一項研究中，我測試了白樺和花旗松競爭和合作的距離，而這個距離又如何隨著林地類型而改變，這樣我就能幫助林務員規畫經營方法，只砍除當地針葉林周圍少量的白樺。我甚至在另一個研究中，把較高大的白樺疏伐成不同的密度，看看較矮的針葉樹在地被層會有何種反應。

我還測試用不同方法選擇性地砍除白樺，為辛苦掙扎的個別針葉樹騰出生長空間，然後比較結果有何不同。包括用樹剪、灑除草劑，或者用咬進樹皮的鏈條將它們綁住。

我也實驗了不同針葉樹（無論是花旗松、西部落葉松、側柏或雲杉）跟白樺的關係是否不同，結果發現果然如此。每種針葉樹跟白樺的合作與競爭程度都不同，在不同林地的合作和競爭方式也相異。熟悉土地的特性真的很重要。

這些實驗距今已經二、三十年了，那裡的樹卻還年輕，未來也仍然未知。在森林進行的實驗進展緩慢，科學家的生命相較之下更是短暫。一個預見未來的方式，是使用電腦模型預測林地數百年後的生長狀況。藉此窺見未來，想像我們消失很久之後，森林可能呈現何種樣貌。

唐完成了博士學位，回到我們在甘露市林中的家。他租了一間辦公室經營林業諮詢業務，分析及預測不同管理方式對樹木生長的影響。我問他能不能利用模型，估測單獨生長的花旗松一百年後的生產力，跟與白樺混生的花旗松有何差別。我把這幾年來收集的大量論文帶去給他，他從中找出所需的資料，例如樹木長得多快、多高；分配多少生物量給樹葉、樹枝和樹幹；林分長得多密；樹木儲存多少氮在組織中；樹葉行光合作用之後逐漸腐爛的速度。他利用這些資訊校準他的電腦模型，慢慢把它調整到最貼近森林實際生長狀況的水準。

模型正式啟用的那一天，我從林務局的辦公室跑去他的辦公室。他清走堆在椅子上的文件讓我坐，然後敲下鍵盤，電腦程式的綠色字串隨即閃過，螢幕上浮現一個個圖表。「果然如妳所料。」他指著螢幕上的直方圖說。這些圖表證明，皆伐與砍除白樺有害森林長期的生產力。上面的數據指出，砍伐與除雜草木週期每過一百年，森林的成長力就會隨之衰退。少了白樺的陪伴，也就沒有微生物透過真菌網轉化氮，沒有細菌幫忙抵擋根部病變，花旗松純林的生長力只有與白樺混生的花旗松的一半。相反地，白樺少了花旗松的陪伴，卻無損其生產力。根據模型的運算結果，白樺似乎完全不須依賴花旗松。「但我敢打賭在其他方面一定有。」我說，靠上前親吻他。

儘管有了突破性的發現，再次證明樹木跟土壤和彼此的連結，果真是它們賴以存活的重要條件，但我最想做的還是跟凱利交談、交流，彌補跟他的關係。記得小時候，有一次我們在爺爺奶奶家的院子摘越橘，他放進桶子的兩顆漿果黏了一隻小蟲讓他很擔心。「把牠趕走，爺爺。」他哀求著說，語氣驚恐。在我的白日夢裡，他站在外婆的花園裡，手上捧著一顆巨無霸番茄。我想像我們坐在碼頭上，用柳條做成的釣竿釣小魚；炎夏在箭湖的清涼水面上，踩著滾動的木頭往前滑；划獨木舟橫越北湯普森河，再騎著米可在玉米田和棉白楊之間穿梭。

到了春天，我造了一座花園。

不是傳統的花園，而是根據凱利過世時、我的新發現所造的花園。在這座花園裡，植物可以彼此分享資源，互相依賴。植物沒有排成一列列，各自孤立，而是混合種植以便交流。互相關心。我遵循美國原住民發明的「三姊妹」農法，把玉米、南瓜和豆子種在一起，讓三種植物都能長得更好。

以前，我都在自己的小花園種一排排的蔬菜，一排一種。但是今年，我用肥沃的土壤堆成一個個土丘，每個相隔約一呎，像個陶藝家把土丘塑成碗形，避免水分流失，這是維妮外婆教我的方法。每個土丘埋進一顆種子（三姊妹之一），每天澆水，一個禮拜後，黑色土壤便冒出細小的子葉。

花園植物通常與叢枝菌根菌相連，不像大多樹木與外生菌根菌相連。全世界只有兩百種叢枝菌根菌，外生菌根菌則多達數千種。這些叢枝菌根菌是廣適種，意思是即使自然界只存在少數幾種，它們也能盤據植物的根，把花園裡種植的大部分蔬菜連結起來，比方玉米、南瓜、豌豆、其他豆類、番茄、洋蔥、蘿蔔、茄子、萵苣、大蒜、馬鈴薯和番薯。

發芽不到幾個禮拜，花園植物的根就變成彼此連結的菌根。我拔出一株豆子，看見根上有細小的白色根瘤，裡頭住著能固氮的細菌。這些豆子把氮轉化之後，再加進與玉米和南瓜共用的土壤中。玉米提供支架，讓豆子攀爬作為回報。南瓜充當護根層，保持土壤潮濕並減少雜草和蟲子。

我想像著菌根網在這場「舞蹈」中扮演的角色。花園底下的網路，把氮從能固氮的豆子運送給玉米和南瓜。高大、光照充足的玉米，把碳傳送給比它矮小的豆子和南瓜。南瓜把它儲存的水分輸送給口渴的玉米和豆子。

我的花園生意盎然。

從中我感受到了原諒。

我開始探索住家附近的森林小徑。沿著動物走出的路徑跋涉，認識幽靜隱密、布滿苔蘚的林中空地；長滿水樺的潮濕窪地；有兔子住在腐爛樹根形成的樹洞裡的草地斜坡。還有最古老的大樹，它們的孩子成群在附近成長茁壯。我在三角帳篷大小的蟻窩附近徘徊，裡頭住了成千上萬隻螞蟻，我看見有幾隻排成一列緩緩移動。最後，我沿著主要道路快步走向那棵老松樹，跳過漂著針葉和地衣的溪流。

我想起針對花旗松進行的水力再分配的新研究。該研究發現深根性樹木夜晚會把水分送到表土，為淺根的幼苗補充水分，讓它們白天也生機勃勃。有沒有人研究過花旗松是否會透過真菌網散播水分？或許它們分享水分是為了保全整個群落，在艱辛的時刻為其他同伴補充所需。

植物能感應到彼此的長處和弱點，優雅地付出並接收，以達到精巧的平衡。這樣的平衡也能在一座簡單而美麗的花園裡達成，也可見於螞蟻複雜的社會中。複雜的組織、協調的動作、事物的總和，自成一種優雅的美感。這在我們自己身上就能找到，無論是獨自完成或齊力達成的事都不例外。我們的根和各種系統互相錯綜交織，在無數微小的時刻彼此融合、分開又重新融合。

電話響起，我從餐桌前站起來。我很喜歡這間隱身在花旗松和黃松間的小木屋，草地上綻放著灰粉紅色的玫瑰和黃色的香根。我從眼角瞥見一隻北美黑啄木鳥的紅冠從窗前掠過，降落在花旗松的樹枝上。牠看著我拿起聽筒，是加拿大廣播公司（CBC）的記者打來的。我願意接受明天的廣播專訪嗎？啄木鳥把頭一歪。我想起那篇針對我的評論，想必他們要問的是那件事。啄木鳥用鳥喙猛敲，力量可比電鑽，鳥與樹需要彼此才能完成這項雕刻任務。木屑飛舞，打中我的窗戶。我何必那麼在意他人的批評？我的研究是為了森林而做，而非滿足學術野心。既然已經公開我的研究成果，該是為它挺身而出的時候了。

樹木對啄木鳥的攻擊不為所動，飽經風霜的樹皮和啄木鳥的鳥喙，像精密的發條裝置一樣協調一致。

「我願意。」我回答。

10 彩繪石頭

十一月。皚皚白雪將洛磯山脈覆蓋。

我獨自一人到阿西尼博因山（Mount Assiniboine）的偏遠後山滑雪，中途在希利山隘（Healy Pass）的純淨山區稍做停留。洛磯山冷杉被厚重冰雪壓彎了腰；白皮松展開枝幹，像一束束白骨，因為樹皮小蠹蟲肆虐和氣候變遷壓力引起的鏽病而枯死。我懷了三個月的身孕。跟唐分開的那一年，他忙著寫論文，我因為凱利猝逝，夜不成眠。或許因為那段孤單的日子，我們之間有個心照不宣的共識：我已經三十六，他也三十九了，生兒育女的事不能再拖了。到阿西尼博因山滑雪，就是我慶祝自己懷孕的方式。

小蠹蟲在這片深谷裡十分猖獗。四年前，這場小蠹蟲之亂在西北邊的斯帕齊濟高原荒野省立公園（Spatsizi Plateau Wilderness Provincial Park）爆發。當時是一九九二年，冬天的氣溫上升了幾度，最冷的幾個月份不再降到零下三十度以下，讓小蠹蟲的幼蟲得以在年老松樹的深厚韌皮部中成長茁壯。這個地區的扭葉松長久以來與小蠹蟲一同演化，經過約一世紀之後自然死亡，為下一代騰出空間。樹木枯死，燃料理所當然愈積愈多，閃電或人類很容易引發野火。火焰釋放了松果中的松樹種子，也刺激顫楊從千年根系中冒出頭。顫楊的潮濕葉片能降低年輕森林的易燃性；當火焰掠過山區，碰到顫楊林立的林地便漸漸減弱，留下一片各個年齡層都有、也更能抵擋野火的森林。然而，十九世紀末，歐洲移民破壞了這樣的平衡。為了尋找金礦，他們放火將這片雜林夷為平地，重新種植大片的松樹。後來更進一步抑制野火，噴灑除草劑，以確保顫楊不會妨礙獲利，因此松樹林愈來愈單一。等松樹長到一百歲，天氣變暖之後，小蠹蟲的數量開始暴增，整片山林紅彤彤，像血流過的溪水。

在枯死的白皮松之間滑行時，清新的空氣灌進我的胸腔。我沿著軌跡移動，繞過落石和樹井，用雙腳刻出新彎道，完全沉醉其中。唐要利用下午的時間做一個搖籃。我們都因為要當父母而滿心喜悅。但到了隘口的中央，我停下來查看新雪上留下的痕跡，熟悉的恐懼感湧上來。雪地上的掌印跟茶碟一樣大，爪印有一吋深。

狼。落單的滑雪者很容易被盯上。

我趕緊穿過隘口滑走，卻很快迷了路。又繞回中間時，我因為回到原路而心驚膽戰，站在飄雪中，早已凍僵。

雪地上有新的腳印。

或許有三隻狼。是來獵捕我的嗎？

我直覺往山隘底下滑去，把山頂下凹地的高山落葉松林拋在身後，樹上的金黃色針葉已經掉光。底下這裡的洛磯山冷杉一小叢、一小叢長在一起，愈往下數量愈多。揹著三十磅的背包屈膝旋轉，對我的雙腿是沉重的負擔。我肚子裡的寶寶還不到一盎司黃金重，不至於讓我失去平衡。我扣緊臀部的扣環，在這片冰凍而破碎的土地上穩住身體，慢慢地轉身，一次一段。

我往東滑了一大圈，繞過峽谷，避開陡峭的地勢才又迴轉。樹木都靠得很近，所以很難看清楚。那些樹是更年輕的扭葉松，幾十年前，這裡想必發生過火災。我很快又偏離了方向，趕緊查看指南針。如果不摸清方向，返回主要路線，後果可能不堪設想。

恐懼喚醒了我一直以來的挫敗感。我有愈來愈多證據證明森林具有智慧，不但能感應彼此，也能互相交流。但我還沒準備好要跟公家單位對抗。聽到我說植物具有感知力，他們應該不會理我，甚至還會笑我。不行，我懷孕了，什麼都比不上我肚子裡的生命寶貴，我要保持心情平靜，以免影響胎兒發育。上次的廣播專訪已經引來當地自然主義者和環保人士，甚至少數跟我志同道合的林務員的注意，但省會當局還是毫無反應。決策者連一封電子信都沒有，我不由懷疑接受訪談或在研討會上發表演說，值不值得。我不能再繼續拋頭露面，現在對我來說風險太大。

我往回滑了一百公尺，發現之前的滑雪者留下的足跡。狼的爪印跟這些足跡交會三次。現在看來至少有五隻。

凱利有很多放牧時與狼同行的故事。

我繼續往前滑。扭葉松逐漸稀疏，蓬蓬的樹冠離地面愈來愈近。應該有個專有名詞來形容你知道即將到來的劫難。再過十年，一千八百萬公頃的成熟松林就會死去，約是卑詩省森林面積的三分之一。小蠹蟲會繼續啃噬從奧勒岡州到黃石國家公園的白皮松、西部白松和黃松，然後開始入侵加拿大北方針葉林的北美短葉松混合林，在相當於加州大小的北美區域全面擴散開來，超越有史以來的蟲害規模，同時也沿途提供引發毀滅性野火的燃料。小蠹蟲還會危害人造林，尤其是剷除了白樺和顫楊之後成長快速的松林。

我經過一片光禿禿的顫楊。只見爪印融化在冒著熱氣的尿液中。暗橘黃色。我沿著主幹道離開峽谷，腎上腺讓背上的背包輕了些。狼群在我前面看不到的地方，只留下足印。足印直直朝著往北的主要路徑而去，我這才放下心。狼群沒有在追我，反而引領我走出山谷。眼前的視野變開闊，我的路線跟一條從南邊來的路線交會。我轉向南，狼群的足跡陡然往北轉。一陣風將消失在樹叢中的足跡吹散。

彷彿狼群在跟我道別。

我在雪地裡為凱利點了一根蠟燭，還有他隨著狼群而去的冒險精神。扭葉松高大又強壯，高聳的樹冠在我頭上打下陰影，也堅定守護著底下的洛磯山冷杉。峽谷的岩石、結晶的樹冠和狼群彷彿合而為一，我必須在這裡駐足片刻。太陽攀過了花崗岩山峰，我仰頭遙望，然後拿出三明治，準備在這裡永遠待下來。我感覺到自己受到歡迎，感覺到自己變得完整、純淨、無憂無慮。

吃三明治時，我思索著樹木（這裡的顫楊和松樹）為什麼能接納一個為隔壁樹木供應碳（或氮）的菌根菌？跟同種類的樹分享資源似乎有明顯好處，尤其是同基因家族的植物。樹經由重力、風、零星的野鳥或松鼠，把大部分的種子散播到鄰近的小區域。換句話說，鄰近區域的樹木很多都有親緣關係。這片草地邊緣的一叢松樹可能來自同一個家庭，從遠方父輩隨風飄來的花粉讓它們的基因更多元。這些父母樹跟周圍的樹木有一些相同的基因，因此分享碳以利幼苗存活，讓後代延續下來，有助於確保基因綿延不絕。後來的一份研究證明，一個林分中，至少有一半松樹彼此相連，較大的樹會為較小的樹補貼碳。正所謂血濃於水。從個體選擇的角度來看完全合理，很符合達爾文的物競天擇說。

然而，我的研究證明，樹木也會把碳送給無親緣或完全不同種類的個體。例如白樺傳給花旗松，花旗松再傳給白樺。我看著這株顫楊，它的樹皮沐浴在陽光下，我很好奇它會不會把碳傳送給它庇蔭的洛磯山冷杉，或是反過來由冷杉傳給顫楊。廣適種菌根菌或許會為了存活多邊下注，一次投資多種樹，有時難免會把碳傳給外來樹，這不過就是把碳傳送給親屬的成本之一（附帶損失）。我的樹呈現的樣貌卻非如此。它們向我證明，碳傳送的模式並非只是偶然，不是一場流動的盛宴造成的不幸結果。這些樹很大程度也參與了這場競賽，並承擔了一定的風險。這些實驗一再指出，碳從供源樹傳送到積儲樹（從養分充足的樹傳到養分缺乏的樹），過程中樹木多少也能控制碳移往哪裡和移動量。

一隻松鼠在結節累累的洛磯山圓柏上吱吱叫，等著我把三明治碎屑丟給牠，還一邊留意一隻停在松樹樹梢上、好像叼著白皮松種子的北美星鴉。有隻渡鴉（同樣覬覦這些營養豐富的種子）呱呱唱著歌。白皮松仰賴這些及其他更多動物把厚重的種子散播出去，灰熊也包括在內。老松樹為什麼把播種的成敗，託付給只想把種子當作食物吃下肚的鳥類和其他動物？少數種子必須要發芽成長，老樹才能繁殖成功，但老樹怎能確保有足夠的傳播者留下來？假如其中一個種子傳播者消失了，或許死於大火或特別寒冷的嚴冬，那麼其他傳播者就能代為傳播。同樣地，樹為什麼要把碳傳送給廣適種真菌（乳牛肝菌屬或絲膜菌屬〔*Cortinarius*〕），畢竟它們可能把碳傳送給無親緣關係的樹？例如從松樹傳給地被層的洛磯山冷杉。

我把土司邊丟給松鼠，渡鴉和星鴉也俯衝下來搶食。松鼠尾巴抽搐，從樹墩上跳走。就像古老的白皮松樂於用種子餵養鳥類和松鼠，不只依靠一種動物為它傳播種子，樹與組成連結網的多種菌根菌共生，想必也有類似的演化優勢，這樣就算一種出了狀況，也還有其他備胎可供選擇。

更重要的一點，或許是真菌的快速繁殖力。它們的生命週期短，因此比屹立不搖的長壽樹木更能快速適應環境的變化，如火災、強風和劇烈氣候。最老的洛磯山圓柏約有一千五百歲，最老的白皮松約一千三百歲，分別矗立在猶他州和愛達荷州。這裡的樹要花數十年才能產出第一批毬果和種子，之後只會偶爾結果，但真菌網只要下雨就會長出菌菇和孢子，因此基因可能一年重組很多次。或許生長週期快速的真菌，能為樹木提供一個能快速調整，以因應變化和不定因素的方式。樹木不需要等新一代樹木演化出更能適應氣候變遷、導致土壤變暖變乾的方法，因為與樹木共生的菌根菌能以更快的速度演化，取得日漸縮減的資源。或許，乳牛肝菌、牛肝菌和絲膜菌能夠更立即因應逐漸變暖的冬天（當初樹皮小蠹蟲暴增，就是因為冬天變暖），幫助樹木照常取得養分和水分，以保持某個程度的抵抗力。

渡鴉搶到了三明治碎屑，便甩下北美星鴉，嘎聲繞著圈圈往上飛，一團羽毛飛掠而過。松鼠不只動作太慢，也毫無希望從鳥的嘴巴裡搶走任何東西，只能等小鳥把白皮松種子埋進土裡，之後再去把種子挖出來。或是享用掛在松樹枝上日漸乾涸的菌菇。假如牠只能靠渡鴉和北美星鴉搶剩的白皮松種子生存，應該活不了太久。同樣地，真菌可以多押些寶，讓孢子搭動物或羽毛的便車，或是乘著上升氣流找到新的寄主。

若是真菌從一棵樹那裡得到的碳超過成長和存活所需，就可以把多餘的碳供給網路中其他缺碳的樹，如此一來，也能使它的碳組合更多元，進一步確保自己能一直取得重要資源。真菌可以在盛夏時節，把碳從供源充足的顫楊輸送給缺碳的松樹，確保自己有兩種不同的健康寄主（光合碳的來源），以免災禍降臨，失去其中一個。就好像同時投資股票和債券，以免股市崩盤。那麼就算網路中的其中一棵樹死掉，例如松樹不敵樹皮小蠹蟲，那麼真菌至少還能依靠顫楊供給所需。從多種樹取得碳的保險作法，能在艱困時期提高真菌的存活率。真菌或許並不在意寄主是何種樹木，只要其中一棵的碳源供給無虞。比起只投資一種樹，投資多樣的植物群落是更安全的策略。環境造成的壓力愈大，這種能跟多種樹合作的真菌就愈成功。

我用臀部扣帶平衡背包，身體感覺有力又靈巧，接著轉向沿著布萊安特溪（Bryant Creek）向南的岔路。

我愈想愈興奮，但有個地方還是說不太通。我想到了互相影響的物種組成的更大群體，比如由植物、動物、真菌和細菌組成的整個群落。個體的選擇或許能解釋螢光假單胞菌如何跟白樺的菌根菌相互作用，減少花旗松的蜜環菌屬根腐病。**但選擇也可以在群體層面運作嗎**？個別物種組成複雜的群落結構，以促進整體群落的健康。物種之間的合作會存在嗎？就像人類社會裡不同的工會彼此合作？各種樹透過互助網相連，就像一個村子共同養大一個孩子，即使工會裡有出現騙子的風險。如果我們的行為以一報還一報為準則，如同白樺和花旗松之間的雙向交流和互惠原則，甚至在夏天改變淨轉移的方向，這種分享方式就行得通。魚幫水，水幫魚。那麼更長期的交易呢？譬如，當花旗松長得比白樺還高之後。到時候魚幫水、水幫魚的互惠規則會改變嗎？這又如何跟日趨複雜、關係隨年齡改變的人類生活相比較？（如果琴幫我照顧小孩，她要是搬走，我要怎麼回報她？）未來如此難以預料，我很好奇兩種樹為什麼會持續長期地進行碳交易？

我想起我為了赤楊實驗而請來的那批囚犯。因為獄警或監督者都沒有武器，任何一名囚犯都可能逃跑。那個打量林木線的傢伙，確實看起來隨時準備落跑。只要有一個囚犯決定逃跑，就等於背叛其他囚犯，可能害他們吃上更久的牢飯。從完全自私的角度來看，那個躍躍欲試的囚犯可能奔向自由。另一方面，如果他選擇合作，其他人也一樣，大家可能因為表現良好而被減刑。但他們無從得知結果，經典的「囚徒困境」即由此而來。逃跑似乎才是更合理的選擇，但到最後，囚犯的直覺是合作。研究一再指出，合作是群體常見的選擇，即使背叛他人對個體的好處更多。

或許白樺和花旗松、奧氏蜜環菌和螢光假單胞菌，也陷入了囚徒困境：長期來看，團體合作的好處勝過獨善其身。因為染上蜜環菌的風險極高，花旗松若要存活就不能沒有白樺。白樺沒有花旗松也活不久，因為會有太多氮積在土壤中，造成土壤酸化，白樺也免不了枯萎。在這種狀況下，微小的螢光假單胞菌有兩種功能：一是製造化合物，阻止蜜環菌屬根腐病在樹木之間蔓延，確保群落碳源供應無虞；二是利用菌根網散發的碳來轉化氮。這些事仍然屬於個體選擇的層面嗎？還是群體層面？

狼群在森林、雪地和山脈的庇護下茁壯。動物在樹林中為幼子尋找食物，以及遮風避雨和藏匿的地方，並跟駝鹿、山楊、熊和白皮松互動，創造出一個多元的群落，不同成員在群落中共同演化，學習，合為一體。我一時分心，幾乎直直滑向兩名生物學家。他們正在追蹤戴著無線電頸圈的狼群，兩人對狼群很熟悉。原來帶頭的是一頭老母狼。

山峰打下的陰影逐漸拉長。領隊的追蹤員是個身材瘦削、滿面風霜的女人，深色頭髮束成馬尾。我問他們為什麼要追蹤狼群。她說馴鹿的數量日漸減少，所以園區不得不捕殺狼群。她說話時把墨鏡推到頭上，臉上散發著智慧的光芒。她的助理是個年輕人，正在調整無線電，肩上的背包重到說不定連琴都招架不住。

「是因為皆伐的關係。」我直視著她的眼睛說。新冒出的柳木和赤楊對駝鹿是可口的大餐，導致牠們的數量增加並引來狼群的追捕。問題是狼群獵殺駝鹿的同時，林地馴鹿也會遭殃，而後者早就因為棲地消失和人為因素而急遽減少。她點頭認同，動一動踩在滑雪板上的雙腳，檢查雪崩訊號器有沒有打開。

「對，皆伐地的積雪太深，馴鹿跑不過狼群。」她說，望向母狼留下的足跡。此外，死於小蠹蟲的松樹伐除之後，皆伐地也愈來愈多。

「我們得走了，不然會跟丟。」助理說，查看追蹤器，扣緊背包的胸扣帶。研究員瞇眼眺望前方的山隘。

「回頭見。」她說，我也跟她道再見，佩服她的鍥而不捨。他們消失在松樹林裡，跟出現時一樣毫無痕跡，提醒我一個人輕易就能消失得無影無蹤。時間已經過午，我得繼續前進，不然最後一段路就得摸黑了。

沿著布萊安特溪前進的路徑是平緩的下坡，速度很快。我從迎風搖曳的松樹前飛掠而過，太陽在我後方，雪崩路線被我甩在背後。我很感激剛剛追著狼跑的生物學家用滑雪板把路徑壓實。回到車上時，天空的粉紅和紫色雲彩漸淡，最後轉成黑色，映照在斜向一邊的沉積岩層上。

生態系統與人類社會如此相似，都建立在錯綜複雜的關係之上。關係愈堅固，系統愈經得起考驗。由於人類世界的系統是由個別生物體組成的，所以具有改變的能力。生物適應環境，基因逐步演化，我們從經驗中學習。系統不斷在改變，因為其中的成員（樹木、真菌和人類）時時要對彼此和環境做出回應。共同演化的成敗（社會是否具有生產力），取決於個體之間、個體與群體的凝聚力。幫助我們存活、成長和茁壯的行為，就從適應和演化的結果中孕育而出。

我們可以把狼、馴鹿、樹木和真菌組成的多元生態系統，想成木管樂器、銅管樂器、打擊樂器和弦樂器組成的管弦樂隊奏成的交響樂。或是由神經元、軸突和神經傳導物質組成的大腦所形成的思想和同情心。或是兄弟姊妹齊心克服病痛或死亡之類的創傷，使整體大於個體的總和。一座森林凝聚的生物多樣性；組成管弦樂團的眾音樂家；經由對話、互動、回憶、過往的教訓而成長的家庭，儘管混亂且難以預料，仍利用有限的資源日漸茁壯。因為這股凝聚的力量，我們的系統才變得完整而堅韌。它們精密複雜，能自我組織，且具有**智慧**的種種特徵。承認森林的生態系統跟人類社會同樣具有智慧的要素，能幫助我們丟掉舊思維，不再認為森林停滯不前、簡單、可預測、呈直線發展。過去的思維助長了快速開發的正當性，卻讓森林系統內的生物陷入困境，未來岌岌可危。

狼群和我的三姊妹花園在暗示我，我能夠對抗執而不化的森林管理方式。或許我肚子裡的寶寶不會有事，甚至會長得很好，只要我更大膽無懼。或許在我血液中流動的滿滿希望，也會使她充滿希望。

母狼和追蹤牠的生物學家鼓舞了我。

我感覺得到他們的存在。

我感覺得到凱利在冥冥中保護著我。

心裡的擔憂和恐懼稍微減輕，想要向前邁步的渴望變得強烈。我迫不及待要為我的研究指出的改變，貢獻一己之力。仍有記者想邀請我談談登在《自然》的那篇文章。安大略省的一名女性寫信感謝我「為人類做出的真正貢獻」，另一位關注加州缺水問題的母親，說我傳達了「希望的訊息」。我捧著這些來信，知道自己必須為了孩子繼續前進。為了全世界的孩子，為了下一代。我有足以挑戰生態理論，甚至林業政策的證據。改變的小小種子，就握在我的手心裡。

幾個月後，有位記者在辦公室找到我。我說我懷孕了，預產期就在這幾天，我們開玩笑聊到要增加五十磅是多麼簡單的事。她問起我的研究對除草劑的看法時。我笑個不停，大剌剌地說：「偷偷告訴妳，妳可不能寫出來。儘管林務員做了很多努力，但他們還不如去彩繪石頭算了。」她跟我道謝，並說報導再過幾天就會登出。

我愈想愈不安，搖搖擺擺走去艾倫的辦公室，告訴他彩繪石頭的那番話。他沉下臉。「我保證她一定會寫出來。」他面色凝重地說。

「但我叮嚀過她不能寫。」我說，後悔莫及，突然覺得全身無力。一隻小腳踢了我的肚子，我倒抽一口氣，艾倫趕緊要我坐下來。接下來的一小時，他忙著打電話找那名記者，終於在多倫多聯繫上她。他說如果她寫出那句話，會惹毛政府當局，可能會害我丟了飯碗。她沒做任何保證。我怪自己太笨太大意，但也覺得被背叛。她趁我們在討論母職的話題時，撈到一句我無心的評語，模糊了我真正想傳達的訊息——森林的複雜性。更糟的是，我還讓艾倫為了阻止更大的不幸，陷入尷尬的處境。

那天晚上，我跟唐到附近的小徑散步時，他努力安慰我。剛冒新芽的棉白楊合上葉子，準備休息。我希望寶寶在植物萌芽的春天降臨，但離我的預產期已經過了兩週，楷葉唐棣叢開滿了白花。「她是個負責任的環境議題記者，我看過她寫的東西。」唐邊說、邊丟給鄰居的黑色拉布拉多犬一根樹枝。我很想相信他。「現在妳有更重要的事要想。」他說。我決定要帶著我的發現走得更遠——我不會讓這件事傷害我的孩子，但保護她也代表要當一名挺身奮戰的母親。我們看到小太陽般的香根就折返回家，唐提起他的父母要從聖路易斯來看我們。

晚上泡澡時，我的腿放鬆下來，思緒也清空。唐生了火，看了一場棒球賽。上床睡覺前，我告訴自己一切都會沒事的。半夜，我肌肉緊繃地醒過來，肚子像被橡皮筋箍住，我摸摸肚子撫平寶寶又墜入夢鄉。

隔天一早，我走出廚房，蹲下來撿起門前的早報，掠一眼長出松草的草地，還有我去年秋天種下的紫色和黃色的番紅花。我翻了翻《溫哥華太陽報》，看到「研究證明雜木對森林不可或缺」的標體，文章第一段就是我那番彩繪石頭的評論。

小木屋的牆壁像人行道上蒸騰的熱氣起伏波動。唐盯著我看，一隻撲翅鴷直直飛向窗戶。唐跳起來，把最後一口土司塞進嘴巴，視線從我驚恐的臉飛向報紙上的標題，急忙扶我去長椅上坐，從我手中拿走報紙。「風波會平息的。」他說。

「我想把茶喝完。」我說：「你想我應該把茶喝完嗎？」

「好主意。」唐說，穩住我的心。

第二次收縮開始時，他抓起我的袋子，扶我站起來。

十二小時後，漢娜降臨人世。

11 白樺小姐

彩繪石頭評論在省會維多利亞激起小震盪。至少我聽到的是這樣，因為決策者勃然大怒時，我正好在請產假。他們在討論我的去留（我猜）時，我正忙著餵漢娜喝奶。她濃密的深色頭髮和探查的眼神像極了唐，把我們一家人緊緊綁在一起。

一名同行研究員欣賞我的仗義執言，寫電子信來恭喜我，還附上一張彩繪石頭照。另一名同事送我一顆他自己彩繪的石頭。

一個特立獨行的博士後研究員邀請我去卑詩大學開研究會，因為看來我多少成了地方上的女英雄，儘管我完全沒這種感覺。

那篇報導讓我在林務局的工作岌岌可危，我登在《自然》的那篇文章也重新得到矚目。CBC的《破曉》和《奇事與夸克》訪問了我。維多利亞的《時代移民報》和多倫多的《環球郵報》也登出報導。漢娜醒著時都黏在我身上，在我接受記者電訪時，吸收我的每個動作，說她「陪在我身邊」毫不誇張。因為不想打擾她，我說話時不得不謹慎簡潔。我就這樣邊顧小孩、邊受訪，說話愈來愈大膽犀利。

即使我為了餵奶、晚上無法入睡，體力透支，早上卻異常地平靜有耐心。漢娜需要我全心全意的照顧，很快我就少再想起彩繪石頭事件。早餐，唐會煮好蘇格蘭燕麥，再去他的諮詢公司上班。我用揹巾把漢娜揹在胸前，到小徑上散步好幾個鐘頭，穿過一片片嫩綠色的松草和名叫柳穿魚的黃花，還有在花旗松、黃松和顫楊叢下搖頭擺腦的紫色和棕色雙花貝母。這對我來說輕而易舉，就像本能一樣。每天我都會看自己在她醒來之前能走多遠。有時候，我會一路走到高地草原，那裡有一片被沼澤覆蓋的湖泊，還有草地鷚尖聲歌唱，紅翅黑鸝棲在蘆葦上啼叫歐－咖－哩，藍知更鳥躲在松葉織成的杯形鳥巢裡。下午回到家，我把漢娜放在老花旗松的樹蔭下午睡，她的搖籃不比在那裡找到立足之地的幼苗高多少。我靠著厚厚的樹皮，跟她一起打瞌睡，一旁的高山山雀和松金翅雀在密密麻麻的水樺叢裡忙著例行的工作。嘿－啾啾，山雀高聲叫，金翅雀常邊飛邊興奮地回應嘰－喳－嘰。媒體訪談一切順利，之前的騷動逐漸平息，我終於獲得平靜。

只有一次例外。當時漢娜三個月大，我被叫去在委員會前為自己的研究經費辯護，其他從卑詩省不同地方來的同事也一樣。每個人都有五分鐘的時間解釋自己來年的預算。我有一大串野心勃勃的計畫。那天早上，我覺得自己像個新生兒，因為重回公眾面前而緊張，也擔心有關我的報導會引起反彈。漢娜每兩個小時就要吃奶，所以我上台之前先在後面哄她吃奶，免得她中間醒來。芭比跟我一同站在陰影之中。委員會成員坐在前排，握著削尖的鉛筆，備好黃色筆記本。就在輪到我上台前，漢娜哭了起來，於是我又餵了她一次。

叫到我的名字了。漢娜緊緊黏著我，但我硬是把她扒開，有如把咬著駝鹿腿的母狼嘴扳開，然後把她塞進芭比懷中，才匆匆上台。到了台上，我開始翻幻燈片。台下的人張口結舌，有些低頭看腳，有些翻著紙張。有台計算機匡啷啷掉到地上。我瞥了一眼身上寬鬆的紫色上衣，才發現上面濕了兩塊，而且底下像有噴泉一樣愈濕愈大片。我暗暗叫苦，臉頰發燙，笑容跟帶刺鐵絲網一樣緊繃，只想當場死掉。有個年紀較大的委員大聲咳嗽。就算是我爸，也會一樣不明就裡或大驚失色，他們那一代人可不流行餵母奶。女同事張大嘴巴，跟我一樣尷尬。我很快說完就逃之夭夭，芭比跟在我後面跑出來。我們狼狽地站在陽光下；芭比畢竟是個處變不驚的母親，突然間噗嗤大笑，笑到停不下來，直到我也跟著一起笑。一個月後，我拿到了經費，比我要求的金額少，但足夠我繼續研究。

漢娜八個月大時，我掙扎過要不要全職在家帶小孩，最後還是重回工作崗位。一來我很渴望重拾研究，二來家裡也需要我這份收入。保母黛比讓我很放心，但第一次把寶貝女兒交給她時，漢娜看我的眼神好像我背叛了她。她穿著粉紫色的連身衣，手腕仍然胖嘟嘟，呼吸跟我一致。當我把她從我胸前移開並關上門時，她大哭大叫，依依不捨。我站在門外，聽著她的哭聲，內心激盪不已。我的世界崩塌了。

我做了什麼？把孩子交給別人照顧，好讓自己坐在政府辦公室裡、望著窗外發呆，值得嗎？但不到一個禮拜，我就好過了些。又一個禮拜過去，我們有了固定的作息，我漸漸想起自己的工作。我得繼續往前邁進才行。幾個月流逝，我更加深刻地感覺到，向決策者和業界解釋我的發現仍是我肩負的責任。

我跟艾倫重新討論他提出的構想：舉辦兩天的研討會外加野外考察，檢討卑詩省對闊葉樹與針葉樹之競爭關係的認知狀況。我們打算邀請三十多位決策者、林務員和科學家，鼓勵大家一同討論自由生長的政策，以及剷除雜草木是否能提高幼樹的存活率和生長率。

活動第一天，我重新複習一次我的幻燈片，給已經二十四磅重、將近一歲半的漢娜做了豐盛的午餐（三瓶牛奶、切片酪梨、雞肉塊、起司棒和草莓優格）帶去托兒所。我心浮氣躁，漢娜也感覺到我不太一樣。唐把她送去托兒所，再送我去學校，之後才去上班。

開場時，艾倫先歡迎大家並說明會議流程。我的同事會在接下來的會議中，呈現他們在不同林地進行皆伐和除雜草木作業的成果，包括沿岸土壤肥沃的洪氾平原、亞北方森林成長緩慢的雲杉人造林、高海拔的洛磯山冷杉、洛磯山裂谷的松樹。看到省會來的決策者把會場前的兩張圓桌坐滿，我心情很緊張。卑詩省的林務員在下一排座位入座，科學家則散落在更後面，彷彿要保持立場的獨立客觀。艾倫總是說，召集研究員實現共同的目標，就像聚集一群貓。我被排在最後一個，主題是我對當地山區生態系統所做的研究，搭配隔天的野外考察行程。有些發表人指出，對異常濃密的茅懸鉤子和火草叢噴灑除草劑，使針葉樹的成長大幅提升，但大多數人的研究只發現略微提升，甚至毫無提升。

從北部來的泰瑞莎，是個聰明又謹慎的研究員。她在報告中指出，她的實驗林保留了好幾棵顫楊，也不影響雲杉生長，還能幫助針葉樹避免霜害。她說得很快，眼神從決策者身上掠過。里克是個身材高大、說話快速的森林管理者，他突然打斷泰瑞莎，說她有張幻燈片中的劇除雜草木區，有幾棵樹長得特別高大，鶴立雞群，證明自由生長的樹木確實有潛力長得特別高大，至少短期來看。跟我一前一後完成碩士和博士學位的好友大衛從後面出聲，附和泰瑞莎徹底剷除闊葉樹並無必要，因為只有一小部分針葉樹受惠，大部分還是瘦瘦小小，甚至比有赤楊遮蔽時，更容易不敵霜害。而且自動化除雜草木還伴隨著犧牲生物多樣性的高昂代價，代表自由生長政策並非良好的通用政策。但他也承認，在北部某些砍伐後、被加拿大拂子茅占據的林地，該政策確實得出「有益針葉樹生長」的結果。

輪到我上台時，我秀出從多個實驗得到的數據，解釋有多少植物（通常是剷除雜草木作業鎖定的植物）對人造針葉林的危害，其實不如預期，甚至微乎其微。在大多數的砍伐地裡，與原生植物（火草、松草、柳樹）混生的針葉樹，跟擺脫其他植物、獨自生長的針葉樹長得一樣好。白樺對花旗松的影響很複雜，取決於林分有多稠密、土壤有多肥沃、如何整地、苗木的品質、原林地的蜜環菌屬根腐病有多嚴重等等。不同林地的狀況和歷史都會影響結果，瞭解當地森林因此更顯必要。我利用數據來說明在特定狀況下，可留下多少白樺，以確保針葉樹健康成長，同時也能把根腐病減到最少並維持生物多樣性。我的研究儘管嚴謹，卻也跟我一樣年輕。我的同事聽到我的發現跟他們一致時，都頻點頭。講到最後，我的心中滿懷希望。

我向台下的聽眾解釋，赤楊和皂莓之類的灌木有益鄰近的針葉樹生長，因為它們能和具有固氮能力的細菌共生。我暗想，更何況它們還是小鳥的食物、人類的良藥和土壤的碳來源。更能抵擋侵蝕、火災和病害，把森林打造成適合的棲息地。前排的決策者一開始默不作聲，後來我發現有人皺起眉頭，之後有個六十幾歲的資深主管打斷我，說：「妳的數據太新，不能證明這些植物沒壓過針葉樹。」我聽了更加緊張不安。

坐在下一張桌子、綠色棒球帽遮住眼睛的年輕林務員大聲說，我的研究結果跟**他的**林地植物的表現不一致。他瞥了瞥旁邊的前輩，尋求認同。目前為止都沒出聲的「傳教士」不動如山，同桌其他人已經開始收筆記，準備今晚到此為止。我心想，**沒關係，就先這樣吧**。我結束演講，艾倫謝謝大家，科學家已經準備要一起去喝一杯。決策者一同站起來，談了談業界規定才放鬆下來，跟著大衛和泰瑞沙走去戴菲酒吧。我偷聽到一名安靜寫筆記的林務員跟朋友說：「很有用的資訊。我不想剷除沒必要剷除的植物。」

唐和漢娜在車上等我。我靠過去汽車安全座椅親她一下，她開心地尖叫。接著，我往唐旁邊的副駕駛座一癱，把頭一仰，苦著臉說：「天啊，其他研究員都有充分的數據，但那些決策者還是不相信我的結論。」

唐一向比我樂觀，他安慰我等到野外考察時，情況就會好轉。

隔天，我打算帶他們去看三片花旗松人造林取樣，各自呈現「好的、壞的、醜的」三種不同的狀況，代表在皆伐地生根萌芽的白樺的自然生長變化。第一種是皆伐後萌芽重生的白樺密度低的林地，絕大部分的人造林都屬於這一種。第二種是有大量白樺種子在雜木林中萌芽的林地，這種占比最低。第三種幾乎沒有白樺，數量少之又少。這些人造林都很年輕，大概才十年；除雜草木作業通常都在這個時候進行，以符合自由生長政策。我之所以選擇這幾個地區，是想傳達白樺通常不像政策預設的那樣好競爭，因此林務員選擇的干預方法並不符合當地的狀況。高估鄰近少數白樺造成的威脅，可能造成意想不到的後果，導致森林日後變得更不堪一擊，因為生物多樣性變低就可能降低生產力，使病害和火災蔓延的風險提高。我們在森林生長早期所做的事，終究會影響森林未來的適應力。跟教養小孩一樣。

直接在實地、在樹林間呈現我的論點，我想應該大家更容易達成共識，認同政策需要調整，才能更精確反映自然界的實況。因為熱愛森林是我們大家的共同點。我跟艾倫為了今天的行程租了一台閃亮的 Suburban，帶領車隊從甘露市沿著河流往北開，森林管理員里克和傳教士跟我們同車，坐在後座。琴和芭比殿後。艾倫是個稱職的主人，他從容不迫地談起卑詩省的伐採率，以及造林不當的皆伐地累積的數目。大家開始討論誰會帶頭爭取下次的研究計畫經費，但我都默不出聲。一個原因是我懷了第二胎，已經好幾個月卻還在孕吐。我假裝看地圖和筆記。里克談笑風生，笑聲朗朗，說著他在北部最喜歡的一個實驗，那裡的雜草淹沒他的雲杉，印證了他的造林政策。當我們快速駛過黑棉木林立的沙洲和花旗松叢生的碎石斜坡時，傳教士提起要為超過一定密度的森林疏伐，砍掉他和模型技術員認為對樹木有害的植物，這樣才能打造更整齊劃一的森林，樹木生長速度也更快更可測。我無法插進他們的對話，不如讓森林代替我發言。

就在東巴里耶湖（East Barriere Lake）前，我們的車隊在一片百年花旗松和白樺林前停住。我從沒把自己想成吹哨者，就像有首歌描寫的叛逆土狼，但我已經開始擔心這趟野外考察，會為我貼上「反叛者」的標籤。

然而，當我站在花旗松中間的小丘上時，古老的森林感覺平靜又寬容。花旗松約三十五公尺高，白樺較矮，葉子茂密的枝條往林冠的空隙伸展。一叢叢古老花旗松的後代，在林中空地相互依偎。大家推擠著前進，說說笑笑，輕啜咖啡。泰瑞莎指著一隻吸汁啄木鳥，開始跟里克聊起在凹洞裡築巢的鳥。艾倫彎著腳站在另一位主要決策者旁邊，兩人聊起蘇格蘭高密度的雲杉人造林應該如何改回原始的橡樹林，以改善鳥類的棲息地。永遠在尋找交集的艾倫，指著白樺樹洞裡的一隻貓頭鷹，說這裡的白樺就像英國的橡樹。前一天的緊張氣氛不再，雖然傳教士抱怨了一下天氣冷。琴和芭比早就備好樹剪，好幫大家開路。

「首先我想指出，根據我們的數據，這裡的混合林產出的總材積量多過純針葉林。」我說：「即使這裡的花旗松材積比純林少，個別花旗松卻長得更快。而且，如果把白樺的材積量加上去，總量大約比花旗松純林多四分之一。一來是因為白樺供應大量的氮給缺氮的針葉樹，二來，白樺能為花旗松抵擋蜜環菌屬根腐病，這種病就算不會立刻致死，也會拖慢它們的生長速度。」

里克說：「事實或許如此，但面對現實吧，白樺在這裡沒有市場價值。」我脖子上的神經抽搐了一下。傳教士將剛剛有關貓頭鷹和棲息地的愉快對話拋到腦後，接著說反正大多數的古老白樺也漸漸腐爛。泰瑞莎和大衛默默不語，心裡知道二乘四*的白樺目前的市價很低，而這些白樺確實多處已經腐爛。

「你說的是過去的市場。」艾倫跳進來說，彷彿早就在跳水板前擺好姿勢。「市場在改變，白樺總有一天會變得更有價值。」我的手臂垂在身側，用力呼吸，希望也能感染他的自信。「白樺在這裡隨便都能長大，沒有道理阻止想自然生長的樹木，甚至在上面花大錢。更好的作法是耕耘能接受白樺產品的市場。那麼我們就可以發展家庭手工業，自己製

＊審訂註：「二乘四」代表木材的切面尺寸為兩英吋乘以四英吋。

造白樺地板和家具，不用再從瑞典進口。看看扭葉松的例子，二十年前被稱為雜木，現在卻成了我們最賺錢的經濟樹種。」風沙沙吹過腺梗菜，上面的葉子微微前傾，像個淡綠色的箭頭。

「可是沒人會買我們的白樺，」里克說：「樹齡太大又已經彎曲腐爛，沒辦法送進鋸木廠。況且我們也難以跟獨霸市場的瑞典白樺競爭。」

「確實，」我說，知道他說的沒錯。「但我做的實驗把白樺幼樹疏伐到不同的密度。我們的作法是查看個別幼樹的莖，把長得最直的留下來，腐爛和變形的移除，而不是任其自然淘汰。假如用這種方法照顧白樺林，只需要針葉樹四分之一的時間，就能種出又直又堅固的白樺。」

「但要把老樺木從林中拖運出來，成本太高。」戴綠色棒球帽的年輕林務員說。因為如此，砍完針葉樹之後，才會把白樺留在原地任其腐爛。泰瑞莎點點頭。我知道他說的是事實，但我希望大家一起集思廣益，討論如何利用一些古老的樹幹培育自然更新的白樺，又無損林分的健康。傳教士為什麼這麼安靜？

「或許政府可以提供誘因，」艾倫說：「讓公司免費取得古老的白樺，不用再付錢給政府。而我們可以在新的人造林把白樺幼木當作經濟樹木，用蘇珊研究出的選木法來管理。」艾倫撿起木材切割機留下的一塊樺木，再拿給傳教士，證明它即便是現在，就具有價值。大衛用腳去碰一朵雞油菇，說政府單位看不見住在這裡的人對白樺的依賴。

「我們已經建立了針葉樹的市場。」傳教士說，這是他下午的第一句評語。他看看手中的木柴，就把它丟到一旁。

一位認真敏銳的病原菌專家翻開一塊樺木，上面長了一朵蜂蜜色蘑菇。他剝開薄如紙張的樹皮，露出底下柔軟、潮濕又易碎的木頭，然後摘下蘑菇，指出柔軟的木頭染上了會發光的菌絲體。大家靠過去看。白樺長到約五十歲、接近壽命盡頭時，就更難抵擋芥黃蜜環菌（*Armillaria sinapina*），根莖受感染的風險很高。芥黃蜜環菌跟奧氏蜜環菌很像，但主要侵襲的是白樺這類闊葉樹，而非針葉樹。兩種真菌都是這些森林的自然產物，也能藉由分解樹木，促進自然演替，提高森林的異質性，為其他種樹騰出更多空間，增加多樣性。但奧氏蜜環菌在林務員眼中是種壞真菌，因為受市場歡迎、成長快速的針葉樹深受其害。把皆伐地的白樺和赤楊剷除，使得情況更加惡化，因為新樹椿提供了豐富的食物庫，讓這些真菌成長，增加它們感染人工種植的針葉樹幼苗的機率。剷除白樺也降低了針葉樹抵抗傳染病的能力，因為失去了有益的微生物。而芥黃蜜環菌就不需要那麼擔心，因為它通常不會感染經濟價值高的針葉樹，但白樺會因此受害。當逐漸老去的白樺全身腐爛，葉子枯黃，枝條下垂，昆蟲和其他真菌就會進駐，盡情享受從木頭釋出的醣。吸汁啄木鳥和啄木鳥以昆蟲為食，只要找到適合的地點，就會在樹上挖洞孵蛋。長壽的針葉樹把枝葉伸向新的空間，霸占陽光和雨水，吸乾釋放的養分。「真菌殺了白樺，空出的地方成了其他生物的家，增加多樣性。這是森林的自然演替。」病理學家說，其他人喃喃稱是。

「不過仍是幼樹時，白樺行光合作用的速度比針葉樹快，傳送到根部的醣較多，因此把大量醣儲存在土壤裡。如果我們開始朝著增加碳儲存量的目標來管理森林，藉此減緩氣候變遷的速度，白樺或許會是一個好選擇。」我接著說。一隻金翅雀抓著布滿斑點的白樺樹枝，啄食一圈圈的種子，有些一顆顆地掉到地面。

「氣候變遷？那個我們也沒必要擔心。」另一個人說。世界上確實有太多未知的變化，導致我們很慢才把小蠹蟲肆虐跟冬天溫度連結起來。因為有太多不確定性，人民也沒有要求政府認真看待氣候變遷這個新議題。

「EPA（美國國家環境保護局）認為我們應該這麼做。」我說，訝異自己聽起來竟然那麼自信。「我看過他們的預測，氣候變遷再過不久就會變成我們最大的威脅。到時我們需要白樺和赤楊快速長大，把更多碳儲存在土壤裡，以免發生火災就散逸到大氣中。」我接著解釋，在加拿大，大多時候野火釋放的碳比燃燒化石燃料排放的碳還多。為了減少發生火災的風險，我們應該為土地規劃混合林，而不是針葉林，讓白樺和赤楊形成類似防火巷的長廊，因為它們的葉子比較潮濕，樹脂也比針葉少。

「氣候變遷在這裡根本還沒發生。」戴棒球帽的林務員說：「今年夏天是有史以來最冷也最潮濕的夏天。」

「我知道，我們很難相信現在還感受不到的事。但是氣候模型會讓各位大吃一驚。」我說，把手一揚，畫出曲棍球棒的形狀，用以表示大氣中的二氧化碳濃度從一九五〇年代以來飆升的程度。

「妳是個白樺愛好者。」綠色棒球帽大聲說。

「大概是吧。」我難為情地笑。

「該繼續往前走了。」傳教士提議。他悄聲跟里克說了些話。他們轉身走開，其他人像鳥群一樣跟上，我在冷風中拉上毛衣的拉鍊。

棒球帽男問能不能跟我換車，讓他跟其他決策者同車。我真該死，為了能跟琴和芭比同車，竟然一口答應，只希望艾倫不會介意我丟下他。「妳表現得很好。」琴說，拍拍我的手臂，表情卻不太確定。

「做好被電的準備。」芭比說，帶領車隊往前走。

「看到第一片人造林的白樺，他們會瘋掉。」我附和，感覺全身發熱，像一陣蔓延草叢的森林地下火。

但這些人都知道這些林地的存在，所以我們無法避而不談。

我們把車子開到一片濃密的白樺林前，底下散落幾棵花旗松，就是我所謂的「醜的」

樣本。這片林地一開始就管理不善。剷除白樺的伐木工把林地弄得面目全非。諷刺的是，這麼一來。反而把這裡變成晚秋時到處飛舞的有翅種子的完美溫床。之後負責補植這片林地的林務員，選擇了較適合南方氣候的花旗松幼苗，注定為這片松林帶來禍患，也讓白樺這種「雜木」趁虛而入。如今白樺已經三米高，花旗松無法抵擋霜害，已經奄奄一息。這肯定是白樺贏得競爭的極端實例。但這一站有兩個區，第二區就能讓大家明瞭我想表達的事。這條路的另一側，白樺全數剷除，以利花旗松自由生長，但花旗松依然瘦小枯黃，足以證明為了符合政策除掉白樺，也未能解決問題。

走向樹木密集區時，我才發現自己想得太美——這趟野外考察眼看就要徹底失敗。

「看到沒?事實擺在眼前：白樺害死了針葉樹。」里克發現一株垂死掙扎的花旗松幼苗。戴綠色棒球帽的林務員幾乎有點幸災樂禍。

「如果用我的逆光生長模型來預測，這株花旗松應該再兩年就會死掉。」大衛說。這些年來我愈來愈喜歡大衛，剛剛他也只是照實說出數據。但他偏偏選在這時說出口，我們都還沒走到對面去看沒有白樺競爭、同樣來日不多的花旗松。我差點想掐死他。

「對，但我要說的是，這種林分很少見。」我反擊，帶大家走到對面看白樺全數剷除的林地。除掉白樺對花旗松的健康毫無幫助，它們之所以病懨懨，是因為被種在錯誤的地方。「我們輕易就能避免造出這樣的林分。可以種植更適合的樹，拿捏好整地的時間，避免跟白樺種子傳播的時間重疊。還可以去尋找種植結果完全不同的林地，改善整地，選擇更適合的苗木。」我很緊張，但早已設計好整個流程，以便在最後清楚提出我的對策。

我們往「壞的」樣本前進。這片林地的白樺被砍光光，殘根還浸過殺蟲劑，好讓花旗松的生長不受阻礙。對照山坡上的白樺和赤楊，單一種植的花旗松林顯得特別突出，有如牧場的草地。琴跑向她塗成藍色的白樺樹樁，很像灑了一地的碎花紙。她指著一些因為染上根腐病而變黃的花旗松。有些花旗松狀況較好，但十分之一已經死掉，變成扎人的灰色枯枝。白樺被砍斷之後，奧氏蜜環菌便入侵承受巨大壓力的殘根，並蔓延到鄰近花旗松的根部。花旗松、扭葉松和西部落葉松都是人造林的熱門選擇，矛盾的是，它們卻最容易染上這種病。里克和傳教士直接略過那些病懨懨的花旗松，指著另一些狀況較好的花旗松唄來長的主枝，辯稱大半人造林都沒染病。病理學家說：「過了北緯五十二度就沒有蜜環菌了。」一往地衣包住白樺樹皮的方向一揮，意思是對卑詩省北半部來說，根腐病不成問題。里克用指南針定出方位。

我有如坐上一艘破洞漏水的橡皮艇。

艾倫拿出彩色圖表，說明他有片實驗林的花旗松高度是這裡的兩倍，儘管他並未砍掉那裡的白樺。大家在看圖表上的彩色線條時，艾倫看著我，要我接棒。我說，白樺根部具有能固氮的芽孢桿菌，以及能產生抗生素及減少鄰近花旗松染病率的螢光菌。我認為，保留適當比例的白樺及其身上的有益細菌，反而能促進花旗松的健康，類似於公共防疫計畫。「在白樺和花旗松之間傳送的碳透過菌根網漏出，刺激細菌滋生。」我努力說明我的論點，但戴綠色棒球帽的林務員發出竊笑，害我分心。儘管如此，我依然接著說：「我們可以選擇性地移除幾棵白樺，讓出空間給花旗松，但把大多數白樺保留下來，減少病害。」

里克走到隊伍中間，插進來說，根據一九六八年展開的一項研究，減少蜜環菌根腐病的最佳方式，是在皆伐後把感染的樹樁從林地移走，之後再種下花旗松。我跟他一起來視察過這片人造林，就我們兩個。當時他急著要跟我討論剷除工作，還特別引用文獻。我覺得奇怪，因為比起觀察樹木的實際狀況，他似乎更熱中於引用數據資料。我按捺住怒火。移除樹樁確實是標準的作法，也不乏這麼做能減少病害的證據。但我說我們還是得尋找替代方案，因為移除樹樁會把土壤壓緊，破壞原生植物和微生物。「而且很花錢。」我說。

「對，但那是最可靠的辦法。」病理學家說，給了我致命的一擊。

低沉粗嘎的附和聲響起，我感覺到壓力荷爾蒙籠罩著漢娜還沒出生的妹妹。

我們終於走到「好的」樣本區。看到花旗松和白樺和諧共生的混合林時，里克已經失去耐心。我根本沒機會解釋，這塊林地證明了白樺和花旗松如何互相幫助，雙方的關係達到一種複雜的平衡，而我們只需要捺著性子，讓它們歲歲年年跳好兩步舞就行了。他一臉惱怒，其他決策者的臉色也很難看。

或許他認為我的科學理論很爛，或是他漸漸發現自己政策的漏洞。不可否認，有些時候需要選擇性地去除雜木，但在大多數人造林中，徹底剷除闊葉樹並非必要。但他不打算任憑我破壞他的計畫。他走到我面前，我直覺地用一隻手攬住腰，這才發現他高得嚇人。我往樹林裡看，尋找其他人的蹤影，但大家已經各自散開。艾倫在我的聽力範圍外，正在跟大衛交談。其他林務員一直在觀察這棵或那棵樹，或是新芽、樹皮和針葉。芭比和琴站在一棵優雅的白樺旁，定住不動。

「我說，白樺小姐，」他說：「妳自以為是專家是嗎？」

之前，我就聽過有人在背後這麼叫我。在公開場合用「白樺」來代替有些人私下叫我的綽號，很聰明。

我肚子裡的寶寶第一次動了。我頭好暈。

之後他對我大發雷霆。「妳根本不知道這些林地怎麼運作！」

「妳以為我們會保留雜木，讓它們害死其他樹，那就太天真了！」他對我吼。

我張開嘴，但說不出話。一隻黑頭山雀在白樺樹冠上抖動羽毛，三張黃色小嘴圍著牠像蛤蜊殼打開，我卻聽不見小鳥的乞食之歌。腦中迴盪著過去我聽說過、對直抒己見的女性的狠毒評語，有些甚至來自我自己的家族。那些對女性指指點點的批評，就算只是玩笑話，也讓我覺得刺耳。維妮外婆安靜少話，但她選擇用沉默避開譏諷，多半是因為這樣……

比較簡單。我已經發過誓不要激起這些男性的批評，現在卻碰到這種場面。芭比的眼睛睜得跟月亮一樣大，琴好像隨時會放聲大叫。

男人們圍住我，比我迷路時差點遇到的狼群還近，我往後退。

艾倫出現在我旁邊。「該走了，各位。」他說。芭比趕緊過來，壓低聲音對我說：「噓。」我想像落水狗一樣逃走。

山雀吱喀的的叫了一聲——警報解除。野外考察結束了。

那天傍晚，我開車載大衛去機場。我們刻意聊些別的話題——小孩、他在哈德森灣山的小屋、即將在斯基納河（Skeena River）展開的鮭魚洄游。從山上濃密的雪松／白樺／花旗松混合林下山，一路蜿蜒，之後沿著河快速穿過乾燥開闊的花旗松林，總共花了一個小時。不知道在這兩種不同的林冠底下的菌根網，長什麼樣子？在濃密潮濕、樹木多元、但同齡（因為是大火毀了老樹之後重生的新樹）的森林底下，我想像有個複雜繽紛的網路，有數百種專一種和廣適種的真菌，有些跟不同種樹木相連，有些只跟同種樹木相連。到了乾燥的山谷，森林變得開闊，只剩下花旗松；頻繁的地被層火災，為那些樹皮很厚的老樹傳播的種子提供空地，因此花旗松都會定期代代更新。我很好奇這裡的地下地圖有什麼不同。這片旱地上的老樹似乎會幫助新苗站穩腳，但或許菌根網也在其中扮演了一定的角色。真菌在乾糙的土壤中，充當老樹和小樹之間輸送碳、甚至水的管道，就像我博士論文研究的那片潮濕林地中，白樺和花旗松之間的真菌管道。

乾性林似乎很適合用來製作地下網路圖，因為在那裡，同種樹之間的連結，可能比潮濕的混合林多種樹之間的連結更高。在這座多半清一色是花旗松的森林中，菌根菌群落應該以專找花旗松的真菌為大宗，例如鬚腹菌屬，雙方形成獨特、高度共同演化的夥伴關係；花旗松幼苗應該也是藉由這種真菌跟老花旗松連結，有如繞著行星運行的衛星。畢竟，由單一真菌連結單一樹種組成的網路製成的地圖，應該比多種真菌連結多種樹木組成的網路，更直接明瞭。或許有一天，我可以製作出花旗松乾性林的地圖（簡單、清楚、一目了然）。比起我之前追蹤白樺和花旗松之間的碳傳送路線的混合林，這裡應該是更容易的起點。

大衛主動說要幫我修訂我被期刊退稿的一篇文章。有個審稿人給的評語是：「我們無法刊登只是在森林裡悠遊觀察樹木的人寫的文章。」這很傷人，但我愈來愈擅長跟這類瞧不起人的評語保持距離。最後，我們抵達了甘露湖東端位於叢生禾草和毛茛之間的簡易機場。大衛的視線掃過報到櫃台、候機室的橘色塑膠椅和行李區，發現這個機場甚至比他住的史密瑟斯（Smithers）的機場還小，他不禁笑了。

我們坐在窗邊一起吃瑪芬蛋糕，玻璃映出我們灰撲撲的身影。他突然說：「我跟里克談過今天發生的事。我告訴他，妳是林務局最棒的研究員之一。」

我極力掩飾自己就快哭了。「他怎麼回答？」我問，其實不想知道答案。

「他不認為。」大衛直直看著我，但我盯著一個正在點咖啡的牛仔。

「至少他很誠實。」我笑著說。

「我不懂那些傢伙為什麼對妳那麼生氣。」他說。

我也不知道。或許他們不喜歡受到批評。或許他們不能接受女人的意見。毫無疑問的是，彩繪石頭的那番評論仍讓他們氣憤難平。大衛坐的班機開始廣播時，他緊緊抱住我，然後轉身去搭飛機。

屋漏偏逢連夜雨，我在林務局的人事資料上有了污點。有人投訴我不該發表彩繪石頭那番評論。有個主管說，我可能會因為公開反對當局政策而被監察員（卑詩省森林專業人員協會）開除，這對他來說是很大的道德瑕疵。政府林務員對我的研究加強審查，負責人還把我已經發表的一篇文章送去同行審查。我漸漸覺得自己被新計畫排除在外，我的研究似乎也停滯不前。有一次，他們揚言要取消一筆預定用來出版我的一份研究報告的經費，於是艾倫與決策者召開電話會議，我也透過電話擴音加入，向大家說明，我只要求足夠的經費出版我對本地區除雜草木效力的研究結果。

「問題不在錢，在於妳呈現的結果。」有人在電話上說。

「但那些結果都經過完整的同行審查，政府內部和外面的科學家都有。」我說，聲音

二〇〇一年，娜娃（左，一歲大）和漢娜（三歲）在我們的小木屋前。

緊繃。艾倫認為花一萬元出版研究結果不但值得，跟十年來為實地研究投入的數十萬經費相比，根本微不足道。他立場堅定，怎麼都不肯讓步，直到最後他們才勉為其難撥給我經費。

每晚陷入交戰時，我頂著愈來愈大的肚子貼著漢娜的嬰兒床，看她入睡。我想不通怎麼會走到這個地步，必須面臨在同事面前被修理的窘境和羞辱。我深愛森林，以我的工作為榮，卻被貼上擾亂分子的標籤。

科學界也一樣懷疑我的研究結果。競爭是植物之間唯一重要的互動，這樣的信念根深柢固，因此我交出的稿子被批得體無完膚，簡直像在雞蛋裡挑骨頭。或許這就是遊戲規則，但當時我還太嫩，不由得想，他們討厭我是因為我把研究發現發表在《自然》上，沒把從過去以來、努力解開真菌網如何影響植物互動的知名科學家放在眼裡。

野外考察事件過後五個月，次女娜娃出生，沒多久就瞪大眼睛左看右看，留意周圍的所有動靜。我用嬰兒揹帶把娜娃揹在前面，把漢娜放進背包，一起去接琴，再到疏林健行，尋找冠藍鴉和仙人掌花的蹤影。我那份被批得一文不值、厚達三百九十八頁的報告終於出版，一千本被搶購一空。後來有個林務員把他的那本拿給我看，封面破破爛爛，最愛的幾頁還用彩色標籤註記。他說這本書是他的聖經。

娜娃八個月大時我回去上班，但艾倫已經察覺到不祥之兆。他鼓勵我去找新職缺。新執政的保守政黨同時也在縮減公職部門和科學創新研究，很多科學家都被勸退。

卑詩大學的那個特立獨行的博士後好友很快聯繫上我，說那裡有個新的教授職缺。我從沒想過要到大學當終身職教授，但校方遴選委員會的某個成員特地來甘露市跟我談細節，鼓勵我多發表文章，提高自己的錄取機會。但當時漢娜三歲，娜娃一歲，我已經分身乏術。娜娃已經斷奶，還是很黏我，漢娜跟小狗一樣調皮搗蛋。而且我很愛我們在森林裡的家，捨不得傍晚沿著林中小徑散步，還有我當成自己小孩一樣照顧的數百個實驗。再說，我已經四十一歲，現在才開始教授生涯不會太晚嗎？

無論如何，我還是去應徵了。唐也同意我應該試試看，但表明他不想搬去溫哥華，即使他也不喜歡住在甘露市（我任公職的地方）。自從他注意到位於哥倫比亞河流域的小鎮納爾森（離我母親長大的那庫斯不遠），他就一直想搬去那裡。那裡有鬱鬱蔥蔥的森林，可以過小鎮生活，而且步調緩慢，居民有教養、崇尚自由，也富有藝術氣息。我瞭解，那確實很吸引人。畢竟我大部分的直系親屬現在都住在納爾森，女兒也能離外婆（她們叫她六月蟲外婆〔Grannie Junebug〕，編按：作者母親的名字「茱恩」在英文中意即「六月」）、羅蘋阿姨和比爾姨丈，還有表姊表哥更近。但那裡又小又偏遠，沒有我們能做的工作。更難想像的是，搬去那裡，我就不能再繼續我的研究。我從一百名應徵者中進入決選名單，在隆冬時節飛去溫哥華面試，告訴自己最後要不要接受都可以。

幾個月後，我們全家一起去納爾森探望媽媽。山隘的雪還很深，湖面上的冰才剛融化。第一批下水的帆船在庫特內湖（Kootenay Lake）上轉帆改向；樹木林立的街道旁的雪漿果叢展開了葉子。唐吁了口氣，心嚮往之。車子轉進通往六月蟲外婆家的科卡尼大道時，漢娜興奮地尖叫，因為可以跟表哥表姊一起尋找復活節彩蛋。娜娃也跟著她開心地笑，雖然她才剛滿兩歲，還不知道姊姊在開心什麼。外婆站在門口迎接我們，手中拿著蠟筆和著色簿。一隻灰色長毛、一腳有六個趾頭、名叫小飛飛的貓咪，撲向飛過草皮的蝴蝶。漢娜跑上樓，娜娃跟上去，小貓殿後。我打開筆電，看見大學通知我錄取的電子信。

媽媽立刻說我應該答應。突然間一切變得好真實，我躍躍欲試，受寵若驚，整個人振奮無比。但唐提醒我，別忘了他之前說過的話。他逃離了自己在聖路易斯的老家，不想又得住在工廠、麵包店、高速公路、地鐵、擁擠的房子和摩天樓旁邊，最接近樹的地方是市區的公園。但我說我就快要失業，加上他也不想住在甘露市，或許有必要到大城市闖一闖。這樣就能解決逐漸逼近的收入不穩定問題。

我們站在媽媽的蘋果樹下，女兒們跟外婆在屋裡，我跟唐在外面爭執不下，而他不斷重複的一句話就是「沒興趣住溫哥華」。他對著科卡尼冰河（Kokanne Glacier）把手一揮，說這就是他想來加拿大的原因，我們全家人可以去那裡健行跟滑雪。「只要對自己有信心，妳並不需要那份工作。」他說：「我們兩個人在這裡也能過得很好。」

我望著遠方的山脈。在那裡，雪松在魔鬼楞杖和黃花水芭蕉上打下陰影，林地的有機芳香陣陣撲鼻，清新的泉水把頭髮打濕，越橘爬滿樹樁，野薑零零星星綻放。古老林地一個接一個變成皆伐地，改種一排排花旗松、松樹和雲杉。

「但是這種機會，錯過就不會再有了。」我說。對這份工作的想像在我眼前轉了又轉，最後化為泡影。唐想過悠閒自在的生活，遠離成為醫生、律師或會計師的社會期望，住在靠近滑雪山丘的地方。他母親和阿姨提到他的弟弟和其他表姊弟，會說「跟你介紹我當醫生的兒子」，唐和他父親聊的話題卻是釣魚和棒球。我認識他的時候，他才二十九歲，那時他就說過要到山上隱居。但當時我全心投入瞭解森林的工作，也就沒認真看待，完全不知道他不只是說說而已。

我剝開一顆打開的花旗松毬果的三叉苞片，摸一摸有翅種子留下的紅色心形凹痕。媽媽的花園苗圃有株新的花旗松幼苗，種皮已經從子葉上脫落。還要過一百年，這棵小樹的樹皮才會長出皺紋，變得又粗又厚。

「我也喜歡納爾森。」我說。但我想接受教授職位，因為我就快沒工作了。無論最後的決定是什麼，一定會有一個人不開心。而且要是我搞不定工作呢？城市生活可能像唐擔心的一樣糟。我也擔心這對女兒、對我們的婚姻造成太大壓力。

「我們可以住在森林裡，不用花很多錢。」唐說。我看了看媽媽住的兩層樓維多利亞式黃色宅院（斜屋頂的設計是為了逼免屋頂積雪），再看看巷子另一邊鄰居的院子，有點擔心他會聽見。唐的聲音聽起來很大。

「那我的工作怎麼辦？我心裡還有好多疑問。」我說，把毬果往花圃一丟像在投球。

「蘇西，孩子更適合在納爾森成長。」他說，嘴唇抽搐。我只看過一次他這樣，那一次我們為了要不要回學校讀研究所而爭吵。

晚餐，我們到豪華的四季餐館吃飯。我點了紅鉤吻鮭，唐點了素食餐點，我們一直迴避彼此的眼神，直到我說：「想想我們可以跟女兒度過的快樂時光。」

他把盤子推到一旁，直直看著我說：「我很清楚那會是什麼樣的生活。我們從市區開去森林要兩個小時，等到終於抵達夢想中安靜愜意的健行地點，那裡早就擠滿人。」我不懂這是什麼意思。在溫哥華讀大學的時候，我去健行或滑雪從未有過這樣的經驗。

「沒那麼糟吧。」

「聖路易斯不像這裡，可以親近大自然。」

「夏天我們可以來納爾森度假。」

「我不當家庭主夫。」唐說。隔壁桌的人瞄了我們一眼。

「我應付得來的，不會什麼事都丟給你。」我極力壓低聲音。

「妳錯了，學院工作是什麼狀況我很清楚。我看過奧勒岡州立大學的教授把全副生命都投入工作。我不是第一天認識妳，妳一旦進去就會不停工作，照顧小孩的事就會落在我頭上，因為我也不確定我在那裡接不接得到夠多的案子。」他說。唐的專長是數據建模和分析，相關的職位不多，顧客範圍高度受限，而且他在溫哥華毫無人脈。另一個選擇是去大型諮詢公司工作，但多年來他都獨立作業，想到要跟其他人報告他就不願。他對森林工作的興趣一直沒有我那麼強烈，或許原因正是他從小在城市長大。他更感興趣的可能是在電腦上或自己的工作室打造成品。無論如何，這種時候我們就像不同星球的生物。

隔天，我們到納爾森郊外庫特內河（Kootnay River）上游去看一塊待售土地。一對夫妻在林中清出一塊空地，有可以眺望河流的寬闊視野，落葉松朝著天空生長的針葉翠綠閃亮，四十公尺高的花旗松樹冠蓊鬱挺拔。有台嬰兒車放在為未來的房子清出的平台上。一個淡黃髮色的年輕女人從帳篷裡走出來，腰間夾個嬰兒，手裡牽著一個小小孩。他們原本想在這個打造一個家，但女人最後還是放棄，因為帳篷裡沒有暖氣也沒有自來水。她丈夫邀我們走一圈看看土地。我拉著漢娜和娜娃爬上木頭，穿過灌木，坐在落葉松底下。唐在跟對方議價，我想著這種生活有多美好，卻又多麼難以達成。我們會整天忙著劈柴和種菜，而且**兩個人都沒工作**。我們帶小孩到湖濱公園玩，到貝克街散步、看藝術作品和書，在Wait's News 買冰淇淋吃（小時候，維妮外婆也在這裡買冰淇淋給我們吃），同時，我也跟唐繼續爭論之後的生活方式、錢的問題、不同選擇代表的意義。

幾天後，跟女兒一起坐在蘋果樹下時，唐說：「好吧，給妳兩年的時間，我只能忍耐這麼久。」

我上前擁抱他。漢娜跑去跟外婆大聲說：「我們要搬去溫哥華了！」

我們毅然決然展開行動。之後，我就不用再聽從林務局的命令，想用申請到的經費做什麼都行。我終於可以探索森林關係的根本問題，從樹木之間的連結交流到更全面地瞭解森林蘊藏的智慧，每前進一步，就更加發現森林關係的複雜深厚。

二〇〇二年秋天，我正式展開教學工作，在甘露市和溫哥華之間（距離三百八十公里）

來回通車，等待我們在市區的新房子交屋，還有森林裡的小木屋售出。從漢娜出生以來，我第一次能一週獨處兩個晚上，突然間感覺很不踏實。但有一個晚上能獨自去散個步，不用揹小孩，看本書也不會馬上睡著，在車上聽珠兒的歌也不會有人抱怨，還是很令人興奮。萬聖節前夕，我們載著一車行李搬進溫哥華的新家，這年漢娜四歲，娜娃兩歲。箱子都還沒拆，我們就走上新街坊。漢娜很喜歡她的獅子裝，我把娜娃打扮成小牛。之前小木屋的鄰居都住得很遠，漢娜的年紀也還太小，所以這是她從出生以來第一次喊：「不給糖就搗蛋！」她披著枕頭套跑到陌生人門前，模仿街上小孩跟人要糖。娜娃躺在我懷裡，頭靠在我肩上。那天晚上，他們兩個睡在頂樓臥房的毯子堆裡，周圍都是未拆的紙箱。我跟唐看著沙沙作響的樹影映在樓下的牆上，聽著人行道的腳步聲。警笛聲呼嘯而過，飛機就從屋頂上方飛過，我不知道自己讓我們一家人陷入何種處境。

那年夏天，決策者修改了造林政策，將卑詩省各地森林的除草劑噴灑量減少一半。我從沒被正式告知，但最後側面得知，我的研究也是促成改變的一大力量。

對我來說，第一年當副教授是最辛苦的一年。上課，申請研究經費，擬定研究計畫，招募研究生，擔任期刊編輯，寫論文，我忙得不可開交，但絕對不容許自己失敗。學校有個前輩告訴我，之前有位女教授因為有小孩，交不出足夠的論文，沒拿到終身職。看來我又給自己找了新煩惱。

每天早上七點，我跟唐把孩子叫醒，打理好之後，再送她們去托兒所和學校。我卯足全力工作到五點，晚飯後陪她們玩一下，再備課到凌晨兩點，然後癱在床上，隔天起床又開始重複同樣的事。我的體力透支，經常感冒，很多時候覺得自己快要喘不過氣。唐包辦了其他的事務：去托兒所接小孩，買生活用品，煮晚餐，趁零碎時間工作，比他想像的更像家庭主夫。他發現自己能找到的分析數據或建立模型的工作不多，因為政府刪減了森林研究經費。他有些顧客是甘露市林務局的單位，搬走之後，他也就失去了一些機會。鬧哄哄的城市生活讓他愈來愈煩躁，所以他到空曠的馬路上騎單車的時間愈來愈多。

早上他會看看電腦，煩惱一下帳單的事，下午多半跟女兒到楓樹林公園的游泳池玩，我則忙著上課和寫稿。後來有些有趣的工作找上他，有一次是模擬不同的森林管理方法對遏止山松小蠹蟲肆虐的成效，但工作終究還是不夠多。此外，他說孩子不適合在城市裡長大確實沒錯。我們得看緊兩個女兒，還得載她們去學體操和參加單車營，不能像之前放她們在自己家旁邊的森林裡玩。唐帶她們去放風箏、騎單車，參觀水族館和科學世界博物館，買冰沙和熱狗給她們吃。到了週末，我們全家人騎連接腳踏車逛市區，到沙灘上玩，跟朋友野餐，或找個公園讓孩子在雨中盪鞦韆。但之前唐答應給我兩年，我卻多花一年才拿到終身職，夫妻關係愈來愈緊張。

另一方面，我有了其他的新發現。一個問題又通往下一個問題。我拿到經費也招到

二〇〇五年夏天在溫哥華的家。我，四十五歲；娜娃，五歲；唐，四十八歲；漢娜，七歲。我剛獲任卑詩大學副教授終身職。

了學生，還贏得一個教學獎。然而，當我的研究計畫一再獲得肯定，持續往破解森林的語言和智慧的方向邁進時，我的婚姻卻剛好相反。夫妻之間連結溝通的線一再磨損，甚至斷裂。有天晚上，我跟唐為了溫哥華及他不快樂的問題吵了一架之後，我答應搬回納爾森。學期間，我週間可以住教職員宿舍，週末回納爾森，星期一再回去上課。單程一趟就要九個小時。

這是個困難的妥協，但是女兒睡著時，浮現我腦海的夢幻地底星座正要開花結果。我跟學生正在追蹤水、氮和碳從老花旗松流向附近的小樹苗，幫助新生命存活的情形。我找到了證據，證明我早期的論點：活在老樹庇蔭下的樹苗，依賴菌根網獲得補給。我發現老熟林的菌根網比我想像得更豐富也更複雜，但大面積皆伐林的菌根網卻簡單又稀疏。皆伐林愈大，菌根網折損程度愈高。

儘管如此，秋天就要跟女兒分隔兩地，對我來說實在難以想像。瑣碎小事讓我心煩氣躁：為實驗季節做準備，回應審查論文的邀約，整理給出資單位的年終報告。有天下班後，我衝去安親班接女兒，彎來彎去開到市區一家畫廊取畫（女兒在仿羊皮紙上，用楓葉和松草為我做了一幅畫），再趕回家吃晚餐。漢娜哇哇叫說她餓了，娜娃也有樣學樣，我叫她們安靜，兩人反而叫得更大聲。「閉嘴！」我尖叫，開到路邊猛然停下車。畫作撞上椅背，玻璃四分五裂。孩子們嚇到了，我驚恐地看著她們。確定她們沒受傷之後，我把她們拉下車，坐在路邊啜泣，一雙眼睛像煤炭一樣發燙。漢娜和娜娃哇哇大哭，抱住我的脖子，我貼著她們兩個。漢娜不哭了，娜娃也停下來。漢娜吸吸鼻子，撥開我的頭髮，說：「不會有事的，媽媽。」

我把摔破的畫框帶回畫廊，說我不小心把它掉到地上。後來，畫廊打電話來告知畫框修好了，我以為會換一片新的玻璃，沒想到他們把碎片拼回原位，就像拼圖一樣重新組合。我想這樣更好。

如今，一切就像裂紋斑斑的老邁臉龐，永遠改變了。

搬回納爾森時，我滿腦子都在擔心和孩子分隔兩地的事。就在這時，我跟丹恩拿到了為老熟林的地下迷宮製作地圖的經費。我們提出的問題有：地下網路是什麼樣的結構？這樣的結構有助於解釋大自然的智慧嗎？

我們要如何在不破壞森林的前提下，促進幼樹生長？

12 九小時通勤

我把車停到路肩，拉起手煞車，抓起背心，然後跑步越過集材道路，差點撞上一台裝滿木材的卡車。卡車像一台超大蚱蜢，十點多的陽光從後面灑下來。我發出呼呼呼的聲音，警告可能埋伏在周圍的熊。

腎上腺素在我耳中鼓動。我找到我一直在尋找的林地：一塊從頭到尾覆蓋著各個年齡層的花旗松的山坡地。最老的大樹看上去有三十五米高，虯結的樹枝每隔幾年就會把種子灑到樹蔭下覆滿針葉和腐植質的苗床。種子就從這片遮蔭下萌芽。一群群幼苗和小樹彷彿學童聚集、散落在這裡，逃不過大樹老師的銳利目光。從路邊看過去，林木線跟曼哈頓天際線一樣複雜。

我爬下碎石堆，停在一處岩石突起處喘口氣，再跳過一條水道。一片正好適合用來製作菌根網地圖的花旗松純林。我帶的第一個研究生布蘭登，二〇〇七年發表了他的碩士論文，證明鬚腹菌這種菌根菌，確實包覆了幾乎一半的花旗松根尖（其他部分則被另外六十種真菌這裡一點、那裡一點占領），形成菌根架構的主要骨幹。年輕的樹同樣也被鬚腹菌盤據，這對我理解菌根網能否幫助花旗松幼樹在老樹樹冠下成長，非常重要。從中可以得知，鬚腹菌網路是不是森林持續更新的關鍵，因此森林無論遭遇何種變故，都有能力重生並自給自足。此外，研究員已經為鬚腹菌DNA的關鍵片段定序，以區別不同的真菌個體，即基株（genet），類似於人類個體。如此一來，我們便掌握了製作個別真菌株組成的樹木連結圖的關鍵元素。這件事還沒有在其他種類的真菌也存在的情況下完成過。這次的花旗松純林，是我探測真菌網範圍有多大的理想系統。根據我的猜測，花旗松幼樹可能利用老樹打造的真菌園地汲取養分。我穿過草地走向潺潺小河，再從河岸上跳到另一邊，兩腳先著地，不忘發出呼呼聲驅趕熊。我的聲音蓋過水聲，隱約在峭壁間迴盪。「呼呼，呼呼……」

河水旁的樹木比較濃密高壯，坡頂的較為瘦小稀疏。那裡的土壤比較乾，水從花崗岩圓丘往下流，就像雪橇滑下坡道。把高處乾燥林分的真菌網結構，跟低處潮濕林分的結構相比較，我就能看出水較稀少的高處真菌網是否更多、更密，對幼苗建立穩固的基礎是否也更加重要。在那裡，幼苗能不能活下來，或許取決於它們是否能利用飽含水分的菌絲體，而這些水分則是由深入花崗岩裂縫的老樹主根從土壤中吸上來的。比起潮濕的林地，在土壤乾燥的地方，依附老樹的菌絲體網路對幼苗更顯迫切，既能幫助它們解渴，也能幫助它們站穩腳跟。

我一邊沿著河水邁步，一邊檢查腐植土上有沒有熊的腳印。水邊被動物踩出的獸徑上，不見有動物糞便，但我還是留意著血紅色的紅山茱萸叢，除了葉子隨風抖動的正常現象之外，是否有其他異狀。我往坡頂前進，走不到兩百公尺就看到第一棵花旗松老樹，幼樹繞著它的樹冠排成一圈，像娜娃玩的呼拉圈。我拿出T形生長錐檢查它的年齡，很慶幸錐子的握把是顯眼的橘色，因為茅懸鉤子叢的葉子跟餐盤一樣大，掉下去的東西都會被淹沒。我把鑽頭擺在及肩高度，插進粗厚樹皮的溝紋裡、直達髓心，然後抽出一小塊帶有紋路的橫切面。

我查看取出的木芯樣本，每十年用鉛筆做一個記號，慢慢計算它的年紀。這棵老樹已經兩百八十二歲了。我繼續從這棵老樹周圍十二棵不同高度和樹圍的樹，取出木芯樣本，它們的年齡從五歲到幾百歲都有。這片林地每幾十年就經歷一次大火，因為夏季氣候乾燥，又有不少引火燃料。老樹的樹枝和針葉在林地上愈積愈多；高大草叢的葉片衰老乾枯；新長出的花旗松林，漸漸抑制了濕潤的白樺和顫楊的生長。只要冒出一個火花，林地就會一片片燒起來，老樹通常能存活下來，地被層卻無一倖免。假如森林大火跟毬果豐收同時發生，新的種子就會紛紛萌芽。

我把木芯樣本塞進彩色吸管裡，末端用膠帶封住，一一做標記，這樣回到學校實驗室就能重新檢查樹齡，還能拿到顯微鏡下測量徑向年成長量。之後，可以把每年的成長量跟相對應的年度雨量和溫度紀錄相對照。我用拇指摸摸鏟刀尖端，確定它夠利，然後沿著老樹底下的厚根施力，直到它漸漸變成跟指頭一樣細才剷開土壤，尋找鏽褐色的塊菌，即鬚腹菌長在地下、坑坑疤疤的蕈菇。鏟刀穿過枯枝落葉層和發酵層，劃開腐植土，露出底下緊密的礦質顆粒。稀疏的腐植質和風化的泥土在此停住，樹根和菌根則從這裡搜尋養分。

半個小時後，我的額頭被蚊子咬，膝蓋因為跪在樹枝上太久開始發疼，但終於讓我挖到一個法式巧克力蛋糕大小的塊菌。它剛好躲在腐植層和礦質層中間，我刮掉有機土屑，看見一束黑色菌絲從塊菌一端延伸到老樹根部。我追著另一束多肉的菌絲，找到一叢看似白色半透明蝶鬚草的根尖。我從漢娜的水彩包借來的細毛軟刷，正適合用來把根尖刷乾淨。有個根尖看起來特別熱情，我輕輕拉扯它，像在拉扯衣服縫邊的脫線。只見一手之遙的一株幼苗輕輕晃動。我更用力拉扯，幼苗往後仰，彷彿在抵抗。我看看老樹，再看看樹蔭下的幼苗。真菌**把老樹和小樹苗連在一起**。

附近的枝幹一陣抖動，一隻黃色蝴蝶拍著翅膀掠過草皮。風轉了向。我望向樹林邊緣的草地，葉片輕輕晃動。我的視線反射性轉過去，查看有沒有熊、土狼和鳥等動物在那頭逗留和玩耍，但沒看到什麼動靜。

我追蹤老樹的另一條根，又陸續找到兩個塊菌。每一個我都湊近鼻子嗅聞孢子、蕈菇和新菌絲發出的霉味和土味。循著每個塊菌的多肉黑色長鬚，我追蹤到不同年齡的幼苗和幼樹根鬚。菌根架構隨著每一次的發現，在我面前展開：這棵老樹跟圍繞著它再生的的每株幼樹相連。我的另一個研究生凱文之後會再回來這裡，為幾乎每一個鬚腹菌塊菌和樹木做DNA定序，進而發現這裡大部分的樹，都藉由鬚腹菌菌絲體相連，而最大、最老的樹幾乎跟附近所有較年輕的樹木相連。一棵樹連結了其他四十七棵樹，有些距離二十公尺遠，一棵連著下一棵。整座森林都連在一起——單單藉由鬚腹菌。我們在二〇一〇年發表了這些發現，之後又在兩篇論文中發表更多細節。如果能畫出其他六十種真菌如何跟花旗松相連，我們肯定會發現一片結構更厚實、層次更豐富、織法更精細的菌絲織錦。更不用說叢枝菌根菌還會為這幅織錦填入更多紋理，因為它們可能跟禾本科植物、草本植物和灌木組成一個獨立的網路。另外，杜鵑類菌根在自己的網路與越橘相連，而蘭菌根也有自己的網路。

有隻松鼠收集的種子，靠著一根潮濕的木頭上堆放，因此我抬頭看樹冠，尋找前一年的毬果留下的痕跡。花旗松偶爾才結果，跟一段長時間的氣候變化同步。夏天時，種子藉由風、重力、松鼠或鳥，從打開的毬果散播出去，繼而在礦物質、燒成炭和部分分解的林地形成的溫床上發芽。燒焦的混合苗床尤其適合發芽。

透過密密層層的樹枝，我看到一隻鷹在頭上盤旋。隻身孤影在森林裡很少見，我有點不安，但微風安撫了我。於是我繼續工作，用瑞士刀最細的刀尖挖出一株跟盲蛛差不多大的嫩芽。我拉拉莖上暴露在外的根領，胚根（微小的初始根）便從暗紅色的腐植土裡滑落。看上去像一小片細緻的骨瓷，讓我想起羅蘋有次從腳踏車上摔下來，爸爸把她抱起來時，她不規則的傷口露出的脛骨。這截勇氣可嘉的根，正如仍在發育的骨頭一樣脆弱，藉由對藏在礦物顆粒下的真菌網釋放生物化學信號，才能存活，它的長鬚與大樹伸出的觸角相連。老樹的菌絲體向外分支並發出回應信號，誘哄處女根變得柔軟，長成人字形，為最終跟老樹合而為一做好準備。

我蹲下來用放大鏡觀察胚根，試圖用裹了一層泥土的指甲把脆弱的根剝開，一窺可能包覆皮層細胞、成功達陣的菌絲體。我的指甲有夠鈍！我轉了個身，讓陽光照在手上，擦擦凹凸不平的胚根，看細胞之間有無油脂的痕跡。入侵的真菌包住根部細胞，形成網格（哈氏網），變成蜜蠟或海水或玫瑰花瓣的顏色。真菌將老樹龐大的真菌體提供的養分，透過哈氏網傳送給幼苗。幼苗供給真菌少量、但不可或缺的光合碳，作為回報。

我把它們從基座拔出來之前，這些幼苗的根已經穩穩扎進土裡。生命力強勁的老樹把經水傳播的碳和氮輸送給幼苗，為正在發育的胚根和子葉（初始葉）補充能量、氮和水。補給幼苗的成本對老樹來說不痛不癢，因為它們有得是資源。這些樹展現了耐心，以及老樹和幼樹彼此分享、互相扶持存活下來的方式；這種方式雖然緩慢，卻相當持久。就像女兒們穩住我的心一樣。我告訴自己，我可以撐過跟家人分隔兩地的考驗。再說，再過一年

二〇〇六年，漢娜（右，八歲）和凱利．羅絲（十歲），在卑詩省納爾森附近的皆伐地摘越橘。這片林地更新狀況良好，正在重新長出雲杉和洛磯山冷杉。從殘幹的高度和燒焦的表面可見，這片林地在冬天砍伐後，又放火燒過。

我就能休假，到時候又可以再替她們準備雞腿、小黃瓜切片和刻了笑臉的柳橙當午餐，還能教她們做玩具車和種花。我可以陪娜娃看更多書，兩人輪流念《小豬梅西救難記》。但在那美好的一年到來之前，我每個週末都得翻山越嶺，回家重新參與她們的生活。我扮演的母職就像縮時攝影一樣來去匆匆。

一旦哈氏網穩穩嵌入新苗的胚根，老樹又送出養分，補充子葉低得可憐的光合作用率，真菌就能長出新菌絲，去探測土壤裡的水分和養分。幼苗的迷你樹冠冒出新針葉之後，則會把光合碳分給菌絲體，讓真菌前往更遠的孔隙。只要站穩腳跟，生命就像股市交易一樣流動順暢，正在發育的幼苗根也能支撐起菌氈（包覆根尖的外層），彷彿披上一件菌絲體大衣，更多新冒出的菌絲便能伸進土裡。菌氈愈厚，根部能餵養的菌絲愈多，菌絲體覆蓋的土壤礦物質就更大片，能從土壤顆粒中獲得並傳回根部互通有無的養分也就愈多。根生菌，菌生根，根生菌，不斷持續這個回饋循環，直到一棵樹長成，直到一立方英尺的土壤中布滿百哩長的菌絲體。這個生命網路有如人體的動脈、靜脈和毛細管組成的心血管系統。我把兩株幼苗上下顛倒，跟自己的頭髮綁在一起，繼續往上爬。

斷裂聲響起。

我從腰間皮套裡飛快拿出驅熊噴霧，摸到橘色的安全拉環，然後望向一叢楷葉唐棣灌木。我扯開一根枝條，葉子沙沙作響，這才鬆了口氣。只不過是一截殘根，燒焦的樹皮跟獸皮一樣黑。**天啊，一大早從沿岸開車來，我一定是累了**，我心想。

我繼續在林木間穿梭，躲在樹皮很厚的老樹樹冠下，大步跨過雜草叢生且布滿幼苗的空隙，穿過叢叢細長的幼樹。我的研究生收集的數據在我腦中，像在一部計算機中轉來轉去。這些幼樹在老樹的庇蔭下展開生命，跟老樹廣大的菌絲體結合，獲取它們的援助，直到自己長出足夠的針葉和根，能自立自強為止。我另一個研究生法蘭索瓦，在成樹周圍播下花旗松種子，發現任其與老樹真菌網相連的種子存活率，高於用袋子包起來、只留細孔讓水分子滲入的種子。

這片林地的幼苗在老樹網路下再生。

我坐在樹樁上休息，喝了一大口水，發現一叢不比瓦楞釘大多少的幼苗。地下網路能夠解釋，幼苗為什麼能在樹蔭下存活多年，甚至數十年。老熟林之所以能自我更新，是因為父母樹幫助小樹站穩腳跟。最後，年輕的樹會接下傳承任務，向其他需要幫助的小樹伸出援手。

日照當空，我再次查看黑莓機上的時間。納爾森距離這裡還有四百七十六公里，如果要在半夜十二點之前到家，我下午四點前就得動身。當初是琴慫恿我買下這支昂貴的手機（她稱它是我的「藍莓機」）。它改變了我的生活，因為現在我花太多時間在路上，已經少不了它。我查看電子信箱，得知我的一份計畫申請書沒通過，但是另一份調查砍光內陸乾燥的花旗松林對真菌網完整性之影響的計畫卻通過了。太讚了！花了好幾個禮拜調整文字和預算，總算沒有白費。這個小機器令我讚嘆，網路讓我覺得自己跟世界互相連結。

森林就像網路，也就是全球資訊網（World Wide Web），只是原本由電線或無線電波相連的電腦，變成藉由菌根菌相連的樹木。森林就像許多中心和衛星組成的系統，最大的樹有如最大的通信樞紐，較小的樹是較不繁忙的節點，訊息在真菌網中來回傳輸。一九九七年我的文章在《自然》發表時，雜誌社就稱之為「Wood Wide Web」（樹聯網），後來發現這個名稱比我想像的還有先見之明。當初我只知道，白樺和花旗松透過菌根織出的簡單網路來回傳送碳，現在這座森林讓我看到了更完整的全貌。老樹和幼樹是**中樞和節點**，藉由菌根菌連成複雜的網路，促進整座森林的再生。

黃蜂從木頭殘骸的洞口湧出。因為被叮，我跑上跟手扶梯一樣陡的斜坡，只覺身上的巡邏背心跟防彈衣一樣重。到了坡頂，我往地上一躺，用水壺貼著發紅的皮膚。這片圓丘上的高大老樹距離較開，小樹較稀疏也隔得較遠。因為乾旱而受限。茅懸鉤子和越橘不見了，取而代之的是一叢叢葉子細長的松草、一束束絹毛羽扇豆和偶爾會看到的加拿大皂莓。絹毛羽扇豆和加拿大皂莓是固氮植物，能為這片生長緩慢的林分添加氮。這片面南的斜坡儘管乾燥，植物群落卻安然無恙，沒有被我在停車路邊看到的那類雜草入侵。這塊林地位在乾燥的「大盆地」北端，南邊多半太過乾燥，樹木無法生長，原生草原於是成了叢生禾草的天下。原生草原因為外來雜草入侵而備受壓力，在這種情況下，菌根網反而把它們的生命榨乾。靠牲畜傳播的矢車菊，從禾本科植物分蘗（譯註：禾本科植物的地下根發出的不定芽）上的菌根偷走其根部的磷。矢車菊的真菌非但沒有幫助原生草成長茁壯（像白樺和花旗松那樣），反而加速其衰亡，而問題的源頭在於人類放牧牲畜。原因可能是矢車菊把某些毒素或傳染病傳給原生草，導致它們在劫難逃。或是搶走它們的能量，把原生草餓死，降低原生草原的品質。就像被盜屍者入侵。或是歐洲人殖民美洲大陸。

我用生長錐為圓丘上的幾棵老樹取了木芯樣本。最老的有三百零二歲，最小的是兩百二十七歲。最大、最老的樹是森林裡的長老，樹皮很厚，身上的火燒痕跡比底下潮濕區域的樹木更明顯，因為這裡較熱、較乾，容易引來閃電。這也說明了樹齡為什麼差距那麼大。我再次查看手機。兩點了。再過一個小時，唐就會去接漢娜和娜娃放學。

我用鏟刀把土刮開。跟溪流旁的老樹一樣，坡頂這些樹底下也有塊菌和根瘤（包在真菌環裡的成簇菌根），金黃色的菌絲像流星放射出去。這裡的樹和真菌也在緊密的網路中相連。跟底下的樹比起來，土壤較乾燥、樹木壓力較大的區域，連結甚至更緊密。這說得通！在坡頂這裡，樹對菌根菌的投資更多，因為它們更需要獲得回報。

我靠著最老的樹，至少有二十五米高，枝幹有如鯨魚的肋骨。幼苗沿著老樹的北邊滴水線（即樹冠邊緣）生長，排成月牙形，針葉像蜘蛛腳一樣展開。我用刀子挖出其中一株，只見菌絲從根尖垂下。我看呆了，已經忘了被黃蜂叮的事。我把幼苗和它毛線般的菌根壓在筆記本裡，這樣回到家就能看個仔細。但答案我已經知道：這些小幼苗跟老樹在網路中互相連結，獲取足夠的水分，捱過夏天最乾燥的時候。我跟學生早已發現，深根性樹木晚上會利用液壓提升作用把水帶到土表，幫助群落在乾旱延長時保持完整。

少了這樣的依靠，幼苗在炎熱的八月可能很快面臨死亡，針葉變紅，莖上的根領被曬傷，降雪前就消失得無影無蹤。對這些新成員來說，脆弱時得到的些微資源決定了它們的死活，就看拿到好牌還是壞牌。一旦幼苗根和菌根延伸到黃褐色細孔組成的迷宮，即水貼著土粒形成的薄膜，它們就能反敗為勝，立下根基。這種不再受限的根系，比長在苗圃的泡棉育苗穴盤裡的根系強壯，後者是為了人造林而培育的，水分和養分樣樣不缺，也就無法且不需要長出合適的根，與真菌合作，一起跟土壤建立連結。它們的粗厚針葉在八月豔陽下需要大量的水，但根部還是像被拘禁一樣伸展不開，無法在乾燥皆伐林的土壤乾裂時，觸及老樹。

我從排成月牙形的北邊幼苗群走回老樹前，樹冠下的林地光禿禿，連草都沒有。沒有半株幼苗長在這裡。老樹的樹冠太密，攔截了大半雨雪和陽光，根也很厚，霸占了大半的養分和水分。但之後，法蘭索瓦在樹冠邊緣的滴水線發現一個「甜蜜點」，一個甜甜圈形狀的苗圃。那裡有水從最外圍的針葉滴下，讓一些幼苗蓬勃生長，既不會近到因為資源被老樹霸占而餓死，也不會遠到讓旁邊草地的雜草搶走所需。

我躲到老樹樹冠邊緣的另一邊（面南，陽光灑下的地方），俯瞰山坡往碎石堆綿延而去。這一邊又熱又乾，連菌根網都難以避免幼苗燒起來。在極端環境下，例如沙漠，連真菌都無法讓樹起死回生。有根老木頭呈靜止角（譯註：物體傾斜堆放而不墜落的最大角度）躺著，隨時會滾下碎石，大塊心材剛露出來，成排小蠹蟲和螞蟻抱著白色真菌來來去去。有一些爪印。應該是熊爪，我想。至少有幾天了。花旗松幼苗從木頭北側成群冒出頭。木頭在那裡打下一片遮蔭，幼苗散落在林地上。躲在遮蔭下有個小優勢，表示失去的水分會少一點，包住土壤孔隙的薄膜會厚一點，對它們來說是存活或死去的關鍵。不知道菌絲體展開的白羽扇是否跟老樹連結，幫助木頭保持潮濕。我猜測這些幼苗之所以活著，完全是因為真菌把水從某處輸送進來。

皮膚熱得發燙，於是我回到遮蔭下，檢查被黃蜂叮過的地方。我應該教女兒怎麼做小蘇打糊。我坐下來，靠在老樹上。這棵老樹透過菌根網，養育排成月牙形的幼苗，小樹的針葉在午後的氣流中顫動。

老樹就是森林裡的母親。

森林裡的中樞就是**母樹**。

除了母樹，其實**還有**父樹，因為每一棵花旗松都有雄毬花（產生花粉）和雌毬花（產生種子）。

可是……對我來說，那就像母親做的事。老樹照顧小樹。沒錯，就是這樣。母樹。**母樹把森林連成一體**。

這棵母樹是幼苗和小樹依靠的中心樞紐，不同種類、顏色和重量的真菌伸出菌絲，將它們連在一起，一層層納進一個複雜而強韌的網路裡。我拿出鉛筆和筆記本畫了一張圖：母樹、小樹、幼苗。線條在三者之間交織，從中浮現一個類似神經網路的圖案，就像人類大腦的神經元，有些神經節點的連結比其他節點多。

不可思議。

假如菌根網跟神經網路如出一轍，那麼在樹木間移動的分子就像神經傳導物質。在樹木之間傳送的信號，可能跟在神經元之間傳遞的電化學脈衝一樣鮮明；拜這種腦化學之賜，我們才得以思考和溝通。樹木能夠感知鄰近的樹木，有沒有可能就跟我們能感知自己的想法和心情一樣？更有甚者，樹木之間的社會互動對其共同現實的影響，是不是就像兩個人之間的對話溝通？樹覺察的速度跟我們一樣快嗎？它們可以跟我們一樣，根據傳遞的信號和彼此的互動來判斷、調整和調節嗎？光是從唐叫我「蘇西」的語調和匆匆一瞥，我就知道他想表達什麼。或許樹跟彼此的互動也是這麼微妙，這麼有默契。跟人類大腦的神經元一樣精準地發出信號，理解這個世界。我根據之前的同位素研究快速做了計算，猛然發現：碳的傳送量（相對於氮），跟它們各自在一種名叫麩胺酸的胺基酸裡的量，驚人地相似。我們還沒有在實驗中精確追蹤麩胺酸的碳－氮流動狀況，但其他研究員已經證實，胺基酸本身確實會透過菌根網移動。

我用我的黑莓機快速搜尋了一下。麩胺酸是人類大腦中最多的神經傳導物質，也負責為其他神經傳導物質的形成打下根基。它甚至比血清素還多，而血清素的碳氮比只比它大一點而已。

那隻鷹在旁邊的山丘盤旋，現在多了兩隻，在布滿碎石的森林打下陰影。菌根網跟神經網路**實際上**有多相似？網路的形態，還有分子在網路節點之間傳送，確實可能很相似。但突觸的存在呢？那對神經網絡中的信號傳遞，不是不可或缺嗎？這對樹能否偵測到鄰近樹木是健康或正承受壓力，可能也很重要。就像神經傳導物質在我們腦中跨過突觸間隙，把信號從一個神經元傳到另一個神經元，菌根中的信號也可能跨過真菌和植物膜之間的突觸，散播開來。

訊息有可能在菌根網中跨越突觸傳送，就像在我們腦中一樣嗎？我們已經知道胺基酸、水、荷爾蒙、防禦信號、相剋化合物（毒物）和其他代謝物，能跨越真菌和植物膜之間的突觸。任何經由菌根網從另一棵樹送來的分子，可能也穿過了突觸。

或許我就快要有重大發現：神經網路和菌根網都經由突觸傳送訊息分子。分子不只透過相鄰植物細胞的穿越壁，和背對背的真菌細胞的尾端孔隙傳送，也經由不同植物根或菌根頂端的突觸傳送。化學物質被釋放到這些突觸中，之後訊息想必沿著電化學的供源－積儲梯度，從菌根尖傳送到下一個菌根尖，類似於神經系統的運作方式。在我看來，同樣的基本程序在菌根網中發生，就像在人類的神經網路中一樣。因為這樣的神經網路，我們才會在解決問題時靈機一動，做出重大的決定，跟人建立關係。或許這兩種網路都會產生連結、交流和凝聚力。

植物利用神經般的生理機能感知環境，已經是普遍受到認同的看法。植物用葉、莖和根感受並理解周圍環境，隨之調整其生理機能，例如成長茁壯、尋找養分的能力、光合作用率，以及氣孔閉合率（為了保留水分）。菌絲同樣會感知環境並隨之改變結構和機能。就像父母和小孩，我的丈夫、女兒和我適應周圍的改變，不斷調整學習，找出度過難關的方式。今天晚上我就回家了。**重拾為人母的角色**。

Intelligere 這個拉丁文詞彙的意思是理解或察覺。

那就是**智慧**。

菌根網可能也具有智慧的特徵。

母樹就是森林的神經網路中樞，是小樹得以存活的關鍵，如同我是漢娜和娜娃身心能否健康的關鍵。

時間不早了，我站了起來，很遺憾得跟讓我依靠的溫暖樹幹說再見。但我興奮得喘不過氣，腦中的想法讓我雀躍不已，同時感覺到自己跟母樹如此親近，心中感謝它接納了我並給我這些領悟洞察。我走到坡頂，記得有條小路通往主要運材道路。我沿著一條鹿徑，大致往那個方向走。鬚腹菌的結實塊菌上的粗厚菌絲、威氏盤菌的細緻放射網，以及這片古老森林裡的其他數百種真菌，都具有獨一無二的結構，以及獲取、運輸和傳送養分的能力。它們伸出長長的絲線尋找寶藏，找到之後，再用觸鬚包住戰利品。藏有訊息的化學物質，勢必沿著許多路線在菌絲通道上傳送。照著供源－積儲梯度，從資源充足處傳至資源

花旗松母樹。

匱乏之處。

我走的小徑接上另一條小徑，就像磨損的線接上一條繩子。我知道這些網路很複雜，有如高速公路的粗厚菌絲索，在細微菌絲組成的薄紗中就像次要道路。粗厚的菌絲索本身，就是由許多互相纏繞的簡單菌絲構成的，在空間裡形成一層外皮。帶有訊息的化學物質能經由這些菌索移動，如同水在水管裡移動。

主要路徑變寬，再過幾個彎，小路就會出現在眼前。鬚腹菌這類真菌的粗厚管線，就是為了長距離交流而設計的，而威氏盤菌這類細緻的真菌放射網擅長的，想必是快速回應，及時傳遞化學物質，觸發快速的成長和改變。還記得維妮外婆被診斷出阿茲海默症時，我去查閱了導致腦袋靈活或僵化的原因。或許長距離延伸的鬚腹菌，類似人腦中經由重複、修剪和復原而形成的強勁連結，長期記憶即由此產生。而威氏盤菌的細微菌絲長得較快、較多，跟我們面對新狀況時，快速靈活的反應有幾分相似。外婆逐漸失去了這種能力。

但她還保有長期記憶。她知道自己得穿衣服，只是不記得天氣熱時要穿幾件上衣，胸罩要扣前面還後面。就像鬚腹菌的菌索負責長距離傳送對策，外婆對穿衣服的記憶來自一輩子的大腦路徑。但她的快速應變力與短期記憶，隨著新突觸消失而逐漸減弱，彷彿失去了類似威氏盤菌用放射菌絲為樹木打造的快速反應網。

從母樹分支出去的粗厚而複雜的菌索，想必能有效傳輸大量訊息給新生幼苗。擴散蔓延的細微菌絲體，也能幫助新苗自我調整，適應迫切而快速的需求，例如在特別熱的天氣找到新水源。積極、主動、靈活地提供生長植物所需，就像靈活圓滑的智慧。

我們申請的新計畫最終會證明，複雜的菌根網在皆伐地竟然變得鬆散雜亂。母樹一消失，森林頓失所依。但是過幾年等幼苗長成小樹，新森林會慢慢重整出新網路。然而，少了母樹的提攜，新森林網路可能再也不會恢復原貌。尤其皆伐範圍愈來愈廣，再加上氣候變遷的影響，樹木本身內含的碳和另一半儲存在土壤、菌絲體和根部裡的碳，或許都將消失得無影無蹤，進而導致氣候變遷更加惡化。接下來該怎麼辦？

這難道不是我們生活中最重要的問題嗎？

我走到一棵有如堡壘的龐然大樹前，樹枝厚重得垂至地面，相當於一棵樹的大小。跟鄰居相比，它的大小和年齡都很驚人，看起來像是所有母樹的母親。林務員稱之為「狼樹」——遠比其他樹更老、更大的樹，樹冠也更寬，歷經災厄獨自存活下來。捱過幾百年來不知摧毀多少樹木的地下火。我繞過幾簇幼苗，走到樹冠邊緣，撿起一個可能被松鼠咬過的毬果，苞片上布滿白色孢子。它的生命從蘇斯瓦族開始照顧這片土地，即已展開，當時歐洲人還沒登陸，原住民固定放火為獵物打造棲息地，或刺激珍貴的原生植物生長，或開路以便跟鄰族交易。但他們會控制燃料，所以火勢從來不會大到把它的厚樹皮燒光光。我相信，如果取出它的木芯樣本，年輪上應該約每二十年就有焦痕，像斑馬的條紋。我被

二〇〇七年，我四十七歲，旅途中在我們的福斯箱型車上工作。

它的韌性、它橫跨數百年的生命節奏所震撼。這是能不能存活的問題，不是選擇，也不是自我放任。光線映照在它的樹皮上，一閃一閃。太陽逐漸西沉。

光芒萬丈。

我回到小徑上，轉過最後一個彎，提醒自己要盡快發表我對母樹的看法。

只見兩公尺外的小徑旁，有兩隻泰迪熊大小的小熊，隔著紫色飛燕草和粉紅色的仙履蘭凝目而視。一隻咖啡色，一隻黑色，兩隻都有禮地看著我。牠們後面披著黑色毛皮的是熊媽媽。牠低吼一聲，小熊隨即跑進越橘和白樺叢裡，留下目瞪口呆的我。獨自一人，毫髮無傷。

我快步走上小路，跑向主要運材道路，好奇牠們是不是跟了我一整天。

朝著莫納希山脈前進，慢慢繞過一個又一個髮夾彎，暮色逐漸低垂。

我前面的車尾燈突然一轉。

腿。長腿，跟我的貨車一樣高，連著一頭駝鹿的身體。

我累到反應遲鈍，但還是把方向盤往左一轉再慢下來。經過那頭駝鹿時，我從擋風玻璃看出去，直視牠的眼睛，接著牠便沒入黑暗之中。那雙年邁的眼睛看穿了我，知道我快撐不下去了。

開進納爾森家的車道時，已經半夜兩點，我累到覺得自己像被車子碾過。進門後，我悄悄走進漢娜的房間親親她的額頭，她動了一下。之後，我鑽進娜娃的被窩。她的床是從溫哥華搬回來的，睡兩個人有點擠。我握住她的手，我敢發誓她的手指比上個週末又更長了些。她按按我的手。

二〇〇八年的休假帶來我夢想已久的喘息機會，我發表了兩篇論文，說明我對母樹的看法。但隔年秋天我又復工，重新展開九個小時沒完沒了的通勤。女兒上學，學跳舞，唐負責照顧她們。他有時會去滑雪，偶爾接電腦建模的案子，但我的疲憊有增無減，跟唐也愈來愈常爭吵。

我的實驗室很忙，我不斷申請計畫，寫文章，教書，並且研究自由生長的問題。二〇一〇年，我發表了三篇期刊文章，指出自由生長的扭葉松人造林碰上日漸暖化的氣候，已經陷入險境。琴幫我收集資料，唐負責分析資料，我們發現卑詩省逾一半的扭葉松，因為病蟲害和乾旱之類的壓力而奄奄一息。四分之一以上的人造林蓄積量過低。

二〇一〇年八月底，我從每年一次的秋季研究營開車回家。不久之前，我才在卑詩省的一場研討會上，發表我的扭葉松研究。在加油站查看 iPhone 時，我發現一封決策者寄來的信。他們認為我用了過時的方法，測量感染松瘤鏽病（五十種致病原之一）的樹；現今認為染病的樹枝跟主幹距離兩公分才算致命，而不是四公分。說也奇怪，他們怎麼會突然發現距離四公分不是問題，兩公分才有問題，而且剛好跟我們發表論文的時間同步。然而，另一個獨立研究證實，人造松林絕大多數都健康不佳。但對我打擊最大的，是一封我仰慕已久也備受敬重的政府統計學家的來信。之前他肯定過我們的抽樣調查方法，現在卻說我們的設計重複得不夠多次。

在溫哥華和納爾森之間的山脈交錯查訪，看小蠹蟲啃噬的的森林變成面目全非的皆伐地，我對現行的森林管理方法愈來愈憤怒。後來，我跟凱西・路易斯博士（Kathy Lewis）在《溫哥華太陽報》合寫了一篇社論〈我們需要新政策拯救森林〉。凱西是我在北卑詩大學的同事。我們在文章中把焦點放在大面積的皆伐地，說明它們「降低了地景複雜度，並影響了大規模的生態過程，如水文、碳循環和物種遷徙」。我們指出，只種單一樹種的年輕純林因為蟲害、染病和天災人禍而凋零，而且會因為氣候變遷更加惡化。大幅刪減森林研究經費，大大降低了卑詩省當局評估森林實際狀況與因應變化的能力。文章最後，我們呼籲當局改變政策，強化卑詩省的自然環境和經濟體制的韌性。之後，我們又發表一篇文章，提出解決方案。

登出第一篇文章的那天早上，我在家裡客廳來回踱步，想像來自首都的辛辣批評。我雖然很累，卻又熱血沸騰。那天有一百位林務員寫信給報社表達支持。有個人說：「凱西和蘇珊，謝謝妳們生動如實地寫出卑詩省不可告人的小祕密。」我向森林部請願，希望他們恢復省內各地的研究經費，並收集到數十位同事的連署簽名。卑大的一名榮譽教授寫信來表達讚賞，但參與連署的教授很少。

週末回到家時，我無法入睡。一晚開車越過山隘時，我撞到了一頭鹿。另一晚，我的汽車發電機在攝氏負二十度下罷工，我一路滑下山，勉強撐到修車廠。

某個週末深夜開車回學校時，後視鏡反射的不是我的雙眼，而是黑眼圈。我知道再這樣下去不行了。唐也已經精疲力盡。我淹沒在通勤的壓力中，他因為我不肯辭職，更加沮喪。二〇一二年七月二十日，我在客廳裡告訴十四歲的漢娜和十二歲的娜娃：「我們都全心全意愛著妳們，但爸爸跟我決定分開了。」唐臉色蒼白，我坐得更低，渴望完整，只想保護漢娜（目瞪口呆）和娜娃（一臉茫然）不受傷害。

唐奮力坐直，對女兒說：「會很好玩的，妳們各自都多了一間房間！」漢娜臉色一亮，問她能不能要一張雙人床。娜娃看著漢娜，在沙發上跳了一、兩下。

靠著媽媽的幫助和一點運氣（離唐住的地方不遠有棟百年小屋剛好要出售），我跟女兒再過不久就能搬過去。我們把娜娃的房間漆成藍綠色，漢娜的漆成鵝黃色，娜娃樓上臥房的小陽台則漆成萊姆綠。傍晚時分，我們坐在那裡看湖對岸的山脈，我緊緊抱著女兒，呼吸著她們的童年氣息，有時當山裡的空氣把一天塵勞掃走時，我們會不小心睡著。我希望女兒可以不用面對父母分手的痛苦，但我知道長遠來看，她們寧可要一個健康的母親和一個快樂的父親。到了盛夏，氣溫飆升，森林因為乾旱而變脆弱，卑詩省各地火災頻傳，濃煙在山谷中久久不散。

13 木芯取樣

「我們有充分的時間，在天黑之前攻頂再折返。」瑪麗說，走上通往奧勒岡的坦麥克阿瑟環線的火山渣步道。

午後的陽光高掛天空。我還在適應「瑪麗時間」——喝完鮮奶油咖啡並參考地圖規畫路線之後，才悠閒地出發。我習慣趕來趕去，把小孩、食物和背包拖上車來個快閃遠足。但今天我們步調很慢，還在她的花園裡摘了番茄和小黃瓜做午餐。她對這條小徑瞭若指掌，知道要走多遠才能到她最愛的風景，可以花多少時間照料她的南瓜和豆子。

下午兩點抵達步道起點時，她歪頭對我一笑，說：「JIT。」意思是just in time（時間剛好），這是我們冒險之旅的珍貴元素。她邁步的樣子就像個地頭蛇，跟火山渣之間的老松樹一樣舒服自在；磨舊的靴帶綁好固定，破舊的腰包繫緊，草帽綁在下巴底下打個結。她完全不受已經下山、卸下酷炫背包的年輕健行者影響。玄武岩高原邊緣在一千呎以上，一隻白頭海鵰在飽經風霜的樹林上方翱翔。傍晚能跟她在這條步道上獨處，多麼美好——太完美了。我想要更多的「瑪麗時光」。我輕推她的肩膀，說：「我們會在日落之前抵達岩棚。」

瑪麗是我跟唐在科瓦利斯讀博士時的鄰居。八月底，我到研討會發表菌根網的論文時，到她那裡住了幾天。晚上談天時，我們聊了背包旅行和獨木舟路線、我們看的書和電影，娜娃和漢娜已經上八年級和十年級，而瑪麗從幼稚園之後就沒見過她們，那次我們一起去奧勒岡的喀斯喀特山脈看白皮松。聽我滔滔不絕說了我最近的發現之後，瑪麗說：「或許妳可以指母樹給我看。」瑪麗是健行老手，從小在內華達山脈長大，在澳洲完成博士後研究，就搬到科瓦利斯當研發部門的物理化學家。我跟她說，她可以幫我找出在菌根網移動的，是哪些化學物質。這些年她都一個人，專注於研發噴墨印表機墨水的工作，並努力從一場車禍中復原（同行的朋友一死一傷，她自己也受了重傷）。

「這些水珠是什麼？」瑪麗問，指向步道兩旁的扭葉松，枯黃的樹皮上有一滴滴黃色的瀝青。

「黃松樹皮小蠹蟲留下的瀝青軟膏。」我說，在六千六百呎的稀薄空氣中呼吸困難。我幾乎跟不上她，即使她的右腿用板子固定，而且足足比左腿短了一吋。我捏起一塊樹脂，跟放很久的口香糖一樣硬，然後放進她手裡。「這是松樹死掉的原因？」她問，幾綹金髮從馬尾鬆開，太陽眼鏡用掛繩固定。我跟她解釋，松樹在小蠹蟲鑽進樹皮時，試圖把牠們趕走（滅蟲），但最後的死因卻是蟲腳帶進來的青變菌。病原蔓延到木質部，阻塞細胞，切斷從土壤送上來的水分。

「所以樹就渴死了。」我說。

「天啊，死亡對樹來說很迂迴曲折。」她說，先把水壺拿給我喝，才自己灌一口。「完全超乎我的想像。」

放眼所及的枯立木，有些針葉變紅，有些仍綠。絹毛羽扇豆在灰白莖幹間仍舊鮮紫耀眼，松雞越橘利用剩餘的陽光和水分，顯得閃閃發亮，倒掛在上面的漿果跟覆盆子果醬一樣甜。「小蠹蟲害死了老松樹，之後火災把松果裡的樹脂融化，釋放出種子。這就是為什麼火災之後，扭葉松幼樹會長得更茂密。」我把一些不比雨滴大多少的漿果放進她手心，指著一叢年幼的松樹，說這片林地原本很雜，由不同樹齡的林分組成，有些很老，但大多數還太年輕，養不起小蠹蟲大軍。「現在情況不同了。」我說。抑制火災讓很多樹長得夠老、夠大，韌皮部厚到足以養活大批幼蟲。小蠹蟲之亂從卑詩省西北部爆發，往南蔓延到奧勒岡，如今北美有超過四千萬公頃林地不是枯死，就是奄奄一息。

儘管小蠹蟲與真菌都和松樹共同演化，過去數十年，因為抑制火災造就的大片老松林，正好適合小蠹蟲大舉入侵。再加上冬天降到攝氏負三十度的時間不再那麼長，凍不死以韌皮部維生的幼蟲，物種之間微妙的共生關係也因此破裂。小蠹蟲入侵的面積如此廣大，身在其中的人也慌了手腳。

「這些樹都會死？」她問，開始走回小徑，小腿上沾了鐵鏽色的灰塵，手臂因為搬運冬天的木柴變得結實，步伐早就適應重整過的骨頭。

「有些會活下來，但大部分都會死去。」我說。松樹會分泌單萜這種防禦化合物，來抑制小蠹蟲。她也為這些樹擔心令我感動。她伸手掃過一棵枯木的樹幹，抓起一把紅色針葉讓我檢查。「蟲害太嚴重，大多樹木都抵擋不住。他們甚至用人造衛星來偵測成群湧出的小蠹蟲。」我說。

瑪麗指著一小片針葉呈深綠色的松樹林，說未來或許也並非毫無希望。我表示認同，但有點沒把握。西部的大片枯木教人怵目驚心。有些松樹可以分泌更多單萜，提高自己的防禦力，但就算這樣，能存活下來的還是不多。枯木底下的洛磯山冷杉冒出新芽，針葉和葉芽卻被西部雲杉色捲蛾（另一種入侵西部森林針葉樹的昆蟲）啃噬。儘管有卷葉螟啃食冷杉的葉芽、小蠹蟲入侵松樹，這片森林絕對稱不上死氣沉沉。很多小樹發育健全，植物蔓延到枯樹倒下讓出的空隙。「活下來的樹，應該會孕育出更能抵擋小蠹蟲的下一代。」我說。應該把眼光放遠，不要只想著垂死的樹木。瑪麗挽起我的手，說：「看著吧，蘇西，一切都會好轉的。」她說得對。儘管如此，目前情況已經嚴重失控。從育空地區到加州，谷地裡的松樹死的死，枯的枯。

「冷杉和松樹甚至有可能會警告彼此小心蟲害。」我說，繼續跟著瑪麗踏上小徑。我跟她說，我正在跟中國的宋圓圓博士合作，研究感染卷葉螟的冷杉會不會警告鄰近的松樹，以抵擋蟲害。她的邀約來得很突然，希望能來加拿大五個月做博士後研究，測驗她在實驗室種的番茄中發現的警告系統，會不會也在森林的針葉樹間發生。圓圓發現番茄會把壓力傳達給鄰近的番茄，我們都很好奇樹木之間會不會有類似的信號。

一隻灰噪鴉從瑪麗面前飛過，發出唧－嗚的聲音。

我們在一小時內就抵達高原。穿過一簇簇熊草和火山岩時，只見洛磯山冷杉逐漸稀疏。瑪麗把幾塊亮晶晶的黑曜石和輕飄飄的浮石塞進背包，也往我的背包塞了幾顆。「這個娜娃會喜歡。」她說，用T恤下襬把它擦亮。我們走到高原邊，沿著小徑繞一圈，一排排玄武岩柱往懸崖底下延伸而去。千年白皮松林沿著峭壁排列，形成林木線。

我帶她看長在白皮松樹枝上的五針葉束，跟扭葉松的二針葉束有所區別。白皮松靠北美星鴉傳播種子，扭葉松則需要火焰來打開毬果。這時，正巧有隻灰黑兩色的鳥叼著一顆毬果從樹上俯衝而下，從熔岩流上掠過，大概在找岩石間的空隙藏匿毬果，也難怪白皮松通常都一叢叢長在一起。鳥跟松樹之間是一種互惠關係，鳥把種子散播在肥沃的土壤中，得到的回報就是更多營養的食物。雙方在嚴峻的高山環境中共同演化，基因都經過一次次的重整和變異，一點一點適應外在環境的緩慢變化。

「這些白皮松是母樹嗎？」瑪麗問，繞過三棵布滿皺紋的松樹，樹枝迎風伸展。昨晚我們一起看了《連結森林的母樹》這部片。那是我跟一名研究生和一名導演（也是大學兼任教授）合作的紀錄短片。瑪麗把眼前的亞高山樹木跟影片中的雨林樹木互相比較。我指向最高的一棵樹，說母樹是最大最老的一棵。我抓起她的手，一起躲進它的樹冠下，看看樹根是否把鄰樹包圍。瑪麗指著樹冠邊緣的一片幼苗。這一小塊林地，粗厚的樹根與蔓生的走莖縱橫交錯，肯定藉由菌根網合而為一。

抵達瑪麗最喜歡的岩架時，太陽已經西沉，八千呎高的山壁為底下紅綠交織的森林打下陰影。當下我確定，下一步我要調查樹會不會互相警告病害或危險將至，而垂死的樹種是會堅持到底，還是不同的樹種會接收林地。瑪麗拿出她用番茄和小黃瓜做的三明治，我打開我們帶來的葡萄酒，此時古老的火山群（南邊的三姊妹，還有北邊的傑佛遜、華盛頓和亞當斯）由黃轉成粉紅。它們有如紀念碑昂然而立，高聳的山峰讓周圍山坡相形見絀。這些山跟家鄉的洛磯山脈不同，洛磯山脈的山峰都連在一起，變質岩和沉積岩彼此依靠，一個山脊挨著下一個山脊。最後一線日光照在瑪麗的臉上，我們都很享受此刻的自由自在和彼此的陪伴。我有那種輕輕往下墜落的熟悉感覺，有如雪飄落在山坡上。

隔天早上，她摘了帶有香甜土味的藍莓，再混入黑莓，我們在她的榲桲樹下享用。她念了一段肯・凱西（譯註：以《飛越杜鵑窩》揚名的小說家）的《永不讓步》給我聽，還邀我秋天一起到威拉米特河（Willamette River）划獨木舟。我依依不捨，體內每個細胞都

二〇一二年，我在卑詩省納爾森羅蘋和比爾家的後院查看加州鐵杉。加州鐵杉的根系很淺，有助於樹木從年輕的冰河冰磧土中尋找稀有的養分。羅蘋和比爾跟卑詩省的許多人一樣，住在森林邊緣。他們砍掉了地被層較小的樹，以減少燃料量，降低亂竄的火苗燒到樹冠、波及房子的機率。因為氣候變遷，卑詩省小鎮的火災風險激增。

在躁動，一直留到快來不及在午夜前抵達隔天田野教學的地點（往北一千一百公里處）才離去。**瑪麗時光。我戀愛了嗎**？過了加拿大邊界一百公里，秋天的冷風拍打著樹木，我在某個電話亭停車，打電話給她。雪落在我仍留著奧勒岡暖洋的手臂上，讓我猛然一震。我說九月回學校之後，我就會跟她一起去划獨木舟。

電話嗡嗡響，安靜到連呼吸聲都聽得到。

「我等不及了。」她說。

一個禮拜後，開車回納爾

森幫漢娜和娜娃準備開學的途中，我經過綿延一百哩、死於黃松樹皮小蠹蟲的灰白樹林。途中，甘露市以西的方向，有棵黃松孑然而立，紅色樹冠頹然下垂，我想看看它是幾歲死去的，有沒有別的樹自然更新，取代它的位置。我走向這棵母樹，乾枯的針葉在我腳下劈啪作響，不見五十雀在它往外伸展的臂膀上啾啾叫。

我把生長錐推進它的橘褐色樹皮，但鑽頭插不進乾掉的軟木。木屑像一塊塊拼圖剝落，形成層底下只剩發白的木頭。乾掉的毬果掛在它的指尖上，鱗片打開，種子灑出去——它的最後一口氣。從外表看來，它至少已經死了一年。我腳邊有一堆細小的骨骸，還有想必是從枝幹上掉下來的蛋殼。土壤乾涸龜裂。死亡往下延伸，松鼠和真菌也無法倖免。在湯普森河谷對面，空氣中飄散著野火的濃煙，河水不是藍色，而是深灰色。所有夾在谷底草地和山區花旗松之間的黃松都死了。花旗松帶有一絲血紅色，因為被西部卷葉螟啃食。死去的森林讓我想起我跟瑪麗在坦麥克阿瑟環線步道看到的景象，但她會提醒我這裡仍有生命存活。

我的黑莓機顯示現在是下午三點，還要七個小時我才會到家。我查看了死去母樹的光禿外圍冒出的幼苗，發現幾棵兩歲大的小樹擠在裂縫中。只剩下這些兄弟姊妹來傳承母樹的基因。我跪下來查看，蚱蜢從垂著頭的旱雀麥（一種在貧瘠土壤中蓬勃生長的原生植物）底下跳起來。假如白皮松幼苗可以在高山的冰冷土壤中存活，這些黃松幼苗當然也可以在這裡存活下來。這個年紀，它們應該已經牢牢抓住泥土，但真菌和細菌不再能把沙子和淤泥黏成團，讓土壤形成可以留住水分的組織。我把新的土壤濕度感測器（繼中子探測器之後的厲害發明）的金屬探針插進鬆土裡，測量土壤含水量。只測到一〇%，也太少了，這些幼苗能存活，簡直不可思議。或許它們的菌根從乾土粒中吸取了少量水分。母樹的斷枝殘幹還是提供了一些樹蔭，我很好奇它是否撐得夠久，死前還能拉幼苗一把。我曾經讀過，垂死的禾本科植物會透過叢枝菌根網，把磷和氮傳送給後代，不知道這棵母樹死前會不會做同樣的事。把自己身上剩餘的水連同養分和食物傳給後代。

樹木如此快速死去，小蠹蟲飛快擴散，夏天又很快變暖，看來大自然應該趕不上變化，來不及應變。多麼悲傷啊。就算這些幼苗捱過童年，很可能還沒長成小樹就適應不良，很容易不敵病蟲害，甚至因為科學家預測的氣候變遷而難逃一死。黃松林逐漸變成了草地，花旗松林則變成了黃松林。

這是森林能期待的最好結果嗎？更有可能的是，旱雀麥（還有斑點矢車菊跟牛蒡）會比樹木更成功地填滿乾涸的土地，至少在谷地這裡。這些植物的種子產量高又長得快，輕易就能占領一塊因為抑制火災和極端氣候而變脆弱的森林。這些樹似乎因為人類貪圖方便而被犧牲了。諷刺的是，害死森林的雜草和昆蟲，身上可能帶有一些基因讓它們存活下來，即便溫度上升、雨量改變。

深紅色太陽掛在遠方花旗松被啃噬過的樹冠上。混雜其中的黃松卻像綠寶石一樣光芒閃爍，在更高處也依然活著，逃過了這場小蠹蟲浩劫。我猜上坡的松樹壓力較小，因為那裡的雨量比較充足。但花旗松跟這個生態過渡帶（較低和較高森林群落的交會處）的黃松不同，它們感受到了乾旱。其主根沒有深入土壤母質（譯註：形成土壤的原始材料），也就降低了它們抵抗共同演化的草食性昆蟲入侵的能力。或許，這就是花旗松遭到卷葉螟侵襲就嚴重落葉的原因。

黃松能活下來，是因為主根較深，上坡雨量較充足？還是因為跟鄰近花旗松互相連結？我當年的博士論文指導教授大維·佩瑞早已發現，奧勒岡森林的黃松和花旗松可能在菌根網中相連。他認為花旗松跟黃松分享的養分，足以影響黃松的生長率。我猜這在這裡也可能發生。

兩種樹在菌根網中合而為一，可能提供不只一個交換資源的管道。在乾旱中奄奄一息的花旗松，若要讓路給更能適應暖化氣候的黃松，**它們還會跟黃松保持連結和交流嗎**？**即使已經枯萎**？花旗松會**警告**黃松新區域的壓力嗎？或許它們會把病害訊息傳給黃松。

宋圓圓博士實驗的番茄，不只透過叢枝菌根網傳送傳染病警告訊號給隔壁番茄，後者還因此上調了防禦基因。隔壁番茄的基因甚至動了起來，製造出大量的防禦酵素。這些酵素肯定削弱了病原，因為後來研究人員把真菌塗在偷聽的番茄上面，它竟然沒有染病。圓圓前來幫助我對生病的花旗松提出同一個問題，看看黃松在新環境之所以存活機率較高，是不是因為花旗松發出了危機訊號？

我撿了兩片拼圖般的母樹樹皮，一片給漢娜，一片給娜娃。上車後，我把樹皮放在儀表板上，當作我的幸運物。我快速越過莫納希山隘，夜色模糊了道路的輪廓，我的眼睛漸漸適應車頭燈的光線。渡輪終於把我載到箭湖對岸時，我已經累癱。「黃昏時要當心鹿。」維妮外婆常提醒我，後來變成我常有的焦慮。我摸摸最近在胸部發現的腫塊，提醒自己要盡快回診。我相信她說得沒錯：不會有事的。我的乳房X光片顯示一切正常。

「拿十八號針頭。」腫瘤科醫師對護士說，指著托盤上一根細而短的針。

我臉朝下躺在升高的手術台上，左乳對準一個圓形的洞，方便從底下操作。消毒水味和體味在這個小小的切片室裡，教人喘不過氣。我好想逃到寬闊母樹的芬芳樹蔭下，不管它是死是活。面前的螢幕秀出我乳房裡的白色蜘蛛。我不斷念誦琴教我的一句祈禱文：**一切都會平安無事**。我是森林的居民、背包客，到深山滑雪，吃有機食物，不抽菸，兩個小孩都餵母乳。瑪麗按按我的手，輕聲說：「不會有事的。」

針槍啪一聲，我的乳房一陣劇痛。

「嗯，給我十六號針頭。」醫生說。

護士拿起更大一支針。針頭排成一列，從細而短到粗而長，讓我想起我跟丹恩用來把 $^{13}C\text{-}CO_2$ 注入幼苗封袋裡的注射器。每支針都有保護殼，很像我們用來收集土壤樣本的 Oakfield 牌採樣器，因為要切開根，所以特別利。瑪麗看了螢幕再看看針頭，微微往牆壁靠。任何時候都敢去坦麥克阿瑟環線步道健行的人，看到別人痛苦卻快要癱了。我永遠忘不了凱利過世時，她寄給我的信。信上說她很難過，也知道我有多痛苦，而有時候就是要捱過痛苦，事情才會好轉。她的善意讓傷痛欲絕的我不那麼孤單。

「妳的腫塊硬得跟石頭一樣，這個針頭也推不進去。」醫生的聲音變緊繃。「我們用十四號試試看。」

「生病」兩個字迸出腦海。身體失調。

一切都會平安無事。

「好，採到一個檢體了，還有四個。」醫生的額頭汗水涔涔，口氣污濁，帶有咖啡味。

還有四個？聽起來不妙。護士移動儀器。瑪麗的手愈來愈滑，但我還是緊緊抓住，彷彿正從懸崖上摔下來。想想我們一起去看的白皮松，那些母樹，蟲咬和鏽病也沒有把它們打倒。它們的後代，在夏天積雪未退的地方奮力求生。

針頭俐落地從一雙手移到另一雙手，沒什麼人說話。

「我不知道結果會如何。」他擔憂地說。

卑詩省南邊海岸雨林的百年花旗松母樹。隔壁的樹有花旗松、加州鐵杉和西部側柏；下層植被長滿刺羽耳蕨（*Swordfern; Polystichum munitum*）和小葉越橘。太平洋西北地區的原住民用刺羽耳蕨葉來當土窯的保護層，或是包裹儲存的食物、鋪地板或鋪床。到了春天，他們會把地下莖挖出來烤，剝皮後食用。小葉越橘的紅色漿果則可以在溪釣時當魚餌，或是曬乾、搗成泥做成糕點，也可以榨汁當開胃飲料或漱口。

長在加州鐵杉和雲杉幼樹之間的北美雲杉母樹，位於海達瓜依群島的雅庫恩河（Yakoun River）沿岸。有些幼樹在逐漸腐爛的保母倒木上重生，有助於抵擋掠食者、病原菌和乾旱。海達人、特林吉人、欽西安和其他西海岸原住民，會採收雲杉根來製作防水帽和籃子，此外也食用其內皮，或把內皮曬乾配著漿果吃。生的嫩枝含有豐富的維他命 C。

乳牛肝菌，蕈菇上的白色菌絲體從菌柄底部往外放射。菌絲上結出的子實體就是蕈菇。菌絲在林地下蔓延，與鄰近樹木連結。樹木為真菌提供光合作用合成的醣，真菌則回報它們從土壤中收集的養分。

外生菌根的根尖，大量菌絲往外放射。這張照片是在美國橡樹嶺國家實驗室用微根管拍攝的。

黑熊媽媽帶著兩隻小熊。

白頭海鵰。

西部側柏。

從外生菌根菌形成的菌絲毯延伸出去的菌索。

土壤剖面上層的外生菌根網。

卑詩省溫哥華市史丹利公園的千年西部側柏母樹。垂直疤痕是原住民傳統的剝樹皮活動留下來的，因此這棵樹就是所謂的「文化改造樹」（譯註：culturally modified tree，指原住民爲生活所需而改造過的樹木）。

我靠坐在一棵西部側柏母樹上。

我的腦袋瞬間空白。這話到底是什麼意思？瑪麗鬆開我的手，護士趕緊扶她坐下。醫生突然脫掉外科手套，說我一週後會知道結果，之後就走出門。護士喃喃安慰了我們幾句，瑪麗手忙腳亂幫我扣上襯衫。她一向鎮定，現在手卻在發抖。

回到我們停在診所後方小巷的車上，我慌了起來。我該怎麼辦？打電話給漢娜和娜娃？**天啊**，要是我得了癌症該怎麼辦？

「先別讓孩子擔心，」瑪麗說。她抓住我的手腕，要我慢慢用鼻子呼吸。「況且也要等切片檢查結果出來，才能確定。」

我發動車子，但她阻止我，說：「先等妳平靜下來再說。」瑪麗時光。我抓著方向盤靠在上面，她撫著我的背。要不是她阻止我，我早就橫衝直撞逃出這裡，把事情弄得更糟。

回到學校的住處，我抱著瑪麗大哭一場。小朋友在遊樂場嬉戲。窗台上的植物對著陽光伸長脖子，我像自動駕駛一樣站起來幫它們澆水。我打了電話給媽媽和羅蘋，還有媽媽的表姊芭芭拉。芭芭拉是護士，得過乳癌且抗癌成功，她答應幫我留意狀況。難掩擔憂的琴說：「妳不會有事的，HH。」HH是大學時代她幫我取的綽號，是Homer Hog的縮寫，因為我跟土撥鼠（groundhog）一樣愛挖土。聽到她輕喚我的綽號，我的心情緩和下來。我像遊魂在公寓裡飄來飄去，一旁的瑪麗說我一定餓了。她鏗鏗鏘鏘拿出鍋子，翻出櫥櫃裡的巧克力和罐頭辣椒，下廚做了墨西哥巧克力辣醬雞。

她說得沒錯。我靠在她身上。我餓壞了。

「我的小腫塊，我知道是良性的。」我和瑪麗哼著〈我的小火光〉這首兒歌。羅蘋鼓勵我焦慮時就唱唱這首歌。我們正爬上一條陡峭的小徑，繞過冰箱大小的岩石和因為積雪下滑把樹幹壓彎的美洲鐵杉。按照週末的計畫來斯闊米甚河（Squamish River）和艾須魯河（Ashlu River）交匯處的西格德峰步道（Sigurd Peak trail）健行，至少比在家焦慮好多了。我跟唐說好先不讓女兒知道，畢竟是乳癌的機率不高。不知道就不會傷心難過。

之形山路轉移了我的注意力。我的步伐短而謹慎，嘴裡不斷哼唱兒歌，煩惱時隱時現。鐵杉一派淡然，我欣賞它們的沉穩姿態。它們天生耐操耐勞，像山羊緊抓著石頭，灑毬果像灑錢一樣豪邁，再嚴酷的考驗都不怕。我們在山頂瞥見冰河從山峰流下來，無力抵抗氣候變遷。我想繼續往前，把躁動不安的能量燃燒殆盡，但瑪麗一屁股坐下來，拿出我們的野餐用具。

「妳看起來不像生病。」她說，把蘋果和吃剩的雞肉拿出來，說我食欲很不錯。「妳在兩小時內爬了兩千呎高，還急著要繼續往上爬。」

「可是我不知為何常常覺得很累。」我說，不由自主去摸腋窩的腫塊。

瑪麗一直慫恿我吃燕麥餅乾（她知道我很愛）。看到我在發抖，她叫我戴上羊毛帽，還說我們很聰明，多帶了些保暖衣物。她說話時低垂著眼睛，不斷把話題從腫塊轉開。我坐在她後面，手腳抱住她，她靠在我懷裡。我輕聲對她說：「謝謝。」回到步道起點時，我們已經走完十八公里，唱歌唱到聲嘶力竭。等切片報告出來的同時（只剩幾天），我試著把悲觀的想法趕出腦海。此外，之前我跟圓圓一起做溫室實驗時，用質譜儀收集的碳十三數據就快要送來，很快就會得知花旗松是否會把壓力訊息傳遞給黃松，我迫不及待想要知道結果。

更何況我還有兩堂課要教。外加五個新來的研究生和一個博士後研究員要照顧，他們的研究都離不開我的研究計畫提出的核心問題：面對氣候變遷的考驗，菌根網是如何影響樹木的更新？

之後，我們開車開去酒吧。瑪麗叫了烈性黑啤酒，我們把酒拿到可以俯瞰斯闊米甚河那藍色冰河水的露台上喝。坦泰勒斯山脈（Tantalus Range）的雪白山峰映著落日。她拿起杯子跟我碰杯，用她最好的蓋爾腔說 Sláinte（祝你健康），k.d. lang 的歌聲從酒吧裡傳出來，我把椅子靠得和她更近。她抓住我的手，對我露出「做壞事的感覺不賴吧」的奸笑，然後把頭一仰，享受逐漸消逝的微光。而我望著上游的一隻魚鷹降落在灌木叢大小的鳥巢上，恐懼在心中翻湧。

新數據就在我的螢幕上。

我驚訝不已。

我跟圓圓刻意讓花旗松染上西部卷葉螟，結果發現它們竟把一半的光合碳倒給根和菌根，其中有一〇％直接傳到隔壁的黃松身上。但讓我激動到立馬寫信給圓圓（如今已是福建農林大學的教授）的是：獲得這項遺產的，只有透過菌根網跟垂死花旗松連結的黃松，連結受限的黃松不包括在內。

按下傳送鍵之前，我望了望窗外的太平洋。一隻白頭海鵰降落在海岸線的一棵花旗松上，有隻銀色小魚在牠嘴上扭動。一週過去了，我還沒收到醫生的通知。我又檢查一次語音信箱，心想或許沒消息就是好消息。

我重讀一次數據，一欄一欄瀏覽而過，自言自語說著：「天啊！」送出信件之後，我往後一靠，揚起微笑。

整整一年的心血終於有了回報，現在答案就在我們眼前。之前，我欣然接受了圓圓的合作提議，也在一篇文獻回顧中提到她的研究，還在課堂上討論她的發現。她大膽地把我們對菌根網的認知推進一步，甩開植物連結是由什麼構成的歷史謎題，直接為她的實驗室植物接種大量菌絲。有些科學家仍在思索與菌根網連結，是否會影響接收端植物的健康。她卻把問題推得更遠，不只監測接收端番茄的成長反應，也測量其防禦基因的活躍程度、防禦酵素的分泌量，以及對疾病的抵抗力。她擁有大膽不羈的靈魂，也把她的番茄實驗發表在《自然》的子期刊《科學報告》（*Scientific Report*）上。我在給她的回信上提到，打從蟲害爆發把我們的森林變成一片枯樹汪洋，我就萌生的一個想法：假如垂死的樹木會跟新成員交流訊息，或許我們可以利用這點，在老林地不再適合原生植物生長時，幫助樹種遷徙。當老林逐漸凋零之際，這種警告與協助系統（例如染病的花旗松通知黃松要提升防禦機制）或許對新物種或品種（不同基因型）的成長很重要。

當受傷的母樹逐漸退出生命競賽時，它們會把身上剩下的碳和能量傳給後代嗎？有如一種積極的死去過程。就像草逐漸凋零時，會送出剩下的光合作用產物，促進下一代生長。或許，它們只是把將死的細胞隨機散布到其他生態系統，畢竟能量只是從一個地方移到另一個地方，既無增加也無減少。

如果這些問題都能解開，我們就更能預測樹木在氣候暖化時，如何往北或往高處遷徙——遷往更適合基因存活的地點。當氣溫變高，森林就會生病，樹木紛紛死去，這樣的情況已經在發生。但事先適應暖化氣候的新樹種，應該會進駐並取而代之。同樣地，垂死森林的樹木種子應該會傳播到適合其基因的新區域。以上預測的一個問題是，這些樹會用破紀錄的速度遷徙，每年超過一公里，而不是過去我們看到的一年不到一百公尺。但另一個普遍的看法是，這些樹會遷到全空的地方，彷彿老林已經徹底死去。就好比遷進一片除盡雜草的皆伐地，新種下的樹會從零開始站穩腳跟，不受任何老樹阻礙，像是老樹都收起包袱一走了之，甚至連林地都打掃得一乾二淨，好讓給新成員。但我認為這說不通。至少有些老樹會留下來，它們是古老森林留下的遺產。就像我跟瑪麗在坦麥克阿瑟環線看到的，不是所有的樹都會死去。這些遺產應該對幫助新移民立下根基，至關緊要，或許是把它們拉進菌根網先補充能量，或提供樹蔭為它們抵擋烈日或避免夏季霜害。

一年前圓圓抵達時，是二〇一一年的秋天。我們去甘露市附近的花旗松和黃松林收集了一桶桶表土。之前我們已經通過信，設計好實驗方式，這樣她才能馬上開始。開車穿越海岸山脈、前往內陸的乾燥森林收集土壤的途中，我們笑聲不斷，她的笑聲低沉而沙啞。我們一拍即合，或許是因為身為女性科學家面臨的共同挑戰，也因為我們都對植物連結網充滿興趣。我欣賞她想立刻展開工作的衝勁、她對尋找答案的熱情，還有迫不及待要拿起鏟子的渴望。

我們在學校溫室的長椅上擺了九十個一加侖的花盆，在裡頭填滿從森林收集來的土壤。每個花盆種一株花旗松和一株黃松幼苗，但為了改變黃松依附花旗松菌根的程度，我們把三分之一的黃松種在裝滿土的網袋裡，網目大小只夠菌絲通過，樹根則不行。另外三分之一黃松的網目更細，所以黃松和花旗松之間只有水能通過。剩下三分之一的黃松直接種在土中，讓它們的菌根菌與花旗松自由連結，樹根也能互相纏繞。這三種土壤處理法中，每一種我們預計讓三分之一的花旗松染上西部卷葉螟，三分之一用剪刀剪掉針葉，三分之一原封不動作為對照組。所以總共有九種變化，土壤處理法和去葉法充分混合，每種變化各十個複本。

我們靜待實驗結果。眼看五個月快速飛逝，圓圓愈來愈緊張，只希望幼苗在她的簽證到期前能長出夠多菌根，順利完成實驗。

四個月後，我們把一些幼苗根拿到解剖顯微鏡下觀察。我說它們看起來光禿禿時，圓圓不由得心慌。接著，我取了薄薄的橫切面壓在載玻片上，透過複合顯微鏡觀察：裡頭有哈氏網。花旗松和黃松的根部都被威氏盤菌這種菌根菌盤據。這告訴我們，雙方是藉由威氏盤菌的菌根網相連，除了網目太小、菌根無法通過的組別以外。接下來，我們就可以繼續進行去葉法。

圓圓跑去昆蟲培育室，抓起不停蠕動的卷葉螟。我則跑去菌根實驗室找剪刀和殺菌酒精。我們一起去溫室除去幼苗的針葉。她用透氣袋包住三分之一的幼苗，每個袋子裡都放進兩隻卷葉螟啃食針葉。我把另外三分之一的針葉用剪刀剪掉，只留下幾根嫩枝行光合作用。剩下的三分之一原封不動。

去葉之後的某一天，我們給花旗松罩上不透氣塑膠袋，再把 $^{13}C\text{-}CO_2$ 打進去。接下來又是等待，期間我們想像著醣分子在菌根網中流動，就像奶昔穿過吸管。那天晚上我打電話回家，娜娃因為芭蕾課開始練腳尖技巧而興奮不已，漢娜正在記她的嘻哈舞步。母親節她們要表演舞蹈，距離現在還有幾個月，我等不及要回家跟她們團聚。隔天，我跟圓圓去採了針葉樣本，檢查防禦酵素的分泌量，再隔天與再再隔天也是。六天之後，我們拔出全部的幼苗磨碎，把樣本寄去有質譜儀的實驗室，看看花旗松是否透過真菌網把碳同位素傳送給黃松。

因為如此，幾個月後我們才會一起看數據。圓圓在金山，我在溫哥華。

「花旗松的葉子掉得愈多，湧進花旗松根部的碳就愈多，妳有看到嗎？」我在給圓圓的信上說。我們人在世界的兩端，卻因為電腦上的電子試算表而緊緊相繫。「有啊，我就知道會這樣。」她回我，向我解釋這是一種眾所周知的行為策略，可以幫助受攻擊的樹木捱過之後的落葉期。幾分鐘後，她又說：「但我從來沒見過，落葉之後的樹還會把碳傳到隔壁樹的枝葉。」落葉之後，花旗松成了碳的一大供源，正在快速成長的黃松就把碳吸收到主枝裡。

「跟防禦酵素的數據吻合。」她回我，五分鐘後傳來一張圖表。染上卷葉螟的花旗松，提高了防禦酵素的分泌量，這很正常，但不到一天，黃松也**做了同樣的事**。「不過，」我寫道：「前提是兩種樹要在一個網路裡互相連結。」

我的收件匣響了一聲，圓圓傳來回信。「哇！」

黃松的防禦酵素大幅增加（其中四種），跟碳投放的時間完全同步，而且唯有跟花旗松在地底下互相連結的黃松才會如此。即使花旗松只是稍微受傷，還是激起黃松的防禦反應。花旗松**在二十四小時內**，就把承受的壓力傳達給黃松。

樹木之間互通訊息完全說得通。幾百萬年來，它們為了存活不斷演化，跟互利共生者和競爭者建立關係，在一個系統中與其他夥伴合為一體。花旗松送出森林有危險的警告信號，而黃松則準備就緒，一直在竊聽線索，隨時接受訊息，確保群落保持完整，仍是一個能培育後代的健全之地。

這個想法有如醍醐灌頂，讓我豁然開朗。就算恐懼，我也要陪在孩子身邊，就像垂死的樹木陪在後代身旁。我登出網路，摸摸那個腫塊，切片之後腫塊變小了。我撥電話給回到奧勒岡的瑪麗，她也正要打給我。

「我得回家跟女兒說。」我跟她說，我跟圓圓發現垂死的花旗松會把碳傳給黃松；根據我的推測，之前我看過的那棵枯死的母樹也做了同樣的事，所以它僅兩歲大的小樹才能捱過乾旱。這在暗示我，要把我對女兒的愛盡可能傳遞給她們，以免我也來日不多。我應該盡快完成這件事，好彌補為了我上班通勤沒能陪伴她們的時間。

「慢一點，我搞糊塗了。」瑪麗說。我嘰哩呱啦說著數據告訴我要趕快回家，替女兒為可能發生的事做好準備。「妳根本還沒接到醫生的消息啊。」

她說要飛來納爾森，陪我一起跟女兒們說明。她們很愛她遲鈍的幽默感、她的謙虛和修理東西的功力。有一次她帶來工具，在一小時內就把我們家搖搖晃晃的椅子全部鎖緊。雖然瑪麗絕對能向女兒如實說出我的狀況，但這件事我得自己來，跟女兒們一起慢慢消化這件事。

我跟她說，她才剛到家，應該好好休息。

羅蘋說她教完課要來陪我，這樣接到醫生的好消息就能一起慶祝。她很樂觀。「回家吧。」她說。陪在女兒身邊，照常生活，讓她們知道我很平靜。

我告訴系主任我下週才會回來。

切片之後已經過了將近兩週，明天再沒消息，我打算直接打電話問醫生。我請媽媽過來陪我打電話，當護士的表姨媽芭芭拉也會從那庫斯開車過來。

開車通過山隘時，我由衷同情垂死的森林，與它感同身受，也被它與生俱來、將智慧傳給下一代的神奇力量深深吸引，就像維妮外婆對我一樣。但為了阻止病害蔓延，染病的樹都被砍光並賣到市場。我不禁懷疑，急著賺錢的同時，我們會不會也切斷了垂死樹木與新幼苗溝通交流的機會？

我帶著披薩回家時，漢娜和娜娃正在等我，唐也來了。我把女兒擁入懷中，親親漢娜的額頭再親親娜娃。漢娜給我看她新拿到的生物實驗包，說她很喜歡她的老師，而且他們已經聊到森林生態學。娜娃做了個迎風展翅的芭蕾舞姿，然後拉著我的手彎身做了一個下傾式，還說他們為了春季公演用〈雪冬頌〉編了一支舞，到時會穿藍色舞衣，頭上還會插花。我們靠著廚房平台吃披薩，唐說山頂下了新雪，今年冬天很快就會到來，到時滑雪會有多棒。後來女兒上樓到她們的新雙人床上聽 iPod，我責怪自己怎麼沒有直接要她們坐下來，全盤托出。「蘇西，我知道妳很擔心，」她們上樓之後，唐說：「可是妳一直很健康，我相信不會有事的。」他雙手插口袋，笑容放鬆自在。他永遠知道怎麼安撫我的心。

「謝了，唐。」我說，別過頭。

他穿上靴子時，我皺起臉，免得眼淚掉下來。他抱了抱我。「嘿，我不是第一天認識妳。妳壯得跟牛一樣，無論如何都會撐過去的。但接到消息還是打個電話給我。」我們呆立片刻，對於新秩序有點陌生。最後他抓起外套從後門走出去，車尾燈在小巷中漸行漸遠。我抱著剩下的披薩上樓，跟女兒到娜娃房間的陽台看大象山（Elephant Mountain）上的落日，冰雪在粉紅暮光下一閃一閃。

冷到受不了的時候，我們回房坐在娜娃的床上。我告訴她們我去做了一些檢查，明天就會知道結果。她們睜大眼睛看著我，但我接著說：「無論結果是什麼，我想要妳們知道我會平安無事，我們都會沒事的。」

漢娜問我檢查是怎麼做的，娜娃問乳癌是什麼。我把我知道的告訴她們，還要她們長大也得去做檢查。女生都應該好好照顧自己。她們抱抱我，我說我愛她們。跟她們道晚安時，我的心情輕鬆了一些。

星期五早上，女兒走路去上學，我則快速走上我最喜歡的登山步道，想再延後幾個小時打電話。我在開闊的森林裡快速穿梭，周圍的黃松變成花旗松和顫楊，再更高是扭葉松。步道上的十月霜凍成羽毛狀，往圓丘的途中，我悄悄從兩頭熊旁邊經過，牠們正在大吃熟透的越橘果實。到了坡頂，我打電話給瑪麗，告訴她我準備好打給醫生了。回程我特別繞了一大圈，避開那兩頭熊，雙方都很清楚彼此的力量高下。黃松的香草芬芳撲鼻而來。**一切都會平安無事的**。我想像水滴滲過把黃松、花旗松、扭葉松和赤楊連在一起的真菌網。我回家了，回到樹木、我溫暖的好友知己的懷抱。

媽媽拿著咖啡從小巷走過來，一頭白髮閃閃發亮，穿著打理園藝時穿的紅色橡膠靴和磨舊的工作服。芭芭拉帶來一鍋漢堡燉肉，上面蓋著一塊茶巾。兩人坐在前廊的長椅上喝咖啡，我家的電話就在這時候響起。我走進去接電話，把聽筒拿到外面。媽媽和芭芭拉立刻暫停聊天，隔著咖啡的熱氣看著我。

我聽著醫生說明。檢查，選擇，好多好多話從我左耳進、右耳出。我想起母樹，即使生命將盡也繼續為其他樹提供養分，遮陽，保護它們，照顧它們。我想起我的女兒。我兩個美麗的寶貝女兒，她們就像正在成長、綻放的耀眼花朵。

我閉上眼睛。

就算是母樹，也無法長生不死。

14 生日

「這裡有些倖存者。」我的博士班學生艾曼達說。她在母樹的滴水線蹲下來。現在是十月底，我們人在甘露市和三十年前我去看凱利比賽的牛仔競技場之間的林地。雪輕輕飄落，像嬰兒的呼吸一樣輕。

這棵花旗松母樹一副劫後餘生的模樣，隔壁樹倒下把它的樹冠弄亂，樹幹也被倒車時撞上它的伐木集材機弄傷，但夏天它結了不少毬果。黑頭山雀就愛它這一點，在它的枝幹上跳來跳去。我佩服它堅持下去，就算遭逢巨變也要照顧後代的決心。再一個月，我就要動乳房切除手術，之後要做什麼治療，則看癌細胞是否擴散到淋巴結才能決定。芭芭拉建議我盡量別在腦中播放「要是怎樣又會怎樣」的情節嚇自己。跟實驗室一起發表論文，描述菌根網的組織結構；把母樹化為一種概念，還有《連結森林的母樹》一片得到的溫暖回應，都給了我力量。有個德高望重的科學家寫信告訴我，我們的發現「將永遠改變人類看待森林的方式」。在這裡跟母樹站在一起，對我也是一大幫助。

我一直在思考通常被歸於人類和動物社會的親緣辨別能力，有沒有可能也在花旗松身上存在？長途奔波停下來加油時，我會匆匆寫下筆記，列出我還沒做的事。但這不是我深夜開車開到頭昏眼花時冒出的想法，而是另一個人給我的靈感。我讀了加拿大麥克馬斯特大學的蘇珊・杜利（Susan Dudley）博士的論文。她發現長在五大湖沙丘上的一年生植物美洲海濱芥（*Cakile edentula*），能區別隔壁植物是親（出自同母株的兄弟姊妹）是疏（出自不同母株），而且線索是經由根部傳送。在月光下開車穿梭在懸崖間，我思索著針葉樹會不會也具有辨別親疏的能力。一片花旗松林的基因組成十分多樣，有靠風力授粉的親屬，也有圍繞著母樹站穩腳的外來種子。母樹能夠分辨自家幼苗和外來幼苗嗎？

既然我們已經確定，花旗松幼苗在成長階段會跟老樹的菌根網連結，我認為若親緣辨識能力確實存在，而且跟蘇珊從海濱芥上發現的根部線索有關，那麼想必是透過真菌網送出信號，因為所有樹根都包覆在菌根菌裡。再說，花旗松群落具有地域區別性。當地山谷的基因差異會比不同山脈小，所以母樹附近應該有很多親戚。假如親戚幾百年來都住得很近，那麼能夠認出彼此必定具有生長上的優勢，也可以互相幫助以延續基因。或許，母樹會為了促進後代的健康而改變自身行為，例如讓出更多生長空間，或是傳送養分或信號給幼苗，甚至在土壤不利生長時把它們趕走。這不是要貶低維持基因多樣性的重要性，畢竟這樣才能確保森林強健、適應力強、復原力快。只不過在這個多元的基因池中，老樹可能也要負責將已經適應當地環境的自家種子傳播出去並培育後代。

我一向很樂意挑戰未知，但近幾年我不再那麼衝動好強，我提出的菌根網理論也受到愈來愈多的肯定。我不知道是什麼原因。或許有更多研究證實了我最初的發現（白樺與花旗松會分享碳），或許是因為我漸漸小有名聲。無論如何，我都很享受能更大膽提問的自由。艾曼達也很樂意跟隨我的腳步。「這到頭來可能是白忙一場。」我說，提醒她花旗松母樹認出親屬的可能性很低，我們可能毫無收穫，但至少她學會了做實驗的方法。

「如何？」我問。我們正在檢查她六個月前埋進土裡、午餐盒大小的網袋內的三朵小綠褶菇。艾曼達身高五呎九，在國家棒球隊和曲棍球隊練就了強健的體魄，風雪也拿她無可奈何。她檢查了另一個網袋，指著一叢紅色幼苗，說：「很多自家幼苗還活著，但外來幼苗都死了。」因為跟母樹沒有親緣關係也無連結，外來幼苗撐不過夏季乾旱就死了。

我們走向另外十四棵當初伐木工留下來讓野生生物棲息的母樹，我的思緒不自覺落進黑暗的角落。有個朋友告訴我，某個權大勢大的同事跟他說：「你不會相信樹木會彼此合作吧？」這種話若是從老派林務員口中說出，我或許不驚訝，卻是出自崇尚自由的學術殿堂？為了捍衛「競爭是森林中唯一重要的植物互動」這個根深柢固的教條，掀起的論戰已經延續三十年，今天特別讓我灰心。

我跟著艾曼達攀越倒下的木頭、涉過水窪到下一棵母樹，它的枝幹覆上了新雪。她問我想不想休息，她可以理解。我結結巴巴地說「我沒事」，卻在旁邊的樹樁坐下來寫筆記，讓她繼續去檢查網袋。跟第一棵一樣，在這棵母樹底下，存活的自家幼苗比外來幼苗多，尤其是能與菌根網連結的網袋中的幼苗。我咬著鉛筆的一端。在混合林中，白樺傳送給同族白樺的碳，可能也比傳給花旗松的多，但我在博士研究中沒有實驗過。而垂死的花旗松傳給其他花旗松的碳，可能比傳給黃松的多，如同我跟圓圓的實驗呈現的結果。可惜我們種在溫室的成對花旗松長得不夠好，無法進行這項實驗。我有個研究生已經證明，花旗松母樹會幫助花旗松幼苗站穩腳跟，但當時我們還沒想到要測試母樹會不會偏袒自家幼苗，勝過外來幼苗。從演化的角度來看，母樹偏袒自家小孩不無道理，無論它的品種認同為何。

艾曼達一年前開始讀碩士班，即二〇一一年秋天。在我們發表菌根網圖之後，她接著提出類似海濱芥的合理疑問：母樹會不會認出自己的後代並對它們特別照顧。我已經知道母樹會跟外來者分享資源，因為拜讀蘇珊．杜利博士的文章之前，我就跟學生做過大規模的實驗。若是母樹能夠分辨親疏，尤其是透過菌根網來辨識，其中的差異會不會呈現在樹木的健全程度上？例如，自家幼苗比外來幼苗長得更大、存活率更高？還是表現在適應程度上？比如根或莖的生長情形？艾曼達目前正在這個野外實驗和校園的兩個溫室實驗中，研究這個問題。

她繼續檢查網袋，我在一旁休息。春天時，她在這片皆伐地的十五棵母樹周圍分別埋下二十四個網袋。其中十二個網袋的網目大到可讓母樹的菌根菌絲穿過並盤據幼苗。另外十二個網袋的網目太小，無法形成網路。每種網袋中，有六個植入母樹的種子（親緣），六個植入其他母樹的種子（非親緣）。十五棵母樹都有這四種配置（兩種網袋、兩種親疏配置互相交錯）。由於數量夠多，得出任何結果都有一定的可信度。為了確保我們的發現不是這個地區的特例，我們在另外兩個地點重複了同樣的實驗。甘露市附近的這片皆伐地最熱、最乾，其他兩片更北的土地則較為涼爽、潮濕。

至於要植入的種子，秋天時，艾曼達從我們找到的四十五棵母樹那裡收集了毬果。高度低於十公尺的母樹，她使用修枝剪，超過的則雇用一個女生用獵槍射下來。我想像她肩上背著溫徹斯特步槍，槍管舉高瞄準，轟的一聲震耳欲聾，樹枝和毬果應聲墜落，松鼠驚慌奔逃，眼睛盯著天上掉下來的大獎。到了冬天，我們請了很多大學生來打開毬果的鱗片，收集裡頭的種子，測試它們會不會發芽。這一年的氣候不利於花旗松生存，所以很多種子都死了。

我們走到這片林地的最後一棵母樹。艾曼達幫我撥掉樹樁上的雪，還倒了熱茶給我，熱氣溫暖我的手和臉。她在旁邊有條不紊地檢查最後一批網袋，喊出倖存者的編號。

我的手機響起。瑪麗到家了，等她把家裡的植物收好、準備過冬，就會回來找我。我的診斷出來之後，她立刻奔來納爾森。當天我向家人宣布我有女朋友，媽媽只說她很高興我有個伴。我以我的家人為傲，他們接受了我跟瑪麗的關係，也接受了我們真實的自我。

雪愈下愈大。甚至還沒把數字加在一起，我就知道我們的實驗超出了原本的目標。我們不只證實，花旗松幼苗跟無親緣的健康花旗松母樹互相連結，通常會活得更好，而且母樹確實會偏袒自家幼苗：這些幼苗活得更好，比起網路中的外來幼苗明顯長得更大，在在顯示花旗松母樹有辨識親緣的能力。我建議艾曼達來年繼續追蹤這些幼苗。

「可以的話，我會很高興。」艾曼達說，把筆記收進背包。她喜歡這個實驗。這是她的第一個實驗，我猜只要幼苗還活著，她就會一直回來看它們。在母樹的溫暖庇護下，奮力求生絕不會白費。

琴來溫哥華陪我參加「激勵健康」抗癌工作坊。專家帶我們認識提高勝算的各種方法，包括運動、吃好、睡好、減少壓力。但最重要的是要有穩固的人際關係，不斷與人分享自己的感受。有位醫生說，**與人的關係決定了我們是誰**。抗癌成功的人都有個共同點：他們從未放棄希望。

Mon Dieu！C'est ça！（天啊！就是這樣！）我心想，這是我可以努力的方向。我還是太內向，太敏感，太容易被他人的想法絆住。有個林務員曾經對我說：「我想砍掉這些他媽的母樹，反正它們都會掛掉，說不定還能因此賺到錢。」當時我太急著討好他，不敢據理力爭，堅持自己的信念。但我的樹不也在告訴我同樣的事——健康取決於連結和溝通的能力。羅癌提醒我要慢下來，穩固自己的中心思想，大聲說出我從樹木身上學到的事。

醫生切除了我的兩邊乳房。我醒來時，瑪麗、琴、芭芭拉和羅蘋出現在眼前，我看見自己平坦的胸部並按下嗎啡幫浦。幾天後我回到公寓，吃羽衣甘藍和鮭魚，傷口還很紅，瘀青跟茄子一樣紫。我走了一百公尺，再一百公尺，又一百公尺，已經準備好回家跟漢娜和娜娃共度聖誕。現在就等完整的切片報告。「如果沒擴散到淋巴結，或許就不用再做治療。」芭芭拉跟我說。

開車出城途中，我們得知癌細胞已經擴散到淋巴結。

兩名腫瘤科醫生——納爾森的馬爾帕斯醫生和溫哥華的孫醫生，說我會接受八次「劑量密集」型的化學治療，每兩週一次，持續四個月，這是我這一型癌症最有效的選項。他們認為我年輕體力好，應該能負荷。前半段打的是兩種較老的藥——環磷醯胺和艾黴素的混合劑（芭芭拉稱之為「紅色魔鬼」），後半段是太平洋紫杉萃取出的紫杉醇。高高瘦瘦、待人溫厚的馬爾帕斯醫生，負責在化療期間照顧我，之後再由個頭嬌小、笑點很低的孫醫師接手。他們對我說明可能的副作用時，我不禁想：**之前，我應該搬回納爾森過平靜的家庭生活**。常見的副作用有噁心、疲倦、感染；較不常見的有中風、心臟病發、白血病。唐說得沒錯，我不應該到大學任職的。天知道我也不應該在早期實驗中噴灑年年春，或是忘了檢查中子探測器的安全門，或在研磨放射性幼苗時，忘了按下防塵口罩的鼻樑金屬片。

而婚姻破碎帶來的壓力，當然也難辭其咎。

過了幾週，一名護士把針扎進我的皮膚，櫻桃色的紅色魔鬼流過我的血管。這是二〇一三年的一月初。我望著醫院窗外的雪花飄落在一棵形單影隻的樹上，想像著癌細胞逐漸縮小枯萎。它巍然而立，守護著醫院、底下的城鎮，還有街道兩旁的光蠟樹、栗樹和榆樹；樹木幫助樹木，人幫助人。放馬過來吧。如果這棵樹能夠離開野外的森林獨自存活，我也能活下去。隔天，我滑雪滑了二十公里到我最愛的步道，把羅蘋和比爾甩在後面，彷彿在證明自己比癌症還強悍。我經過一片皆伐地，新種下的松樹比去年高了一公尺，心裡很感謝林地邊緣的樹木對小樹的扶持。到了步道頂，樹木仍然屹立不搖，我對它們說：「我需要你們的幫助。我需要被療癒。」我沿途滑過去，樹枝在我上方，有些觸到我的手臂。但到了隔天，我連滑一公里遠都很勉強，身體像一袋濕答答的水泥，最後只能黏在沙發上。比爾留下來照看我。他是個才華洋溢的導演，但目前正處於休息階段，所以特別留下來幫忙。他耐心地陪我坐著，沒說太多話，也沒大驚小怪，只是陪伴。一週後，體內細胞吸收了藥物，我又回到滑雪場上，漸漸增加到兩公里、五公里，然後十公里，比爾跟在後面確定我沒事。

「看我的腳尖旋轉。」娜娃踮起腳尖說。我牽著她高舉過頭的手，她像個陀螺轉啊轉。漢娜穿上黑金兩色的閃亮高筒運動鞋（六月蟲外婆送她的），秀了一段霹靂舞，一下手指動作，一下地板動作。我試了一個舞步，但兩腳都是麻的。兩姊妹表演時，舞蹈優美無比，動作精準到位。我感動得熱淚盈眶，從頭到尾目不轉睛，眼中只有她們。

我盼望著母親節之前就能做完化療，因為她們最後一次的盛大公演就在那個週末，那是每年一次的春季盛會。但第二次化療時，馬爾帕斯醫生讓我看胸部X光片。穿花花護士服的資深化療護士雪洛擔憂地看著螢幕，另一名護士安妮特正在拍拍吊點滴的病患，問他們覺得如何。「這種事我還是第一次看到。妳的心臟這兩週以來長大了二五%。」馬爾帕斯醫生指著X光說。醫生植入我右鎖骨下的人工血管鮮明可見。我的肺、肋骨和心臟清楚呈現「術前」和「術後」的差別。**這就是我——至少是新的我**，我心想，用手像尺一樣描過我的肺和肋骨。

「我懂了。」我輕聲說。

「沒有心臟病發，算妳幸運。」他說：「妳得做更多檢查。還有，請妳暫停滑雪，這樣才能專心抗癌。」

漢娜建議我用走路代替滑雪。那天晚上我們一起看《歡樂合唱團》，她靠在我身上。我的筆電擱在橡木咖啡桌的一疊書上，女兒們的作業丟在一邊。我們坐在凸窗旁邊吃鷹

二〇一三年一月，化療開始後兩個禮拜，我開始掉髮之前。

嘴豆、山藥和米飯。湖對面的大象山閃閃發光。劇中，柯特和布萊恩、布里特妮和珊塔娜一起舉辦婚禮，珊塔娜的祖母終於接受兩個女生可以結婚。我有點窘，但漢娜很愛這一幕，娜娃也是。感謝老天，現代的小孩變得比以前更能包容。一集播完後，我說：「我只能在平地上走路。」每年的滑雪季我從不錯過，她們也是，打從學會走路就開始滑雪。但娜娃高聲說：「媽媽，反正明年的雪會比今年更棒啊。」

我們會熬過去的。一定要。

瑪麗來陪我做下一回合的化療，我的心臟危機解除。我們到醫院時，有個身材嬌小、包著頭巾的七十歲老婦坐在窗邊的座位。「她搶了我們的位置。」

瑪麗悄聲說。我們找到另一個位置。總共有四個，房間四個角落各一個，米色窗簾只提供最起碼的隱私，中間是護理站，一邊是一排大窗戶。老婦摸索著她的藥袋，跟我愈來愈擅長服用的藥長得一樣。粉紅色藥丸是為了減少噁心，藍色是為了治療鵝口瘡，其他很苦的藥是為了讓我的腸胃蠕動。我越過窗簾自我介紹。她名叫安妮，心臟衰竭的丈夫在另一個房間，可能不久於世。

隔天淋浴時，我低頭看見自己的頭髮掉了滿地，像雨中的假髮。我摸摸頭，剩下的頭髮像蒲公英種子一樣落下。經過鏡子時，我沒有勇氣看。「我們去森林裡走走。」瑪麗說。我戴上兩頂保暖帽，第一頂代替頭髮，第二頂擋風，免得頭皮受凍。我們走在雪松林間，雪輕輕飄落，幼樹層層包圍住老樹。經過小樹時，我喃喃地說「當然了」，心想幼苗可能是遙遠的母樹跟其他樹之間的中間節點，有一天自己也會變成母樹。把老樹和幼樹連起來的線、世代之間的連結，就是森林留給我們的寶藏，也是我們存活的根基。對所有生物來說都是如此。

每天早上，瑪麗都會備好早餐端到我床前，念一章《速成女神探》給我聽，然後挽起我的手，一起沿著風大的庫特內湖沿岸一跛一跛地散步。她煮了羽衣甘藍和鮭魚，抱怨加拿大的羽衣甘藍跟鐵釘一樣硬，還偷偷買了雞肉派和冰淇淋。

第三回化療時，馬爾帕斯醫生要我跟另一個病患聊一聊。羅妮和她妹妹走來我的位子談她的「劑量密集」治療（跟我做的治療一樣）。兩姊妹都是四十五、六歲，羅妮抓著老派的口金包，看著扎進我血管的軟管。「其實沒那麼糟。」我說，雖然每做一次化療，我人就感覺更累。

「我不想掉頭髮。」羅妮聲音緊繃地說，看著我的毛線帽。就在我們最需要女性特質的時候失去那部分的自己，打擊真的很大。我邀請她第一次化療結束後，來我家的沙發躺著休息，她說好。後來她又來找我。過不久，我們開始開玩笑說，化療一結束就要把沙發、衣服、帽子和假髮全部丟掉。羅妮住在森林裡，出城要半小時的車程。有時我們會坐在她家的大沙發上看樹，還有包圍房子的積雪，期待春天的來臨。

「妳該認識一下安妮。」我說。不久我們三個就開始來回傳送簡訊。

我每天記錄病情，從一到十寫下自己的疲倦程度、心情好壞和糊塗程度（他們稱之為「化療腦」，無法組合思緒、想起字、說整句話）。我的精神隨著體力嚴重流失，化療之後常心情沮喪，連在附近散步都像在激流裡游泳，而且也開始瞭解走到生命終點是什麼感覺——就是連再前進一步的力氣都沒有。要是不能吃東西、上廁所或離開沙發，死亡不是太壞的選項。當你不能穿上滑雪板、沿著河邊的雪道往下滑，或是為小孩煮晚餐。「我很努力要做自己。」我在日記上寫，盼望恢復正常生活，再跟女兒去滑雪。我會好轉一天又軟掉，再好轉又軟掉又爬起來，然後又開始下一回合的化療。我把高高低低的曲線拿給孫醫生看，她說：「妳會愈挫愈勇。」

第四次也是最後一次注射紅色魔鬼時，我告訴馬爾帕斯醫生，我不確定我還撐不撐得下去。連流眼淚都好痛。他建議我冥想、服用安眠藥、曬太陽，要我放心，最後四回合改用紫杉製成的藥，我的狀況就會好轉。

安妮傳來簡訊：「想妳想要的，別想妳不想要的。」我心想，我要跟我的樹一樣強壯，跟我的楓樹一樣。那天下午，我坐在楓樹底下，鞦韆靜止不動。我背靠著它，臉面對溫暖的氣息，感覺自己沉入它的根部。一瞬間，我進到了楓樹內部，它的纖維跟我的互相纏繞，把我吸進它的心材裡。

艾曼達在三片皆伐地做的親緣辨識實驗，只是一個開端。我不能讓她的碩士學位完全仰賴一個可能注定失敗的實地研究，所以我們另外搭配了一個溫室實驗。她在溫室裡種下一百株幼苗（我們稱之為這個實驗的「母樹」），八個月後在其中五十盆「母樹」旁邊種下自家幼苗，另外五十盆旁邊種外來幼苗。與自家幼苗和外來幼苗相鄰的一共有五十盆，其中二十五盆幼苗包在網目可讓菌根形成網路、傳送信號的網袋裡，另外二十五盆幼苗包在網目無法讓菌根形成連結的網袋裡。兩兩一起成長到「母樹」一歲大，鄰居四個月大。

時間轉回三月，我第四次注射紅色魔鬼之前。艾曼達寫信告訴我，她已經準備好要採收她的一百個盆栽。「在那之前，妳跟布萊恩應該先用 $^{13}C\text{-}CO_2$ 標記母樹，看它們分享給自家幼苗的碳，有沒有比分給外來的幼苗多。」我回她。儘管身體不聽使喚，我還是很關心母樹在多大程度上不只會辨別自家幼苗，也會傳送較多的碳過去。布萊恩是我新收的博士後研究員，後來也協助我的研究生做實驗並分析資料。「別擔心，蘇珊。我知道了。」他用帶愛爾蘭腔的英語安慰我。我們得根據我的體力狀況約 Skype 會議的時間。他們做同位素標記那天，我感覺像是在沒有空氣的地方爬山，雖然很想參與，但也很慶幸他們沒有我也能完成。「我們在溫室待了一整夜。」布萊恩寫信告訴我。樹已經採收完畢，也計算過它們的菌根，並把組織磨成粉送去做碳十三分析。我躺在沙發上鬆了口氣。

一個月後，我們在 Skype 上討論，螢幕上秀出艾曼達的資料表和數據。她一開頭就說：「嘿，妳氣色很好。」

「嗯，謝了，我還在努力挺住。」我說，把筆電放斜，希望遮住我的眼袋，聽著她帶我看一遍資料。我帶漢娜和娜娃去看過一次她打曲棍球，她父母跟阿姨在我們後面那排替她加油。艾曼達是卑大女子曲棍球隊的隊長，滑冰飛快，耍棍靈活。她知道要怎麼整合資料，瞄準目標。

「自家幼苗比外來幼苗得到更多的鐵。」她說，游標滑過母樹兩種鄰居呈現的差異，接著指出銅和鋁也是同樣的結果。「母樹可能把這些養分傳送給自己的後代。」我說，腦中突然閃過她把冰球快狠準地傳給中間球員，對方再運球衝向球門，然後迅速傳給邊鋒，艾曼達則移到藍線防守的畫面。這三種微量營養素對光合作用和幼苗生長都不可或缺，我說。大家開玩笑地說鐵、銅和鋁會不會也是母樹傳給小孩的信號分子。

就像傳冰球一樣。

「自家幼苗的根尖也比外來的幼苗厚重，被母樹的菌根盤據的程度也更高。」她說，游標停在數據點上。

「哦，很合理！」我說。

「長在自家幼苗旁邊的母樹也比較大，妳想這算不算也是重要的發現？」艾曼達問：「如果它們真的來回傳送信號，那就說得通。」

那是當然的。保持連結和溝通，對父母的影響跟對子女的影響一樣大。

隔天，我打開 Skype 跟艾曼達和布萊恩一起看同位素數據。畫面還沒對焦，布萊恩就興奮地說：「妳看看這個！」

「雖然總量很小。」艾曼達說：「但母樹傳給自家幼苗菌根菌的碳比其他幼苗多！親緣辨識分子似乎包含了碳和微量營養素。」滑鼠的箭頭滑過螢幕。

「太神了。」布萊恩輕聲說，即使碳沒有一路傳送到自家幼苗的枝葉。我已經看過碳從白樺傳送到花旗松的枝葉，以及從垂死的花旗松傳送到隔壁黃松的枝葉，所以看到母樹傳送的碳，竟在自家幼苗的菌根菌前止步，沒有送進幼苗的枝葉很驚訝。但艾曼達的自家幼苗，只有我跟圓圓當初用在去葉實驗中的黃松的五分之一重，因此我猜測，艾曼達的幼苗還太小，無法形成夠強大的積儲把碳吸收進枝葉。不只如此，艾曼達的「母樹」形成的供源也沒有圓圓當初實驗的垂死花旗松那麼強大，因為它們把大部分資源用在自身的成長和維持上，而不是投放到菌根網中。我心想，**如果讓我熬過這些該死的化療，我得再用垂死的母樹和更多幼苗來做一次這個實驗**。

「就算只有少量的營養素傳到幼苗的菌根，對這些小生命來說都可能是生死的關鍵。」我說。在濃蔭下或夏季枯水期奮力存活的幼苗，哪怕只是得到一點點幫助，再怎麼微不足道的好處，只要來得正是時候，就可能讓它們起死回生。除此之外，母樹愈大愈健康，給的碳也愈多。

登出電腦時，我心想：**不只是這樣**。廚房裡，霜悄悄爬上窗玻璃。我盼著瑪麗的到來，還有琴。自家人的溝通交流很重要，但群體之間的溝通交流也一樣。有兩個實驗組別，母樹傳給外來幼苗菌根的資源，甚至跟自家幼苗的菌根一樣多。當然不是所有的組別都相同。森林也很豐富多樣，所以才會蓬勃生長。白樺和花旗松雖是不同種類的樹，卻把碳傳給彼此，也把碳傳給屬於另一個網路（叢枝菌根網）的雪松。老樹不只獨厚自己的小孩，同時也會確保它們培育小孩的群落是健全的。

Bien sûr！（那是當然的！）母樹給了自家幼苗起步的優勢，但也照顧整個村落，確保它欣欣向榮，適合自己的後代生長。

我跟艾曼達一起檢視她的實地數據。三塊皆伐地只有九%的種子萌芽。我回想起坐在木頭上寫筆記、她在旁邊檢查網袋的情景，當時的我還不知道真正的累是什麼感覺。但有時候禍福相倚，況且我也不是會輕易把有趣的趨勢拋到腦後的人。

「站穩腳跟的幼苗數量和氣候乾燥之間的關聯性很弱。」艾曼達幾乎有點抱歉地說：「但我在溫室實驗中看到同樣的趨勢。」比起在潮濕氣候區，自家幼苗在乾燥氣候區更依賴母樹。最乾燥地區的母樹甚至特別對幼苗伸出援手，可能是透過菌根網傳送水給幼苗。

我坐在桌前寫日記，桌上堆了好多喝剩一半的蘇打水。體力：五分；心情：今天特別好。或許，我們應該留下母樹，而不是把大部分的母樹砍掉，這樣它們才能自然而然播下種子並照顧自己的幼苗。或許，把老樹一併砍除的作法值得商榷，即使它們健康狀況不佳。垂死的老樹還有很多能付出的。我們知道，依靠老熟林生存的鳥類、哺乳動物和真菌把老樹當作棲息地。老樹儲存的碳遠比幼樹多，也保護藏在土壤中大量的碳，還是乾淨的水與新鮮空氣的來源。這些古老的生命經歷過大風大浪，基因也因此受到影響。它們從各種變化中累積重要的智慧，並傳給後代，為下一代提供保護、起步的環境和立下根基的地方。

門砰了一聲。娜娃和漢娜放學了，毛線帽上滿是雪。漢娜的數學需要人幫忙，我們打開她的課本。

我未竟的志業——我腦中揮之不去的問題，主要是：年邁的花旗松母樹若是健康惡化，比如染上病害、因為氣候變遷引起的乾旱而倍感壓力，或只是走到生命盡頭，會不會利用最後的時間把剩下的能量和資產傳給後代？眼看有那麼多森林奄奄一息，我們應該弄清楚老樹是否會為後代留下遺產。我跟圓圓在實驗中發現，比起健康的花旗松，受到壓力的花旗松傳給隔壁黃松的碳更多。艾曼達也發現，長在健康母樹旁邊的自家幼苗得到的養分比外來幼苗多，其菌根菌得到的碳也更多。**但目前為止，我們還不確定垂死的母樹傳送的碳，會不會從菌根網延伸到自家幼苗的枝葉——它們的命脈**。因為如此，也就無法證明母樹傳給真菌的碳，確實能增進自家幼苗的健康。我們不知道真菌是否會像中間商一樣把碳據為己有，還是母樹送出的碳真的會用來提高自家幼苗的存活率。

假如死亡逼近迫使母樹把更多資產注入子女的光合作用機制，這對整個生態系統都意義非凡。

要徹底解開這個謎，還要好幾年。但首先我得一步一步慢慢爬上醫院的樓梯，開始注射紫杉醇。

一種從紫杉萃取出的藥物。

「為了娜娃，妳得打起精神。」羅蘋對我說，努力隱藏她的擔憂。我盯著要包裝的禮物看。我的人工血管上布滿針孔；喉嚨因為感染而發白；光溜溜的頭皮好癢。我正在為生日派對準備的義大利香腸三明治讓我反胃。我的藥堆在玻璃櫃上，旁邊是瑪麗幫我做的藥物記錄表。用來把惠爾血添注射液注入腸胃的針筒擺在外面，提醒我晚上的例行公事。嘴巴的味道像大便——完全不誇張。注射紫杉醇之後噁心狀況減輕，卻更加疲倦。連對我最重要的事——跟女兒相處的時光，我都很難樂在其中。

「我沒辦法。」

「妳可以的。」她低聲說，一邊做好三明治，再用烘焙紙包起來。

前幾個禮拜瑪麗不在，所以羅蘋來跟我們住。晚上她睡在我房間外的走道上，聽到我的呻吟就會醒過來。每天教完一年級的課，她就會趕回來做晚飯。

娜娃探頭進來。今天她就滿十三歲了。她穿上她最愛的棗紅色洋裝，上面印著粉紅色花朵，讓我想起三月二十二日是春臨大地的第一天。再過一小時，五位親朋好友就會到附近的湖濱公園跟我們會合。她用一雙湖綠色的眼睛看著我，問我真的可以開生日派對嗎？

「哦，親愛的，」我從椅子上挺起身。「我很快就過去。」

三明治，汽水，巧克力蛋糕。我把載著派對餐點和氣球的休旅車停到野餐桌前。雪這裡一片，那裡一片。楓樹和栗樹的枝幹光禿禿，玫瑰叢罩著粗麻布，往湖邊的沙地卻滿是

二〇一三年三月二十二日，娜娃十三歲生日。

腳印。羅蘋阿姨正在擺黃色餐巾紙和杯子（娜娃最愛的顏色）時，漢娜和六月蟲外婆來了，堅持要壽星打開禮物：一個淺綠色的馬克杯，上面的黑色字體印著娜娃的名字。六月蟲外婆把一個小盒子放到娜娃面前，說：「我十三歲的時候，維妮外婆送給我這支錶，現在我想把它送給妳。」媽媽有時候很有一套。娜娃試戴上錶，橢圓形錶面鑲了珍珠，錶帶是金銀兩色的愛心串起來的。

紙餐盤上印了芭蕾舞伶。女兒們吃三明治，喝橘子汽水，把嘴唇染成橘色。我們把蠟燭放上蛋糕，上面的巧克力糖霜印著黃色的「娜娃」兩字。以前我會用詳細的提示、迷宮和獎品，為她們的生日安排尋寶遊戲。今天，漢娜提議來玩托雞蛋賽跑，還帶來一盒雞蛋和六支湯匙。她大喊一聲：「預備——

開始！」一行人往終點衝刺，大家笑成一團，啪一聲把蛋摔到地上，娜娃也不例外。

一陣微風從湖邊吹來，今年第一艘下水的帆船在跟冷風較勁。顫楊群的光禿枝幹蒼白挺拔，白樺樹冠閃著紅光，黃松和花旗松伸長了黑色枝條，盼著春天到來。

我笨手笨腳用火柴點燃蛋糕上的蠟燭，弓起身體免得風把火吹熄。娜娃吹蠟燭之前，羅蘋阿姨說：「許願！」我也許了願，祈禱所有人都健康，而我很快就會回到樹木身旁。大家一起吹氣，以防萬一。最後一抹火光閃了一下，還是被微風吹熄，大家齊聲唱生日快樂歌。一隻灰噪鴉在空中盤旋。娜娃眉開眼笑地說：「媽，謝謝。」我輕聲說：「親愛的，整個世界都在妳前方等著妳去探索。」我也有重獲新生的感覺，一個年輕的靈魂拯救了我。我雙手抓住她的肩膀一轉，她開始優雅地踮腳旋轉，連轉五圈，每次轉圈都跟我四目相對。她拍了我的手指最後一次，然後才放開手。

我下定決心要看著我的孩子畢業。四月二十二日，漢娜就滿十五歲了，那天是世界地球日。娜娃出生在春分，是我們應該停下來想想土地、海洋、鳥類、生物，還有彼此的一天。我怎麼會錯過這麼神奇的巧合，錯過我把她們帶來這世界的奇妙時節。

那年秋天，除了照顧自己的孩子，我也大膽接下培育其他幼苗的工作。雖然疲憊的感覺持續不斷，我還是接下了 TEDYouth 演說的邀約，到紐奧良對一百名坐在懶骨頭上的十四歲小孩演講。瑪麗陪我一同練習，因為屆時會錄影並放上 YouTube。我排練了一次又一次，瑪麗對我很有耐心，只偶爾提示我，直到我能把句子串起來為止；化療之後的一連串放射治療仍會讓我的腦袋當機。我為了擬人論觀點而掙扎，雖然知道一定會引來科學家的批評，但我仍然選擇用「母親」、「她的」、「孩子」這些字眼，幫助孩子理解我要傳達的概念。主持人很會帶動氣氛，他的活潑朝氣正好化解了我的害羞內向。我用七分鐘的時間談了互相連結的重要性，還秀出比爾拍攝的美麗樹木和菌根網，主持人興奮激動得站了起來。後來影片放上網，點擊數超過七萬。我受邀兩年後到 TED 的台上演講。我很高興我最近的研究受到了肯定，幾篇文獻回顧的引用次數已經超過一千。

娜娃的生日派對過後不久，羅妮、安妮和我在抗癌互助會上圍繞著丹尼絲。第一次走進化療室，丹尼絲就哭著逃走，因為我坐在椅子上看起來只剩半條命，她以為自己很快也會變成這樣。我、安妮和羅妮已經自成一個網路緊緊相繫，常常互傳訊息分享彼此的痛苦和恐懼，送對方幸運石和詩，分享能擺脫喉嚨痛或紅疹的這牌藥膏或那牌藥水。安妮會傳簡訊跟我們說：「身體會跟著想法走，所以要想一些有療癒效果的事。」她變成陪伴我們奮力走過最後幾次化療的母樹。

丹尼絲來跟我們一起吃午餐，很快成了我們的好姊妹。四個人圍著我的圓形餐桌時，羅妮拿出羅宋湯，丹尼絲拿出無麩質餅乾，我的是羽衣甘藍沙拉，安妮貢獻的是黑巧克力，說她沒辦法遵守**所有的**規定。我長了鵝口瘡，羅妮睡不好，丹尼絲的腳麻，安妮則提醒我們就快做完化療了。「眼睛要盯著獎勵。」她說。我們都知道真正的獎勵是我們互相陪伴——從痛苦的治療和折磨中淬煉出友誼，一起面對死亡，從不讓彼此放棄，在無法再多忍受一分一秒時接住彼此。那時候我發現，連結一向強大的我，就算死也了無遺憾。羅妮問她的金色假髮是不是比她原來的頭髮還好看，我們都大聲說對。

「我們來給自己取個名字。」羅妮說：「BFFs好了，Breastless Friends Forever，天長地久之無胸好朋友。」「可是我還有胸部。」丹尼絲說。

我說她動過乳房腫瘤切除術，就算符合資格。

一週後，安妮打完第三次針走出化療室，我剛好要進去。「我可憐的丹快不行了。」她說，不安地抓著圍巾。我還沒來得及安慰她，她就拍拍我的手臂。

幾小時後，她傳訊說，丹在她的懷中斷了氣。

馬爾帕斯醫生說得沒錯。紫杉醇的確比之前的化療藥更好吸收。我恢復了一些體力，又開始到林中散步。紫杉醇來自紫杉的形成層。這種灌木般的矮小樹木長在年老雪松、楓樹和花旗松底下。原住民知道它具有療效，便把它做成湯藥和藥膏來治病，將其針葉放在皮膚上摩擦增強體力，或用來沐浴淨身。他們還拿紫杉木做碗、梳子、雪鞋，也用來雕成魚鉤和矛箭。紫杉的抗癌功效被現代製藥產業發現之後，就變得奇貨可居。我看到小紫杉樹（枝條跟莖幹一樣長）的樹皮被剝光，看上去像十字架，有如受盡虐待的怨靈。近幾年，藥物實驗室學會人工合成紫杉醇，紫杉才得以在森林的涼爽林冠下蓬勃生長。然而，人類為了取得巨木而將老熟林砍伐殆盡，這些樹皮粗糙的小樹因此少了遮蔽，曝曬在烈日下，日漸脆弱。

瑪麗抵達之後，我們去林中尋找紫杉，在楓樹和雪松的婆娑光影下找到它們的蹤影。它們枝繁葉茂，樹皮老皺粗糙，高度跟哈比人差不多。低矮的枝條垂到地面，新的莖往下扎根，跟母樹交纏在一起。我用手滑過它的枝條，一排排針葉兩兩成對，上面是深綠色、下面是灰綠色，樹皮摸起來像絲綢，儘管已經很老了，它在英格蘭最老的親戚已經有幾千歲。我拉拉它的樹皮說聲嗨，樹皮便落到我手中，底下的形成層紫亮紫亮。

打完最後一次紫杉醇之後，我帶漢娜和娜娃來這片小樹林。春季美人和黃花水芭蕉開得正盛。「我的藥就是這些紫杉做成的。」我說。我們張開手臂抱住虬結的樹幹。我請它們保佑我的女兒，世界上所有的女兒，就像保佑我一樣。為了回報它們，我承諾會保護它們，向它們請益，尋找至今未知的寶藏。不同於這裡的針葉樹，紫杉是跟叢枝菌根建立關係，但它們也跟雪松和楓樹互相連結嗎？我猜它們也會插手大樹和腳邊小植物（野薑、披針葉扭柄花和舞鶴草）的事。一個緊密連結、生意盎然的群落，或許能促使紫杉產生更大量、功效更強的紫杉醇。

我怎麼能夠不報答它們？

我想像自己健康好轉之後徜徉在紫杉叢中，聞著其汁液散發的鮮明氣味，與它們一起在樹蔭下工作。我把心裡的想法告訴女兒。母女三人走在鶴立於紫杉之間的雪松和楓樹林裡，漢娜對我說：「媽媽，妳應該這麼做。」我們躲在母樹的樹冠下，在它們的後代之間穿梭。娜娃取下瑪麗送她的圍巾，圍在最老的一棵樹上，它長長的樹枝垂至地面。

現代社會以為樹不具有跟人類一樣的能力，認為它們沒有照顧幼小的本能，不會互相療癒，也不會關照他者。但現在我們知道母樹確實會培植自己的後代。花旗松能認出自家幼苗跟其他家族或不同種樹的差別。它們互相交流並送出碳（組成生命的要素），不只給自家幼苗的菌根，還有群落的其他成員，以利維持群落的完整。它們對待幼苗的方式，就像母親把自己最好的食譜傳給女兒，把自己的能量和智慧傳給下一代。紫杉也置身於這個網路中，跟一輩子的同伴互相連結，也跟我這樣大病初癒或只是偶然穿過林間的陌生人建立關係。

最後一次化療過後幾天，紫杉醇在我的細胞裡完成最後的任務。琴翻過莫納希山脈，大老遠跑來陪我整理花園，慶祝我重回戶外生活。「妳氣色不錯。」她說，即使我還很蒼白。我們花了好幾個小時翻土，看著蟲子在土壤裡蠕動，土粒變潮濕。一直忙到背痠，手上起水泡，我們才在樹蔭下坐下來喝康普茶。隔天我們種下豆子、玉米和南瓜。種子一萌芽，胚根就會對叢枝菌根菌發出信號，後者便會跟植物一起加入緊密的網路。我想像湖對岸的紫杉、雪松和楓樹也是如此。漸漸醒來的高大雪松會開始為睡眼迷濛的紫杉注入醣，紫杉再用得到的能量長出粗糙的樹皮並製造出一滴滴紫杉醇。楓樹葉一展開，就會把醣水送給樹蔭下的雪松和紫杉，讓它們在乾燥的夏季也有足夠的水分。到了晚秋，紫杉可能把綠色細胞中的庫存醣送給楓樹和雪松，幫助鄰居進入冬眠作為回報。菌根菌也開始包住礦質土粒，喚醒土壤中的蟎、線蟲和細菌。

我把一顆白色種子放進我在土裡按出的小洞。過幾個禮拜，土壤會熱鬧起來。到了母親節那天，蓬勃的生命力就會喚醒三姊妹的種子。

醫生宣布我終於抗癌成功的那天，馬爾帕斯醫生提醒我，日後若再復發，我可能就活不了。我想聽到他保證我不會有事，他卻聳聳肩，說：「蘇珊，這就是生命的奧祕，接不接受看妳自己。」

回到家，我坐在我的楓樹下。樹上迸出新葉，我聽著松鼠爬上樹冠。這棵楓樹冬天時失去了一大截樹枝，身上的汁液漸漸將傷口合起來，但它還是傾其所有製造新葉。樹上結實纍纍，或許是最後一批，其中有些種子會長出幼苗，有些會變成松鼠的大餐。

困擾我的問題，仍是即將告別生命的母樹。日漸衰弱的母樹會把剩下的碳傳送給子女嗎（將它擁有的傾囊相授）？甚至越過包覆幼苗細小根部的真菌網，直接送進幼苗的新葉，幫助它們長出行光合作用的組織？把最後一口氣送進後代體內，成為它們的一部分。

我在花園裡東摸摸、西摸摸，檢查豌豆是否已經萌芽，卻驚訝地發現一株楓樹幼苗從單薄的根鬚中探出頭。

15 傳承

漢娜往脖子一拍，一隻大小可比 B-52 轟炸機的蚊子隨即斃命。她跨過圍繞著花旗松幼樹根部的一圈破破爛爛的塑膠時，我說：「親愛的，先摸摸它的樹皮，表達妳的敬意。」她把手放在花旗松幼樹的光滑表面上，然後拿捲尺圍住它的樹幹並大聲喊出數字：「八公分！」相當於一顆壘球的周長。接著又喊：「二！」代表「營養不良」，針葉枯黃是根腐病的徵兆。琴把號碼記在數據表上。我的外甥女凱利·羅絲拿雷射測高器對著它的根，再轉向頂芽。「七公尺高。」她大聲說。我跟娜娃正在測量長在花旗松旁邊、只有它一半大的白樺。白樺底部冒出了蜂蜜色的菌菇。

我們回到了亞當斯湖。那是我一九九三年進行實驗的原址之一。當時我在花旗松和白樺之間挖了一公尺深的溝，並在個別苗根周圍埋下塑膠布，切斷連結樹木的菌根網。二十一年後，在二〇一四年七月的這一天，我們看見彼此切斷關係的樹木狀況悽慘，免疫系統脆弱，生命力受限。短短三十公尺外，則是菌絲網自由發展、茂盛的對照組。

距離我完成化療才一年多。我跟琴帶著分別是十四歲、十六歲和十八歲的娜娃、漢娜和凱利．羅絲來這裡觀察森林運行的方式，看看世界萬物是否真的在生態系統中合而為一、互相依賴，正如我數十年來的發現，也是世界各地原住民長久以來的智慧。利用這次的夏季森林一日遊，我也可以把這些智慧展現在孩子面前。

「來，戴上防蟲帽。」琴說。她從工作背心裡拿出綠色的養蜂人帽，為孩子示範怎麼戴上去，遮住她們的馬尾辮。「這太讚了。」凱利．羅絲說，隨即鬆了口氣。

我最早的一些實驗就在這裡進行。我們量完了有溝區的五十九棵幼樹，接著移往無溝區的對照組。那裡的地被層長滿茅懸鉤子和越橘。「至少躲在這棵白樺底下很涼。」娜娃說。她一下抽高，長到一百七十幾公分，跟羅蘋一樣高。漢娜和凱利．羅絲在她旁邊顯得嬌小，兩人身高跟維妮外婆相仿，都是一五五左右。三個女孩都遺傳了維妮外婆的安靜堅韌——埋頭做事不常抱怨，愛笑、善良、溫和，互相照應；爬起樹來面不改色，可以掛在樹枝上擺盪，摘下最高的蘋果，雙腳穩穩落地，然後進廚房親手烤個蘋果派。娜娃撕下一段薄如紙張的樹皮，開始測量樹圍。「這些是什麼弄的？」她指著樹圍上六排整整齊齊的小洞。

「是吸汁啄木鳥。」我說：「牠們在樹皮上鑿洞，吸裡頭的汁液，吃裡面的昆蟲。」就在這時，一隻活生生的金探鳥朝著她的紅色背心飛來，發出啾啾啾的聲音，周圍空氣隨之震動。「對了，」我笑著說：「蜂鳥也喜歡。」這隻紅褐色的珍奇小鳥飛向用種翅和蜘蛛網做成的鳥窩，四個小鳥喙張開伸出來。下一棵白樺被駝鹿壓彎，冒出的嫩芽進了牠的肚子。往東半公里處的亞當斯河岸上，白樺有三十公尺高，加拿大馬鹿、鹿和白靴兔也吃了它們的樹枝和嫩芽；海狸用防水的莖蓋窩；松雞舒服地躲在葉叢裡；吸汁啄木鳥和啄木鳥在樹上挖洞，之後貓頭鷹和鷹再來接收。這些卓然而立的白樺吸收了冰河水，河裡的水因為秋天產卵的鮭魚而染紅。

我一直很好奇，分解之後、滲入河岸的魚屍是否也滋養了白樺。

不到幾個小時我們就發現，無溝區的白樺（根部自由延伸並與花旗松連結）幾乎是有溝區白樺的兩倍大，而且沒有染病。跟我們將近二十年前疏伐過的溪邊白樺比起來，這些白樺比較小、但很健康，如紙的樹皮較厚，皮孔（樹皮小孔）緊密，樹枝少，是珍貴的製籃材料。蘇斯瓦族的長老瑪麗・湯瑪斯（Mary Thomas）認為，大型白樺的樹皮尤其適合採收。她的祖母瑪克麗特按照祖母教她的方式，教她怎麼剝樹皮才不會傷到樹，她也這樣教給自己的孫子、孫女。這樣一來，柔軟的形成層完整無缺，樹木很快就能癒合，確保樹能繼續孕育下一代。他們用樹皮做各種大小的籃子來裝茅懸鉤子、蔓越莓和草莓。河畔那裡體型較大的白樺樹皮不透水，適合用來製作獨木舟，茂密的葉子可做肥皂和洗髮精，樹液可當補品或藥水，同時也是最適合做碗和雪橇的木頭。只要用心照顧，例如種在肥沃的土壤裡、有好鄰居、數量適中、根部生長不受限，即使是高山白樺，也能變成森林裡的重要供應者。

混雜在白樺之間的花旗松，也比有溝區的花旗松長得更大，而且健康良好。最初幾年，與白樺相連的菌根網幫助花旗松小樹長得更高，長成成樹之後，這個有利的起點也很重要。經過二十年，比起跟鄰居切斷連結或周圍都是同類的花旗松，跟白樺當鄰居的花旗松長得更好。不只得到更多養分（營養豐富的白樺葉變成沃土），也較少得到蜜環菌屬根腐病，因為白樺根部的細菌提供了大量的氮，內含的抗生素和其他抑制性化合物也形成強大的免疫力。因為相互依靠，這片林地的產量，幾乎是我們二十年前挖溝把樹木隔開的林地的兩倍。剛好和一般林務員的預期相反。他們以為擺脫白樺牽絆的花旗松會搶到更多資源大餅，彷彿生態系統本身就是一場零和遊戲，並一心認為整體產量提升不可能來自於物種之間的合作互動。更讓我驚訝的是，白樺也從花旗松那裡受益。與花旗松緊密相連的白樺，生長速度不只是獨自生長的白樺的兩倍，根部病變也較少。白樺在花旗松幼年時為它們補充養分和增加抵抗力，花旗松長大之後也知恩回報。花旗松往上生長時，雖然白樺已經逐漸退場，一如森林自然的老化過程，但白樺根仍在土裡扎得很深，身上也仍保有真菌和細菌，刻畫在大地畫布上的命脈不可磨滅。等到下一次大變動，如火災、害蟲入侵或傳染病爆發，其根株會再度萌芽，帶來新一代的白樺。就這樣生生不息，花旗松也是一樣。

我們坐在一棵開枝散葉的白樺底下吃午餐。鮭魚三明治是我們在營地做的，漿果是沿途摘的，餅乾是在菲溫比雜貨店買的。凱利．羅絲把鮮紅色的茅懸鉤子一顆一顆挑出來吃，像從盒子裡挑選巧克力。「蘇西阿姨，為什麼長在白樺底下的植物這麼甜？」她問。

我告訴她，白樺根和真菌從土壤深處吸收水，同時把鈣、鎂和其他礦物質帶上來，再把這些養分輸送到葉子，讓它們用來合成醣。白樺藉由地下的真菌電纜，把其他樹木和植物串連在一起，並透過真菌網跟大家分享從土壤吸收的精力湯，還有樹葉製造的醣和蛋白質。「到了秋天，白樺開始落葉時，葉子就會反過來滋養土壤。」我說。

瑪麗．湯瑪斯的母親和祖母瑪克麗特教她要對白樺表達感謝，只取自己所需並獻上禮物，以表謝意。瑪麗．湯瑪斯甚至稱白樺為母親樹——早在我偶然發現這個概念之前。瑪麗的族人這樣看待白樺已經好幾千年，這樣的認知來自林中生活（森林就是他們心愛的家園），以及跟所有生物學習，把它們當作平等的夥伴一樣尊重。西方哲學主張人類是萬物之靈，是自然世界的主宰，就是在「平等」上面栽了跟斗。

「記得我說過，白樺和花旗松怎麼透過真菌網，在地底下跟彼此對話？」我問女孩們，一手放耳朵，一手放嘴巴。女孩們側耳傾聽，蚊子在耳邊嗡嗡飛。我告訴她們，我不是發現這件事的第一人，這是很多原住民從古流傳至今的智慧。已故的布魯斯．米勒（Bruce “Subiyay” Miller），人稱蘇比亞，是住在美國華盛頓州奧林匹克半島東邊的斯克克米許族（Skokomish Nation）。他說過一個有關森林的共生和多元特質的故事，談到林地下「有個根和真菌組成的複雜而廣大的系統，讓森林維持強健」。

「這朵鬆餅菇就是地底網路結出的果實。」我說，把一朵帶股土味的牛肝菌拿給凱利・羅絲。她查看上面的細小氣孔，問為什麼過這麼久大家才瞭解這件事。

透過硬邦邦的西方科學，我瞥見了那個完美的網路，簡直是意想不到的好運。大學教我要把生態系統拆解成一個個單位，單獨研究樹木、植物和土壤，這樣我才能「客觀地」看待森林。這種剖析方式，這樣的掌控、分類和自我麻木，照理說應該讓各種發現更加清晰、可信、有根據。當我照著這些步驟把系統拆解，一一研究個別部分，我雖然得以發表自己的研究成果，卻很快發現，要發表一份研究生態系統的豐富多元和複雜連結的文章，幾乎是不可能的事。我早期發表的論文常收到「沒有對照組！」這樣的評論。縱使我有拉丁方格設計、因子實驗、同位素標記、質譜儀、閃爍計數器，也受過訓練、只考慮統計上呈現顯著差異的鮮明線條，最後繞了一圈還是碰上原住民的理念：多樣性至關緊要。世界萬物**都**彼此相連——森林和草原，土地和水，天空和土壤，靈魂和生者，人類和其他生物，無一例外。

我們淋著毛毛細雨，走到我按照不同密度種下針葉樹的地方，看看它們喜歡跟少少的鄰居還是多一點鄰居一起長大。每棵樹、每塊地、每根角柱我都認得。我知道落葉松和雪松種在哪裡，還有花旗松和白樺。我帶女孩們看哪棵花旗松種得太深，哪棵白樺被駝鹿壓斷，哪棵落葉松被黑熊扯歪。我在另一個地點每年種樹，連種了五年，但一棵樹都種不活，如今上面卻長出一片美麗的百合，這才是它該有的樣貌。在混合林地裡，雪松在白樺底下枝葉繁茂，需要白樺的遮蓋，來保護它們細緻葉子上的色素。當我停止嘮叨，抬頭望時，琴和女孩們露出微笑。

我們開始測量按照不同密度栽種的花旗松。沒有白樺當鄰居的花旗松，有高達兩成感染蜜環菌屬根腐病，比白樺簇擁的花旗松來得高。它們的根變成土壤裡的傳染病容器，病原擴散到它們的樹皮底下勒住韌皮部，卻沒有白樺根來阻斷病原。有些染病的花旗松還活著，但針葉漸漸枯黃，有些早已死去，樹皮灰白剝落。它們的位置被其他植物取代，甚至有一些是白樺，邀請鳴禽、熊和松鼠來訪。一些樹木死去並不是壞事，這樣有可能帶來多樣性、複雜性和樹木更新，也能控制蟲量並製造防火帶。但太多樹木死去就可能造成一連串改變，引發震盪，破壞平衡。

琴教女孩們怎麼把生長錐的鑽頭插進花旗松的樹皮。「如果生長錐推不進去，不要試超過兩次，免得傷到樹。」琴告訴她們。凱利．羅絲問她能不能試試看。不到幾分鐘她就正中紅心，將生長錐推進髓心。琴接著把木芯樣本塞進紅色吸管，用膠帶封住一邊，再做上標記。

在高密度區（花旗松之間只隔幾公尺遠），地被層一片陰暗。除了鏽斑點點的針葉，地面看起來光禿禿，酸性土壤減緩了養分循環的速度。我們穿過樹叢時，灰色樹枝應聲斷裂。我想像菌根網照著樹木的排列方式發展，把樹木像一排排電線桿接在一起。當較大的樹伸展根莖，接收死去樹木讓出的空間時，網路會變得更複雜一點。

樹枝擦過我們的小腿，我們移往花旗松種得較開（最遠五公尺）的區域。這裡的花旗松樹圍更壯一點。經過這些年，種子散播到樹木之間的空地，有些可能是自家幼苗，有些是被移除樹木的後代，還有一些來自周圍林地的花旗松。它們與隔壁樹木，或是其他山谷的花旗松的花粉結合，以確保群落保有復原力。有些新長出的樹還是幼兒，有些已經上幼稚園，也有些已經是少年，這片保有多樣性和親緣關係的林地愈來愈像一間校舍。我想像它們底下的菌根網隨著森林年紀更大，變得更複雜，最大的樹——母樹，成為網路中樞。最後，它會長得跟我們幾年前在那片花旗松老熟林繪製的菌根網圖一樣。

測量完最後一棵樹之後，我們循著一條駝鹿小徑走回停車的河岸。森林慢慢接收了我的實驗，給了我滿滿的驚喜——林木邊緣的十幾種樹自然而然在這裡播下種子，駝鹿吃掉了人工種植的白樺，樹木染上蜜環菌，花旗松對白樺伸出援手，幼小的雪松簇擁在闊葉樹下躲太陽。這片森林自然知道如何恢復活力，只要有個好的開始，在願意接納植物的土壤裡播下種子，除去不屬於這裡的人造林，耐心地等待我傾聽它說的話。我不禁想，**這些資料很難發表。大自然本身模糊了我的實驗的僵硬分類，我原本有關樹種組合和種植密度的假設，因為新樹移入不再能夠驗證。但藉由傾聽，而不是硬要遂行己願、得到答案，我反**

而學到更多。

開車在之字山路繞來繞去時，孩子們在後座睡著，琴忙著整理數據表。我何其幸運，這些年能分享森林的祕密。第一次實驗，我測試了白樺是否會透過菌根把碳傳送給花旗松，心想只要有一點發現就謝天謝地，沒想到竟然測到強大得足以刺激植物結實的脈衝。我看到花旗松回報白樺，讓它有足夠的能量在春天長出新葉子。後來我的學生們也證實，這種互惠關係不只存在於白樺和花旗松之間，各種樹木之間都有。

我以為繪製菌根網圖，或許能從中發現一些連結。

結果我們卻發現了一片織錦。

跟圓圓合作時，我以為垂死的花旗松傳送訊息給黃松的成功機率微乎其微，但它們真的辦到了。我另一個學生在第二次實驗中再次證實，世界各地實驗室的其他人也證實了。接著，我以為假設母樹能認出「自家人」太過大膽，即使雙方可能透過菌根網傳送信號，結果令人意想不到！花旗松確實能分辨親疏！母樹不只送出碳，扶助它們的菌根菌共生體，也會增進自身幼苗的健康。甚至不只自家幼苗，連外來幼苗和不同樹種的幼苗也受到照拂，藉此促進群落的多樣性。這一切難道都是運氣？

我認為樹木一直以來都在對我傳達訊息。

一九八〇年，看到瘦小枯黃的雲杉幼苗（促使我踏上一輩子的追尋之旅），我就有種直覺，它們之所以那麼辛苦，是因為光禿禿的根無法跟土壤連結。如今我知道它們缺少了菌根菌，其中的菌絲不只能從林地吸取養分，也能把幼苗跟母樹互相連結，為幼苗補充碳和氮，直到它們能自立自強為止。但它們的根卻被侷限在穴盤中，與老樹隔開。相反地，在母樹的外圍自然更新的洛磯山冷杉卻獲得豐富的養分。

但自從我生病就困擾著我的問題，至今揮之不去：假如人類並不高於其他物種，當我們面對死亡，也有相同的目標嗎？盡可能把自己擁有的傳承下去。把最重要的遺產留給子女。除非能證明這些重要能量，會**直接**傳送到母樹後代的莖葉枝芽等等，而不只是送到地下網路，我就無法確定真菌以外的對象也從地下網路中受惠。

我新收的博士班學生莫妮卡為這一串發現新增了另一個環節。二〇一五年秋天，她用一百八十個盆栽展開溫室實驗。每盆種三株幼苗，兩株同母株幼苗，一株異母株幼苗，並指定其中一株同母株幼苗為另一株的「母樹」。背後的構想是，母樹一旦受傷就會有三種選擇：把剩餘能量傳給自家幼苗、外來幼苗或土壤。莫妮卡把幼苗包在網目大小不一的網袋裡，用來允許或限制菌根建立連結。她也用剪刀或西部卷葉螟破壞一些母樹幼苗，之後再為母樹進行同位素標記，追蹤它把碳送去哪裡。

這時剛好一波熱浪來襲，吹壞了溫室天花板的風扇，毀了一部分的實驗，彷彿要提醒我大自然的反覆無常。我跟莫妮卡跪在一排排幼苗旁，一盆一盆測試乾枯如骨的土壤時，溫室裡養的貓咪（一隻肥嘟嘟的橘色虎斑貓）甩了甩尾巴。幸好大多數的幼苗還活著，算我們幸運。即使是溫室實驗，很多環境因素已經在我們的掌控下，還是有可能出錯。野外實驗即使各方面都設想周延，都有可能發生各種災難，更何況要花好幾十年觀察長期模式。與之相比，這已經算輕微了。我心想，**難怪大多數科學家都要在實驗室裡進行研究**。

但我們並沒有放棄這個實驗。再說，莫妮卡的同母株幼苗比艾曼達當年多很多倍，我迫不及待要看看它們會不會變成強大的積儲，把受傷母樹釋出的碳吸收到自己的枝葉。我們利用存活的幼苗繼續進行實驗，終於到了公布答案的一天。我跟莫妮卡像在看電影，順著數據表瀏覽而下。我們測試的每個因子都很重要，包括幼苗是否跟母樹產生交流、彼此是否相連，或者是否受傷。

莫妮卡的母樹幼苗傳送給自家幼苗的碳比外來幼苗多，與布萊恩和艾曼達的發現吻合。但之前我們只偵測到碳傳到自家幼苗的菌根菌，這次莫妮卡卻發現**碳直接傳到自家幼苗的長主枝**。母樹幼苗把大量的碳能量傳到菌根網，再進一步送到自家幼苗的針葉中，立刻把養分灌注在兒女身上。**這就是了**！數據也顯示，無論是因為感染西部卷葉螟或被剪掉枝葉而受傷，都會促使母樹幼苗把**更多的碳傳給自家幼苗**。面對不確定的未來時，它把自己的生命泉源直接傳送給兒女，幫助它們面對未來的變化。

死亡逼近反而激發了生命；年老的為年輕的注入能量。

我想像母樹釋放的能量有如浪潮一樣豐沛，有如陽光一樣強烈，有如山上的風一樣難以抵擋，有如保護孩子的母親一樣所向無敵。早在發現樹木之間的對話交流之前，我就知道自己擁有那樣的力量。院子裡的楓樹身上的能量，讓我感受到那股力量。馬爾帕斯醫生要我接納生命的奧祕，坐在樹下思索著他的智慧之言時，楓樹的能量流向我。當我與那股力量共同合作，奇蹟便開始浮現。主張簡化問題的科學往往忽略這樣的合作力量，誤導我們將社會和生態系統簡單化。

基因最能適應改變的新一代樹木，它們從經歷過各種氣候變化的父母那裡習慣了這樣的壓力，並獲得強大的防禦力和能量補給，應該是最能在未來的考驗中成功復原的一批。在實際應用上，也就是從森林管理面向來看，經歷過氣候變遷卻仍存活下來的老樹，應該被保存下來，因為它們可以把種子傳播到受到破壞的區域，將基因、能量和復原力傳承下去。不只是少部分的老樹，還有各種不同的樹木，各種不同的基因型，有親緣或無親緣關係，自然而然混雜生長，確保森林成員多樣，適應力強。

我的願望是，我們或許可以重新思考是否有必要採伐垂死的母樹，或許應該留下一些垂死的母樹照顧小樹，不只是自家的小樹，鄰居的也是。森林因為乾旱、小蠹蟲、卷葉螟和大火枯死之後，木材廠砍伐了大片森林，皆伐地延伸到整片流域，整個山谷夷為平地。枯木被視為可能引發火災的危險因子，但更可能成為輕易到手的商品。周圍大量健康的樹

二〇一七年，我受 TED 溫哥華之邀，到史丹利公園導覽。

木也遭到池魚之殃，被砍下來送到鋸木廠。這種美其名為「搶救」的皆伐行動，反而增加碳排放量，改變該流域的季節水文，甚至導致溪水潰堤。因為樹木多半被砍光，沉積物流進溪水和河流，而河流又已經因為氣候變遷而溫度上升，更進一步妨礙鮭魚洄游。

這帶我踏進另一個冒險，而且延續至今，因為它生動地呈現了我們忽略的物種連結。我之前的科學家發現，河流沿岸的樹木年輪上有來自腐爛鮭魚的氮，而鮭魚就是從河流而來。我想知道母樹的菌根菌會不會吸收鮭魚的氮，再透過網路傳給森林更深處的其他樹。甚至，樹木中的鮭魚養分會不會隨著鮭魚產量減少、棲地消失而降低，導致森林跟著受害？若是如此，有方法可以挽救嗎？

莫妮卡的實驗過後幾個月，我到了卑詩省中部海岸的貝拉貝拉（Bella Bella）印第安保留區，跟隨導遊前往海圖斯克族（Heiltsuk）的鮭魚森林。小艇滑進一個純樸的小港灣，我們的海圖斯克嚮導朗恩指著一片標出部落領土的赭色石壁畫。絲綢般的太平洋薄霧從垂直石壁上滾滾而來，罩住雄偉的樹木。跟我同行的是我新收的博士班學生亞倫・拉羅克（Allen Larocque）和博士後研究員德瑞莎・萊恩（Teresa "Sm'hayetsk" Ryan），族名「桑海耶特斯克」。亞倫打算研究真菌網的不同形態。德瑞莎是欽西安族人（Tsimshian Nation），即北邊的斯基納河一帶的原住民族，她本身是傳統雪松籃的編織者，也是加拿大美國太平洋鮭魚委員會、契努克聯合科技委員會等組織的鮭魚產業科學家。身為原住民和科學家，她想知道恢復傳統石滬的捕魚方法能不能恢復鮭魚的產量，甚至回復到殖民者掌控漁業之前的水準。這麼一來，她取用樹皮編織籃子的雪松或許也會因此受益。

我們正在尋找熊、狼和老鷹帶進森林的鮭魚骨頭。動物把魚肉吃掉之後，剩下的魚骨頭會漸漸腐爛，養分便滲入林地。在這個小海灣裡，維多利亞大學的湯姆・萊岑博士（Tom Reimchen）和西門菲莎大學的約翰・雷諾博士（John Reynolds）發現，雪松和北美雲杉的年輪裡有鮭魚氮，其他植物、昆蟲和土壤裡也有。為了研究菌根菌如何把鮭魚養分傳給樹木，甚至在樹木之間傳送，亞倫一開始會先確定，溪流沿岸的菌根菌群落如何隨著不同鮭魚量而改變。菌根的不同，還有它們傳送鮭魚養分的能力，是否是這些雨林養分充沛的原因？我們三人穿著高統防水膠靴，跳進莎草往岸邊走去時，我簡直興奮難抑。

「熊徑。」德瑞莎指著一條小路說：「熊最近才來過。」

「我們繼續走。」我像拽著狗鍊往前衝的小狗。

沿著小徑走，我們很快來到岸邊刺藤粗大的鮭懸鉤子牆。手腳並用在腐植土上爬了半小時後，德瑞莎突然說：「你們瘋了，跟著這些熊印走是自找麻煩。」說完就掉頭往回走。

我看看亞倫，評估他的自在程度，看來他並不緊張。「如果我是熊，我會把鮭魚帶到不會被打擾的地方享用。」我說，很興奮他也想來點冒險。我們繼續往前爬，穿過一條從鮭懸鉤子叢挖出的隧道，朝著一棵五十公尺高、矗立在一片高地上的雪松前進。它的主枝像分枝燭台一樣分岔，那就是海圖斯克族所說的「祖母樹」。

捕食產卵鮭魚的熊，每天大約會把一百五十條鮭魚帶進森林。樹根吸收了腐爛鮭魚的蛋白質和養分，樹木所需的氮有超過四分之三由鮭魚提供。樹木年輪中的氮來自鮭魚還是土壤，清楚可辨，因為海魚體內有大量的氮十五同位素，是可用來追蹤木頭中鮭魚養分含量的自然示蹤劑。科學家利用樹木年輪氮含量的每年變化，便能找出鮭魚產量跟氣候變遷、砍伐森林、捕魚方式改變的相互關係。一棵雪松古木可能含有一千年的鮭魚洄游紀錄。

接近雪松祖母樹矗立的岩棚時，我大喊**呦呴**！但聲音被濃密的鮭懸鉤子叢蒙住。這裡要是來隻灰熊，我們鐵定馬上沒命。儘管如此，我的心情還是很平靜。經歷過化療，這簡直是天堂，而且我也比不久前受TED之邀到班夫演講時平靜得多。當時有攝影機和一千個人注意著我的一舉一動。一走上台，站在刺眼的燈光下，我就很感謝我的幸運之星。好險瑪麗叫我在藍色襯衫（我的愛服）外面穿件黑色外套，因為她發現襯衫有顆鈕釦掉了。演講時，我把觀眾當作一群會點頭的包心菜。走下台時我心想：**我辦到了**，為自己克服了害羞、說出心裡的話、跟需要的人分享我學到的東西而感到驕傲。芝加哥有位女士看過影片後，寫信給我：「我內心深處一直覺得樹有這一面。」廣播節目Radiolab的羅伯・克魯維奇（Robert Krulwich）邀我上播客。《國家地理雜誌》想透過寫文章和拍影片分享我的發現。我收到成千上萬封電子信和紙本信。寄信給我的人，有小孩、母親、父親、藝術家、律師、薩滿巫師、作曲家、學生。世界各地的人用故事、詩、繪畫、電影、書、音樂、舞蹈、交響樂和慶典，表達他們跟樹的連結。溫哥華的一名城市規畫師寫信告訴我：「我們想模仿菌根網的模式來設計城市。」母樹跟周圍群落連成一體的概念甚至傳到好萊塢，變成《阿凡達》這部片的核心概念。這部片引起的共鳴，讓我想起人類跟父母、子女和家族（自己或他人的家族），還有樹木、動物和自然萬物互相連結、合而為一，是多麼自然而重要的一件事。

我把我獲得的訊息傳送出去，令人振奮的回應便源源湧入。大家都關心森林，也想盡一份力量。

「我們目前的作法行不通。」一名林務員寫道，聽在我耳中有如福音。我們還討論要如何留下母樹，以利伐採後的土地復原。雖然目前接受這種作法的林務員還不多，但起碼踏出了一小步。

我跟亞倫爬上岩棚，沿著高地看過去。「我的天啊！」我大喊：「你看！」古老母樹的大樹枝下有一片苔蘚鋪成的舒適小床，足以容納熊媽媽和牠的小孩。好多白色鮭魚骨在苔蘚地毯上閃著微光，魚肉早就腐爛，脊椎骨脫落，細小的魚骨像蝴蝶翅膀疊在一起，鱗片和魚鰓都化成碎片，魚的精髓慢慢被樹根吸收，傳送到木頭裡，再傳給下一代。

變成樹的骨頭。

我跟亞倫收集了一些魚骨下的土壤，也收集了無魚骨堆積的土壤，以便互相比較。回到岸邊跟德瑞莎和朗恩會合後，我們從高潮線跳到船上，把樣本冰起來，免得微生物的DNA變質。朗恩慢慢把船從岸邊開走，掠過海岸沿線從一個河口延伸到下一個河口的石牆。這些石牆是海圖斯克族沿著太平洋海岸線建立的幾百個石滬之一，類似於努查努阿特族、夸夸嘉夸族、欽西安族、海達族、特林吉族建立的潮間攔魚陷阱，用來被動地捕捉鮭魚、記錄鮭魚量，並隨之調整捕捉量。他們趁退潮時收集捕獲的魚，放走最大的懷孕母魚，讓牠們到上游產卵。原住民會將鮭魚煙燻、曬乾或煮來吃，把魚內臟埋進林地，把骨頭丟回水裡滋養生態系統。這種方法能提高鮭魚產量，還有森林、河流跟河口的生產力。得到鮭魚養分的森林，則為河流遮陽、把養分釋放到河中作為回報，另外也為熊、狼和老鷹提供棲息地。

德瑞莎跟我解釋，殖民者接收了森林和河流之後，就禁止他們使用石滬。前二十年鮭魚捕撈過度，至今產量尚未完全恢復。氣候變遷和太平洋溫度上升又帶來新的問題，使橫越大洋的鮭魚精疲力盡，降低牠們抵達出生河流並順利產卵的成功機率。這就是人類摧毀互相連結的生物棲息地的大概過程，而且還只是冰山一角。在海達瓜依群島以北，格雷厄姆島（Graham Island）上的最後幾棵雪松就要被砍光，有些已經超過一千歲，導致鮭魚產卵河流沿岸的森林環境惡化，海達人不知道自己的生活方式會面臨何種變化。

這樣的失控局面何時才會停止？

離開小港灣、快速折回貝拉貝拉途中，朗恩指著右舷方向。只見幾百公尺外，一尾座頭鯨浮出水面。突然間，數十隻斑紋海豚不知從哪冒出來加入我們，弓身躍出水面，不斷翻筋斗、對彼此呼嘯。我大吃一驚，興奮地站起來，亞倫和德瑞莎也是，陣陣海水濺到我們身上。

這個研究仍在進行中，但從初期數據看來，鮭魚森林的菌根菌群落會隨著洄游到出生河流的鮭魚數量而改變。我們還不知道菌根網會把鮭魚氮傳到森林多遠的地方，以及恢復石滬捕魚法會不會（或如何）影響森林的健康。但我們正在展開新研究及重建部分石牆，希望能找到答案。另外，我也很好奇，沿著內陸河洄游的鮭魚是否也滋養了內陸的森林？產卵的鮭魚會沿著河流，為綿延數千公里直達山區的雪松、白樺和雲杉提供養分嗎？例如，從我的實驗地點底下流過的亞當斯河。鮭魚藉由這種方式把海洋和大陸連在一起。蘇斯瓦人知道鮭魚對內陸森林和他們的生計有多重要，所以一直以來都把眼光放遠，秉持著萬物一體的原則來照顧鮭魚。

那年的感恩節，我開車回家途中，經過一片片皆伐地。鏈鋸砍下染上小蠹蟲的母樹，它們的種子還來不及在被翻起的枯枝落葉層萌芽，母樹就被移除。老樹殘骸堆得跟公寓大廈一樣高，進出道路在山谷間縱橫交錯，沉積物堵塞了溪流。人工種植的幼苗立在白色塑膠穴盤裡，有如十字架。

裂痕歷歷可見。

我來自伐木家庭，非常清楚我們需要樹木來維持生計。但我的鮭魚之旅告訴我，受惠就必定要回報。最近我對蘇比亞的一種說法愈來愈著迷。他把樹當成**人**看待，不只有類似人類的智慧，甚至也有著跟人類不無相似的心靈層面。

不只是等同於人類，擁有相同的行為。

它們**就是**人。

樹人。

我不認為自己完全理解原住民的想法。這種智慧來自於對土地的理解，本身就是一種認識論，跟我們的文化截然不同。其中表達了順應自然的理念，例如苦根開花、鮭魚洄游、月亮圓缺的時間。因為知道自己跟土地（樹木、動物、土壤和水）和彼此緊緊相繫，我們有責任照顧這些連結和資源，確保生態系統永續發展，以利下一代生存，也感念上一代的付出。不打擾、不破壞，只取自身所需也不忘回饋。以謙卑和寬容對待這個生命循環中彼此相連的所有生命。但多年的林業工作經驗也讓我瞭解，太多決策者拒絕這種看待自然的方式，只相信優勝劣汰的科學理論，因此造成了無法忽略的慘重後果。我們可以把四分五裂、資源個別獨立的土地，跟按照蘇斯瓦族的 k'wseltktnews（我們彼此相連）和薩利希族的 nə́cáʔmat ct（我們是一體）原則照顧的土地互相比較。

我們必須傾聽自然給我們的答案。

我相信，這種顛覆傳統的思考方式才能拯救我們。這是一種平等看待世界萬物、自然之贈禮的哲學。就從承認樹木和植物有行為能力開始。它們會感知、連結、溝通，產生各式各樣的行為。它們互相合作，決策，學習，記憶——擁有我們通常會歸於感知、智慧、智能的種種特質。指出樹木、動物，甚至真菌（人類以外的所有物種）具有這樣的行為能力，我們自然能認同應該給予它們不亞於我們對人類的尊重。我們可以繼續把地球推向

二〇一九年七月，漢娜二十一歲，在灌木叢裡工作，吃著越橘漿果。

失衡狀態，任由溫室氣體一年年增加，也可以重新找回平衡，承認傷害一種物種、一片森林、一座湖泊引發的漣漪，會蔓延整個複雜的網路。而錯待一種物種，就等於錯待所有物種。

地球的其他部分，正耐心地等待我們發現這件事。

要做出如此大的改變，人類必須重新跟大自然（森林、草原、海洋）建立連結，而不是把人或物當作利用剝削的對象。這代表要拓展現代的作法，還有我們的認識論和科學方法論，這樣才能跟原住民的智慧互補，以他們為師，相互支應。只因為**人類能力可及**，就夷平森林，大量捕撈魚類，來滿足我們對物資的貪婪無厭，如今讓我們付出代價。

我開車橫越離家只有半小時的哥倫比亞河（位在卡斯爾加〔Castlegar〕），迫不及待要趕快見到漢娜和娜娃，很感激瑪麗特別北上，來陪我們過加拿大的感恩節。水位很低，上游的米卡壩、雷夫爾斯托克大壩和休基利塞水壩（哥倫比亞流域的六十個水壩之三），控制了自然水流。這些水壩導致箭湖的鮭魚流失，村落、墓地和西尼克斯族的貿易路線氾濫成災。西尼克斯族的祖傳領土，從東邊的莫納希山脈延伸到普賽爾山脈（Purcells），從哥倫比亞河的源頭延伸到華盛頓州。我很好奇在加拿大政府宣布西尼克斯族已經滅族，甚至受到詛咒，一個都不剩，並開始在他們的土地上開採礦物之前，這塊土地長什麼模樣。儘管如此，西尼克斯族並未被打倒，仍然繼續奉行whuplak'n（土地的規矩），團結起來協助重建哥倫比亞河流域。

到家時，月亮高掛在覆雪的山脈上。瑪麗和全家人齊聚一堂。結果今年的感恩節特別令人難忘，因為桌上的茶香蠟燭翻倒，火剛好淋在火雞上。當時我正在攪拌肉汁，抬頭就看見唐（他的新女友去跟小孩團圓）把要用來燙球芽甘藍的水倒在著火的火雞上；羅蘋和比爾用紅酒澆熄燒起來的紙巾。六月蟲外婆端著她的鬆糕，經過坐在地上讀《哈利波特》的奧利佛。

這就是家人。儘管不完美，儘管常常跌倒犯錯，甚至引起小火災，還是會在重要時刻陪伴在彼此身邊。

雖然皆伐地、我的工作、我的健康、兩個女兒、氣候變遷和種種問題都讓我憂心，我最珍愛的樹木也包括在內，但能夠回家跟全家人團聚實在太好了。

漢娜跟著我走進峭壁洞穴底下的岩石堆，一叢鐵杉就長在岩石堆中。這個入口通往綿延好幾公里的隧道。一百年前，礦工為了尋找銅和鋅在山裡炸出了隧道。我們挖開樹木間的土壤，有些礦質土是綠色的，有些是赭色。我們手上戴著外科手套，手臂罩著長袖。從隧道口滲進來的液體含有銅、鉛和其他金屬，這些成分污染了林地。金屬跟礦石裡的硫化物結合，再加上細菌的幫助，形成酸性礦山廢水，從廢石堆滲入土壤深處。即使如此，這裡還是長出了樹。速度雖慢，這些樹仍傾其所有刺激森林重生。

這是二〇一七年的夏天。我們在溫哥華以北四十五公里的豪灣（Howe Sound）沿岸。這裡是不列顛礦場（Britannia Mine），位在斯闊米甚族的未割讓領土上，是大英帝國最大的一個礦場，從一九〇四年開始營運。礦工從這裡開採的礦體，是由火山碎屑流進沉積岩、變質之後，再跟深成岩接觸形成的。他們從斷層和裂縫中挖出大量礦石，把大不列顛山脈鑿穿，從北側的不列顛溪延伸到南邊的弗里溪（Furry Creek），涵蓋範圍約四十平方公里。兩百一十公里長的隧道和礦井總共有二十四個入口，下至海平面以下六百五十公尺，上至海平面以上一千一百公尺。

礦工利用鐵道將礦石從深山運出去，出了隧道口重見天日之後，再把礦裝上軌道車和纜車，丟下一堆堆的廢石。即使礦場早在一九七四年關閉，這裡至今仍是北美海洋環境最大的金屬污染源。礦渣和廢石被用來填補海岸線，銅含量高得驚人的不列顛溪流入豪灣，水質清澈卻死氣沉沉，沿岸至少兩公里的海洋生物都無法生存。不列顛溪的水到了礦場盡頭實在太毒，因此後來引進的帝王鮭不到四十八小時就喪命。經過多年復育，鮭魚才成功回到不列顛溪產卵，不列顛海灘也因此重生，植物和無脊椎動物重新在岩石上現蹤，豪灣也再度出現海豚和虎鯨的蹤影。

這些都是土地可能原諒人類犯的錯並浴火重生的跡象。

應環境毒物學家崔絲・米樂（Trish Miller）之邀，我跟漢娜來到這裡評估廢石堆對周圍森林的影響。影響不僅限於溪流，也擴及森林，而她想要一份比一般評估更全面的評估。崔絲跟我是從小到大的好朋友，我聽她談過環境修復的事，因此立刻答應她。我想知道森林治癒已破壞的生態系統的能力。老樹會不會在貧瘠的土地上播種？真菌和微生物網能不能修復已然造成的傷害？廢石堆周圍遭到金屬污染的森林裡，樹木的生長情況如何？森林逐漸在復原中嗎？我們應該做更多事？還是森林會慢慢自我修復？

究竟要傷得多深，森林才會藥石罔效，宣告不治？

我跟漢娜發現隱藏在鐵杉叢裡的隧道口。樹木有如披巾，蓋住了通往山洞的入口。人力鑿出的礦區道路和鐵軌，從懸崖峭壁上的隧道延伸至底下海岸線的選礦廠，沿線有一排赤楊和白樺。苔蘚和地衣覆蓋了昔日礦工過夜的營地，礦工家人過去住的城鎮一片死寂。廢石堆周圍的林地腐植層比附近未遭污染的林地貧瘠，但樹根和露出的石頭交纏，少數喜歡酸性土壤的假杜鵑、黑越橘和蕨類在這裡找到了立足之地。站在滴著雨的鐵杉樹下時，我只覺得世上若有任何地方具有療癒的力量，想必就是太平洋沿岸的這個地方，畢竟這裡是世界上生產力最高的雨林之一。

這是我教漢娜評估自然界的瓦解（包括樹木和植物、土壤和苔蘚），以及帶她認識大自然即使表面傷痕累累、仍具有復原力的好機會。跟綿延數百公尺的皆伐地、橫跨山谷連成一公里的皆伐地，以及全世界露天開採、數公里寬的銅礦場比起來，這裡的廢石堆簡直小巫見大巫。皆伐作業的影響劇烈，但只要林地完好無傷，森林很快就會復原。相反地，移走土壤及開採地底金屬，卻會對森林和溪流造成深遠的影響。

「樹又長回來了，太好了。」漢娜說，正在幫一棵瘦小的加州鐵杉採木芯樣本。好幾十棵鐵杉跟它一樣，在腐木中找到了立足點，像步兵排排站。種子從相鄰的健康森林傳送到這裡，根牢牢地抓住逐漸腐爛的保母倒木，因為這些腐木身上的真菌共生體會吸收珍貴的養分，海綿狀的纖維素會吸滿水，微弱光線也會從上層林木射進來。漢娜採樣的那棵樹，生長的速度只有鄰近老樹的一半，根較淺，樹冠也較稀疏，但我知道它會活下來。我的研究所學生蓋伯瑞發現，即使像這種用根抓住老朽保母倒木的鐵杉幼樹，也能跟附近的母樹連結，並從強大的林冠獲得碳，直到成為自給自足的供應者為止。這片地被層的植物群落也正在復原，有一半的原生灌木和零星的草本植物（多半是像鐵杉這種喜歡酸性土的植物）慢慢在改變土壤，加速養分循環的過程。這樣的回饋，對幫助樹木重拾動力相當重要。我從挖出的土坑測量林地（枯枝落葉層、發酵層、腐植層）的深度，發現已經約有相鄰健康林地的一半深。

當我剝開林地，查看底下的礦質土時，一隻大如蠑螈的青銅色蜈蚣爬到我手上。我啊了一聲，把手上的節肢動物甩到木頭上，牠才又滾進腐植層。蜈蚣小子很火大，快速鑽進土裡，把土都翻了起來。這是林地正在復原的強烈徵兆。蜈蚣沒入土裡繼續做工，吃小蟲，小蟲再吃小小蟲，在進食和排泄的過程中促進養分循環，而樹木在一連串的過程中獲得滋養，成長茁壯。我跟漢娜吃完巧克力片餅乾後，開始測量和記錄土壤的深度和質地、樹木的高度和年齡、植物的種類和遮蔭，以及鳥類和動物出沒的痕跡。

我們繼續往山上開了五公里，調查一個廢石堆斜坡對面的植物和土壤。這裡的坡度有三十五度，因為太陡，還綁上繩子幫助礦工垂降。中間的碎石堆多半光禿禿，有些地衣爬上岩石碎片，零星雜草在裡頭扎了根。找到一點腐植土生根的鐵杉幼苗，因為缺氮長得蒼白瘦弱，像得了萎黃病，讓我想起多年前在里路耶山脈看到的枯黃幼苗。漢娜跟著我一起穿過這片陡峭的碎石堆。愈接近林木線，附近母樹灑下的種子長出的鐵松就愈強健。到了森林邊緣，籠罩在霧氣中的幼樹更碩壯，葉子更綠，菌根與礦物纏繞在一起，自己打造土壤。在母樹的幫助下，生物（真菌、細菌、植物和蜈蚣）一點一點合力修復這片過度開採的宏偉土地所受的傷。

「把原生林的土壤帶來這裡也會有幫助。」我想起維妮外婆會用堆肥打造花園，把外公抓的魚挖出內臟埋在覆盆子底下，跟海圖斯克人，還有熊跟狼用鮭魚骨頭滋養雪松祖母樹，有異曲同工之妙——都是一種回報，完成大自然的循環。我敢說，外婆種出來的漿果一定最甜。我很高興漢娜陪著我，就像當年我陪著外婆巡視她種的玉米和番茄一樣。

「也可以在這裡種白樺和赤楊。」漢娜說。她提議我們沿溪收集赤楊種子，還有舊礦區道路上的白樺種子。

「好主意。」我說：「而且要一叢叢地種，不是一排一排。」樹需要彼此的陪伴，在接納植物的土壤裡建立根基，合力打造生態系統，跟其他種樹混合，融入能創造出樹聯網的互動模式裡，因為這樣的複雜性讓森林變得強韌。如今，科學家更願意承認森林就是複雜的適應系統，由許多不斷調整和學習的物種組成，其中包含老樹、種子庫和木材這些森林留下的遺產；各部分在動態的精密網路中互動，不僅互通資訊也自我組織。系統化的資產從中而生，加起來大於各部分的總和。生態系統中的所有資產，釋放出健康、豐饒、美、精神飽滿的氣息。於是有了清新的空氣、乾淨的水、肥沃的土壤。這座森林已經具備自我修復的條件，只要跟隨它的腳步，我們也能助它一臂之力。

我們走到山頂隧道口的廢石堆前。當初為了炸出隧道，留下一個高幾百公尺、寬也差不多的漆黑大洞，底部堆著一堆堆廢石。空氣變稀薄了，雲霧籠罩花崗岩山脊，冰冷的雨水劈劈啪啪打在我們身上。入口周圍的美洲鐵杉仍然生意盎然，針葉有如絲絨，樹枝被風折斷，樹梢被雪堆壓彎。它們的根在林地下蔓延，就像老人手上的血管，透過自然的循環把花崗岩化為木頭的一部分，餵養植物和動物。

然而，就在岩石閃著沉積金屬光澤的開口處，根戛然止步。有如鐵軌在底下的入口突然停在半空中，有如人被丟進河裡送死。這樣的破口太深，連根都無以為繼；露出的岩石光禿禿，無法提供養分，水酸到無法吸收，傷口要合起來根本不可能。水從峭壁滲出，岩石在水底閃著金屬光澤。即使已經休養生息一百年，土粒中仍未出現地衣和苔蘚的蹤影。我看得出來漢娜很震驚。有時候大地就是無法承受，無法從慘重的傷害中復原。它能承受的傷害有一定的限度。有些連結斷裂得太嚴重，生命的泉源已經枯竭，即使是韌性驚人、根系龐大且具有療癒力量的母樹也無能為力。

我們爬到最低的隧道口。這個高度炸出的洞比較小，這裡的森林會復原的。漢娜數了數最後採的木芯樣本上的年輪，寫下「八十七年」，然後把有如鉛筆的長條年輪塞回樹裡，

卑詩省納爾森附近內陸雨林的母樹。

用瀝青封住傷口，最後拍拍樹皮。

「最棒的是，」我說：「只要稍微推它一把，給它一點幫助，植物和動物就會回到這裡。」它（牠）們會把森林重新變得完整，幫助它復原。這片土地想要自我療癒。就像我的身體，我心想，多麼慶幸能站在這裡，繼續我的工作，教女兒森林的智慧。一旦系統達到臨界點，一旦做出正確的決定並採取行動，待條件完備，水到渠成，土壤重建成功，復原之日就指日可待——至少在某些地方。我們收起裝備慢慢下山，土壤仍然帶有銅綠色斑點，滲出的水仍然偏酸，但一切都在慢慢改變。

茂盛的幼苗在我們腳邊沙沙作響。一排排較高的鐵杉沿著枯倒木生長，主枝汲汲於尋找陽光，根與木頭交纏。「媽，我想成為森林生態學家。」我女兒說，手滑過小樹羽毛般的針葉。

我停下來回頭看。落日下映著一棵母樹的剪影。它矗立在供給它養分的火山岩上，守護著這一大片幼苗，像張開手臂一樣展開枝幹，手上拎著串串毬果。百年來的霜雪讓它節瘤處處，傷痕斑斑。我很開心，很平靜，但也需要休息。維吉尼亞州有個班級寄給我一首題為〈媽媽樹〉的詩，詩中的母親跟大家說：**晚安，親愛的，該睡了**。今晚我會踏上小徑走到斯闊米甚河，跟蒼鷺坐在河岸上，迎著溫暖的空氣閉上眼睛。

漢娜從背心口袋拿出照相機和衛星定位器拍照，記錄母樹跟它的一群幼苗的位置。

「我們可以把這個放進報告裡。」她說，正在無限擴大「看見」森林的能力。

當太陽沉到母樹的開闊樹冠後方時，一隻白頭海鵰降落在它最高的枝椏上，毬果掉落一地。牠把白色的頭一轉，低頭盯著我們瞧。我猛地吁了口氣，呼吸跟一陣高山氣流交融。我想像它乘著風飄向那隻海鵰，因為就在這個時候，牠鼓起巨大的翅膀。**現在我知道原因了**。我知道，這些幼苗經過破壞和摧殘為什麼依然健全，不像多年前里路耶山脈的那些幼苗一片枯黃（進而促使我下定決心，用一輩子去找出答案）。原因在於，這裡的種子在母樹底下的廣大菌根網中生根發芽。

它們的胚根吸收了菌根網提供的精力湯，枝葉從母樹那裡得知它過去奮鬥的歷史，因而得到了起步的優勢。

身上的一身翠綠，就是它們對此做出的回應。

白頭海鵰突然騰空飛起，乘著一陣上升氣流掠過山峰，消失無蹤。無時無刻皆不能小覷。萬事萬物都有它存在的價值和目的，都不應該憑空消失，都需要用心守護。這就是我的信念，我願與世人一同分享，看著它乘風高飛。長此以往，富足和恩典也將沛然而至。

漢娜把土壤樣本塞進背包。蕨類在雨滴下顫動，她拉起連帽，探頭去看白頭海鵰飛到哪去了，然後伸手往花崗岩稜線一指——牠找到了同伴。

風呼呼吹過母樹的針葉，但它仍然屹立不搖。它看過大自然的千萬樣貌：蚊子漫天的炎熱夏季，連下好幾週的滂沱大雨，大雪把樹枝折斷的嚴冬，乾旱之後緊接著漫長的潮濕天氣。天空轉成深紅，母樹的枝幹彷彿著了火，血液沸騰，像要勇赴戰場。它會在這裡繼續屹立好幾百年，引領森林的復育工程，付出所有，即使到時我早已不在人世。**再見了，親愛的媽媽樹**。我疲憊地扣上背心。漢娜揹上沉重的背包，調整一下重量再扣好帶子，依舊身輕如燕。

她拿走我手中的鏟子，減輕我的負荷，然後牽起我的手踏上歸途。

後記　母樹計畫

我在二〇一五年展開母樹計畫，剛好是我抗癌成功、如獲新生之際。那是我做過最大的實驗。計畫的宗旨是保留母樹，維持森林裡的連結，讓樹木持續更新，尤其在氣候變遷引發的衝擊之下。

母樹計畫由九個實驗林組成，涵蓋了卑詩省的「氣候彩虹區」，從東南邊的炎熱乾燥林到中北部的濕冷內陸林。我們的工作是調查這些林地的結構和機能，例如關係網在實際環境中如何運作、如何隨著伐木模式而改變。這裡指的伐木模式是留住不同數量的母樹，以及混合不同樹木的人造林。我們希望根據已有的知識，推測哪種伐採和種植組合最能承受地球目前面對的壓力，而讓最健康的連結蓬勃發展的同時，又該如何滿足我們取用森林資源的需求。

我們的目標是進一步發展一種新哲學：複雜性科學。其基本概念是接納合作和競爭在森林裡同時存在，因為森林即由各式各樣的互動組成。在這樣的基礎上，複雜性科學能避免過去過於獨裁和簡化的森林管理方式，讓管理方式變得更有彈性也更完整。

目前，氣候變遷引發的後果已經眾所皆知，而且幾乎無人能逃過它帶來的衝擊。地球二氧化碳濃度在一八五〇年是二八五 ppm（part per million，指一百萬個空氣分子中，有兩百八十五個二氧化碳分子），一九五八年飆升到三一五 ppm。走筆至此，二氧化碳濃度已經超過四一二 ppm。照這個速度下去，等到漢娜和娜娃生兒育女時，就會達到四五〇 ppm，也就是科學家認為的臨界點。

但我還是懷抱著希望。有時看似沒有轉寰餘地時，事情就會產生變化。根據我的研究，自由生長政策在二〇〇〇年時經過修改，留下省內某些地區的少數白樺和顫楊，儘管當局的基本態度並未完全改變，仍舊把這類多葉樹視為競爭者和干擾者。但新一代的年輕林務員會規畫周詳的種植計畫，應用拯救老樹的概念，鼓勵森林多樣性。

我們具有改變方向的力量。因為連結斷裂、遺忘了自然的神奇力量，使我們焦慮萬分，而植物尤其是人類剝削大自然的受害者。瞭解植物的感知力之後，我們對樹木、植物和森林的愛和同理心自然會與日俱增，並找到創新的解決方式。轉向**自然本身**蘊藏的智慧，就是關鍵。

這是我們每一個人的責任。跟屬於你的植物建立連結吧。如果你住城市，在陽台上放個盆栽。如果你有院子，打造一座花園或加入社區園地。以下是你現在立刻能做的一件事，簡單卻意義深遠：去找一棵樹——屬於你的樹。想像自己跟它的網路相連並與附近的樹合為一體。打開你的感官。

如果你還想做更多，歡迎加入母樹計畫，一起學習各種技術和解決方案，來保護並促進生物多樣性、碳儲存量，以及各式各樣能強化我們的生命維持系統的生態商品和服務。機會跟想像力一樣無窮無盡。想要深入山林參與跨學科研究，成為公民科學創新計畫的一員，投入拯救全球森林行動的科學家、學生和社會大眾，請上網站：http://mothertreeproject.org.

森林萬歲！

致謝

要完整答謝許許多多支持我、幫助我完成書中詳述之研究工作的人，幾乎是不可能的事。書中的每一章都是團體合作的成果。所有跟我一起生活、共事和學習，從而創造出這個故事並公諸於世的人，我對你們永遠感激在心。因為家人、朋友、學生、老師、同事、寫作教練、經紀人、出版社對我的關愛支持，我才有堅持到底的力量、耐心和勇氣。

本書的最初發想要歸功於 Idea Architects 文學經紀公司的道格・亞伯拉罕（Doug Abrams）和拉蘿・洛夫・哈丁（Lara Love Hardin）。沒有他們的好奇、洞察和創造力，這本書不可能像今天如此豐富。我尤其慶幸能跟我的寫作教練凱薩琳・瓦茲（Katherine Vaz）密切合作。每一章，她都會激發我的記憶和構想，引我說出重要的細節，刪除不適合的段落，用讓人想繼續往下讀的方式把故事串連在一起。她從頭到尾支持我、鼓勵我，終於完成時，我發覺她對我的生命的理解程度完全不亞於我自己。我們的友誼從認識那一刻開始滋長。深深感謝優秀的凱薩琳，把這本書變得光芒耀眼。

感謝 Knopf Doubleday 出版集團的編輯薇琪・威爾森（Vicky Wilson）。謝謝她對一份談樹的稿子感興趣，同時瞭解，貶低森林的世界觀也會對人類社會造成衝擊，而解決問題，需要我們深刻地反省自身、人在大自然中的位置，以及大自然想教我們的事情。我們全家人都很感謝薇琦將老照片收進書裡的構想。謝謝薇琦看見這本書的價值，並且賦予它活潑的生命。

英國企鵝出版社的編輯蘿拉・史帝克尼（Laura Stickney），以她的利筆和細心幫我修改科學的段落。謝謝她在這本書的最後階段投注的心力和施展的編輯技巧。

謝謝我的家人。這本書是給你們的情書，是對我的外祖父母維妮和伯特、嘉德納（Gardner）和弗格森家族、我的祖父母亨利和瑪莎，以及希瑪爾和安提亞（Antilla）家族的感謝詩，他們教了我江海、溪流和森林的事。從他們那裡，我才知道我們怎麼來到這片土地定居，怎麼在這裡苦中作樂。最要感謝的是我的父母愛倫・茱恩和恩斯特・查爾斯（Ernest Charles [Peter] Simard，人稱「彼得」），還有我的姊姊羅蘋・伊莉莎白（Robyn Elizabeth）和弟弟凱利・查爾斯（Kelly Charles）。書中的一字一句，都跟我們、孕育我們的地方、塑造我們的森林有關。這本書也是獻給他們家人的禮物，尤其是奧利佛・希斯（Oliver Raven James Heath）、凱莉・蘿絲・希斯（Kelly Rose Elizabeth Heath）、馬修・希瑪爾（Mathew Kelly Charles Simard）和蒂芬妮・希瑪爾（Tiffany Simard）。書中的故事在他們的生命中持續上演。

感謝我美麗的朋友們，我愛你們的與眾不同，正如你們愛我的稀奇古怪。尤其要感謝溫妮弗雷德・琴・羅曲（Winnifred Jean Roach〔娘家姓 Mather〕），她是個可遇不可求的超級好朋友，四十年來跟我一起把生命奉獻給森林。也要謝謝芭比・齊孟尼克（Barb Zimonick）在林務局當我的技術員超過十年，照顧我們的財務、貨車、儀器和暑期工讀生，即使孩子還小的時候，也得陪我出城長時間工作。這些年來真心感謝芭比和她的家人。

要一一感謝幫助我、激勵我完成這個研究的卑大學生、博士後研究員和副研究員，實在很難。你們付出的心血都寫入書中提到的科學研究，謝謝你們。以下按照各位跟我做研究的順序，列出姓名：Rhonda DeLong、Karen Baleshta、Leanne Philip、Brendan Twieg、法蘭索瓦・泰斯特（François Teste）、Jason Barker、Marcus Bingham、Marty Kranabetter、Julia Dordel、Julie Deslippe、Kevin Beiler、Federico Osorio、Shannon Guichon、Trevor Blenner-Hassett、Julia Chandler、Julia Amerongen Maddison、艾曼達・阿瑟（Amanda Asay）、Monika Gorzelak、Gregory Pec、Gabriel Orrego、Huamani Orrego、Anthony Leung、Amanda Mathys、Camille Defrenne、Dixi Modi、Katie McMahen、亞倫・拉羅克（Allen Larocque）、Eva Snyder、Alexia Constantinou，以及 Joseph Cooper。感謝我的博士後研究員和副研究員德瑞莎・萊恩（Teresa Ryan）、布萊恩・皮柯斯（Brian Pickles）、宋圓圓、歐嘉・卡珊茨娃（Olga Kazantseva）、西貝兒・霍伊斯勒（Sybille Haeussler）、居絲汀・卡爾斯特（Justine

Karst）和托克坦・薩傑第（Toktam Sajedi），諸位博士，你們是這本書的無名英雄。謝謝這二十年我教過的無數大學生，教我如何教書，在土坑中蹲下來，到林中跋涉，只為注視、觸摸和傾聽大自然的奇妙。我希望我將一直讓我不可自拔的熱情多少傳給了你們。

這些年來，我有幸共事的同事多到難以一一列出，但特別要感謝丹恩・杜瑞、梅蘭妮・瓊斯和蘭迪・莫里納（Randy Molina）博士與我分享他們對森林地底世界的著迷。感謝黛博拉・德隆（Deborah DeLong）與我在公部門和學術界一同奮鬥，雖然職位不同，我們走的路卻在最神奇的時刻交會。我也很感激早期能與林務局同事一起參與造林，尤其是大衛・寇慈（Dave Coates）和泰瑞莎・紐森（Teresa Newsome），以及我早期的共同作者珍・海涅曼（Jean Heineman）。

感謝加深我對森林學的興趣的師長好友。我最早的指導教授是萊斯・拉夫庫里區（Les Lavkulich）。他是一名引領先鋒的土壤化學家，讓我知道怎麼樣才算是一個傑出的老師。他總是能把土壤化育變成世界上最有趣的話題，並帶領我完成畢業論文。一九九〇年，我得到林務局育林研究員的工作時，艾倫・懷斯（Alan Vyse）帶著我學習，鼓勵我充實科學技術之餘，也要謹記森林得以維持完整的要件，而且從不錯過讓我進修森林生態學的每個機會。艾倫，我永遠感激你教我的事和給我的機會。謝謝我的研究所指導教授史帝夫・羅多塞維奇（Steve Radosevich），他把物種互動的精準研究從農業領域帶入森林，之後更發現人在植物群落中跟植物本身一樣重要。對於我的博士班指導教授大維．佩里（David A. Perry），我懷抱說不盡的感激。他教我如何透過生態學的眼光理解林業，我以身為您的學生為榮。

感謝許多藝術家、作家、電影工作者與我合作，對我的研究感興趣並賦予它不一樣的面貌，讓更多人看見。特別要感謝羅琳．羅伊（Lorraine Roy）拍攝《交織的森林》（*Woven Woods*）、路易．史瓦茲伯格（Louie Schwartzberg）拍攝《神奇真菌》（*Fantastic Fungi*）、理察．鮑爾斯（Richard Powers）撰寫了《樹冠上》（*The Overstory*）這本小說、厄娜．布菲（Erna Buffie）拍攝《自作聰明的植物》（*Smarty Plants*），還有丹．麥金尼（Dan McKinney）和茱莉亞．多德爾（Julia Dordel）拍攝的《連結森林的母樹》（*Mother Trees Connect the Forest*）。能跟姊夫比爾．希斯（Bill Heath）一起合作，把我的研究搬上ＴＥＤ講台，為母樹和鮭魚森林計畫拍攝紀錄片，打造我的家族史和生命史的歷史照片檔案（有些照片收入本書），對我來說是一大滿足。

書中的研究，若沒有以下機構、贊助單位和基金會的資助和支持，絕不可能達成。其中包括：卑詩省山林部、卑詩大學、加拿大自然科學及工程研究委員會（NSERC）、加拿大創新基金會（ＣＦＩ）、卑詩省基因組協會、卑詩省森林改善協會（FESBC）、森林碳倡議行動（ＦＣＩ）等。也十分感激多納加拿大基金會對鮭魚森林計畫、珍娜與麥克金基金會對母樹計畫的慷慨支持。

有幾位重要人士閱讀並評論了我的原稿，給了我相當有用的回饋，包括茱恩・希瑪爾、彼得・希瑪爾、羅蘋・希瑪爾、比爾・希斯、唐・薩克斯（Don Sachs）、崔絲・米樂、琴・羅曲和艾倫・懷斯特。此外，也很感激德瑞莎・萊恩（欽西安族）幫我看過書中有關原住民的內容，並教我原住民看待世界的方式，以及發現將這些科學小發現與社會－生態學的深層連結嫁接在一起的價值，即使這些連結在原住民生活中都很基本。還要感謝企鵝藍燈書屋的製作編輯諾拉・萊查特（Nora Reichard）細心的編輯，把稿子變成一本書。

感謝海岸薩利希族、海圖斯克族、海達族、阿薩巴斯克族、內陸薩利希族、圖那薩第一族成員的協助和參與的討論。我們在他們傳統、祖傳及未割讓的領土借住並進行研究。

感謝唐陪我度過最艱困和最開心的歲月，當我們兩個漂亮的女兒漢娜和娜娃的好爸爸。你的愛和支持，我永遠感激。

最後謝謝妳，瑪麗。妳永遠接住破碎的我，謹慎地為下次探險做好準備。

書中內容皆由我一個人負責。我盡可能如實地呈現歷史，但有時仍然必須發揮創意填補記憶的縫隙，或更改小地方以保護某些人的隱私。有些名稱為求精簡而刪除，或為了保護隱私而更改。但我希望應該得到功勞的人都沒被遺忘。給我的學生和同事：即使有些地方我沒提到你們的名字或全名，我在「重要參考文獻」中，列出了你們的大作。

重要參考文獻

引言　連結

Enderby and District Museum and Archives Historical Photograph Collection. *Log chute at falls near Mabel Lake in Winter. 1898.* (Located near Simard Creek on the east shore of Mabel Lake.) www.enderbymuseum.ca/archives.php.

Pierce, Daniel. 2018. 25 years after the war in the woods: Why B.C.'s forests are still in crisis. *The Narwhal.* https://thenarwhal.ca/25-years-after-clayoquot-sound-blockades-the-war-in-the-woods-never-ended-and-its-heating-back-up/.

Raygorodetsky, Greg. 2014. Ancient woods. Chapter 3 in *Everything Is Connected.* National Geographic. https://blog.nationalgeographic.org/2014/04/22/everything-is-connected-chapter-3-ancient-woods/.

Simard, Isobel. 1977. The Simard story. In *Flowing Through Time: Stories of Kingfisher and Mabel Lake.* Kingfisher History Committee, 321–22.

UBC Faculty of Forestry Alumni Relations and Development. Welcome forestry alumni. https://getinvolved.forestry.ubc.ca/alumni/.

Western Canada Wilderness Committee. 1985. Massive clearcut logging is ruining Clayoquot Sound. *Meares Island,* 2–3.

第1章　森林裡的鬼魂

Ashton, M. S., and Kelty, M. J. 2019. *The Practice of Silviculture: Applied Forest Ecology*, 10th ed. Hoboken, NJ: Wiley.

Edgewood Inonoaklin Women's Institute. 1991. *Just Where Is Edgewood?* Edgewood, BC: Edgewood History Book Committee, 138–41.

Hosie, R. C. 1979. *Native Trees of Canada*, 8th ed. Markham, ON: Fitzhenry & Whiteside Ltd.

Kimmins, J. P. 1996. *Forest Ecology: A Foundation for Sustainable Management*, 3rd ed. Upper Saddle River, NJ: Pearson Education.

Klinka, K., Worrall, J., Skoda, L., and Varga, P. 1999. *The Distribution and Synopsis of Ecological and Silvical Characteristics of Tree Species in British Columbia's Forests*, 2nd ed. Coquitlam, BC: Canadian Cartographics Ltd.

Ministry of Forest Act. 1979. *Revised Statutes of British Columbia*. Victoria, BC: Queen's Printer.

Ministry of Forests. 1980. *Forest and Range Resource Analysis Technical Report*. Victoria, BC: Queen's Printer.

National Audubon Society. 1981. *Field Guide to North American Mushrooms*. New York: Knopf.

Pearkes, Eileen Delehanty. 2016. *A River Captured: The Columbia River Treaty and Catastrophic Challenge*. Calgary, AB: Rocky Mountain Books.

Pojar, J., and MacKinnon, A. 2004. *Plants of Coastal British Columbia*, rev. ed. Vancouver, BC: Lone Pine Publishing.

Stamets, Paul. 2005. *Mycelium Running: How Mushrooms Can Save the World*. Berkeley, CA: Ten Speed Press.

Vaillant, John. 2006. *The Golden Spruce: A True Story of Myth, Madness and Greed*. Toronto: Vintage Canada.

Weil, R. R., and Brady, N. C. 2016. *The Nature and Properties of Soils*, 15th ed. Upper Saddle River, NJ: Pearson Education.

第2章　伐木工

Enderby and District Museum and Archives Historical Photograph Collection. *Henry Simard, Wilfred Simard, and a third unknown man breaking up a log jam in the Skookumchuck Rapids on part of a log drive down the Shuswap River. 1925*. www.enderby museum.ca/archives.php.

———. *Moving Simard's houseboat on Mabel Lake. 1925*. www.enderbymuseum.ca/archives.php.

Hatt, Diane. 1989. Wilfred and Isobel Simard. In *Flowing Through Time: Stories of Kingfisher and Mabel Lake*. Kingfisher History Committee, 323–24.

Mitchell, Hugh. 2014. Memories of Henry Simard. In *Flowing Through Time: Stories of Kingfisher and Mabel Lake*. Kingfisher History Committee, 325.

Oliver, C. D., and Larson, B. C. 1996. *Forest Stand Dynamics*, updated ed. New York: Wiley.

Pearase, Jackie. 2014. Jack Simard: A life in the Kingfisher. In *Flowing Through Time: Stories of Kingfisher and Mabel Lake*. Kingfisher History Committee, 326–28.

Soil Classification Working Group. 1998. *The Canadian System of Soil Classification*, 3rd ed. Agriculture and Agri-Food Canada Publication 1646. Ottawa, ON: NRC Research Press.

第3章　乾枯大地

Arora, David. 1986. *Mushrooms Demystified*, 2nd ed. Berkeley, CA: Ten Speed Press.

British Columbia Ministry of Forests. 1991. *Ecosystems of British Columbia*. Special Report Series 6. Victoria, BC: BC Ministry of Forests. http://www.for.gov.bc.ca/hfd/pubs/Docs/Srs/SRseries.htm.

Burns, R. M., and Honkala, B. H., coord. 1990. *Silvics of North America*. Vol. 1, *Conifers*. Vol. 2, *Hardwoods*. USDA

Agriculture Handbook 654. Washington, DC: U.S. Forest Service. Only available online at http://www.na.fs.fed.us/spfo/pubs/silvics%5Fmanual.

Parish, R., Coupe, R., and Lloyd, D. 1999. *Plants of Southern Interior British Columbia*, 2nd ed. Vancouver, BC: Lone Pine Publishing.

Pati, A. J. 2014. *Formica integroides* of Swakum Mountain: A qualitative and quantitative assessment and narrative of *Formica* mounding behaviors influencing litter decomposition in a dry, interior Douglas-fir forest in British Columbia. Master of science thesis, University of British Columbia. DOI: 10.14288/1.0166984.

第4章　樹上逃難

Bjorkman, E. 1960. *Monotropa hypopitys* L.—An epiparasite on tree roots. *Physiologia Plantarum* 13: 308–27.

Fraser Basin Council. 2013. *Bridge Between Nations*. Vancouver, BC: Fraser Basin Council and Simon Fraser University.

Herrero, S. 2018. *Bear Attacks: Their Causes and Avoidance*, 3rd ed. Lanham, MD: Lyons Press.

Martin, K., and Eadie, J. M. 1999. Nest webs: A community wide approach to the management and conservation of cavity nesting birds. *Forest Ecology and Management* 115: 243–57.

M'Gonigle, Michael, and Wickwire, Wendy. 1988. *Stein: The Way of the River*. Vancouver, BC: Talonbooks.

Perry, D. A., Oren, R., and Hart, S. C. 2008. *Forest Ecosystems*, 2nd ed. Baltimore: The Johns Hopkins University Press.

Prince, N. 2002. Plateau fishing technology and activity: Stl'atl'imx, Secwepemc and Nlaka'pamux knowledge. In *Putting Fishers' Knowledge to Work*, ed. N. Haggan, C. Brignall, and L. J. Wood. Conference proceedings, August 27–30, 2001. *Fisheries Centre Research Reports* 11 (1): 381–91.

Smith, S., and Read, D. 2008. *Mycorrhizal Symbiosis*. London: Academic Press.

Swinomish Indian Tribal Community. 2010. *Swinomish Climate Change Initiative: Climate Adaptation Action Plan*. La Conner, WA: Swinomish Indian Tribal Community. http://www.swinomish-nsn.gov/climate_change/climate_main.html.

Thompson, D., and Freeman, R. 1979. *Exploring the Stein River Valley*. Vancouver, BC: Douglas & McIntyre.

Walmsley, M., Utzig, G., Vold, T., et al. 1980. *Describing Ecosystems in the Field*. RAB Technical Paper 2; Land Management Report 7. Victoria, BC: Research Branch, British Columbia Ministry of Environment, and British Columbia Ministry of Forests.

Wickwire, W. C. 1991. Ethnography and archaeology as ideology: The case of the Stein River valley. *BC Studies* 91–92: 51–78.

Wilson, M. 2011. Co-management re-conceptualized: Human-land relations in the Stein Valley, British Columbia. BA thesis, University of Victoria.

York, A., Daly, R., and Arnett, C. 2019. *They Write Their Dreams on the Rock Forever: Rock Writings in the Stein River Valley of British Columbia*, 2nd ed. Vancouver, BC: Talonbooks.

第5章　土壤殺手

British Columbia Ministry of Forests. 1986. *Silviculture Manual*. Victoria, BC: Silviculture Branch.

———. 1987. *Forest Amendment Act (No. 2)*. Victoria, BC: Queen's Printer. This act enabled enforcement of silvicultural performance and shifted cost and responsibility for reforestation to companies harvesting timber.

British Columbia Parks. 2000. *Management Plan for Stein Valley Nlaka'pamux Heritage Park*. Kamloops: British Columbia Ministry of Environment, Lands and Parks, Parks Division.

Chazan, M., Helps, L., Stanley, A., and Thakkar, S., eds. 2011. *Home and Native Land: Unsettling Multiculturalism in Canada*. Toronto, ON: Between the Lines.

Dunford, M. P. 2002. The Simpcw of the North Thompson. *British Columbia Historical News* 25 (3): 6–8.

First Nations land rights and environmentalism in British Columbia. http://www.firstnations.de/indian_land.htm.

Haeussler, S., and Coates, D. 1986. *Autecological Characteristics of Selected Species That Compete with Conifers in British Columbia: A Literature Review*. BC Land Management Report 33. Victoria, BC: BC Ministry of Forests.

Ignace, Ron. 2008. Our oral histories are our iron posts: Secwepemc stories and historical consciousness. PhD thesis, Simon Fraser University.

Lindsay, Bethany. 2018. "It blows my mind": How B.C. destroys a key natural wildfire defence every year. CBC News, Nov. 17, 2018. https://www.cbc.ca/news/canada/british-columbia/it-blows-my-mind-how-b-c-destroys-a-key-natural-wildfire-defence-every-year-1.4907358.

Malik, N., and Vanden Born, W. H. 1986. *Use of Herbicides in Forest Management*. Information Report NOR-X-282. Edmonton: Canadian Forestry Service.

Mather, J. 1986. *Assessment of Silviculture Treatments Used in the IDF Zone in the Western Kamloops Forest Region*. Kamloops: BC Ministry of Forestry Research Section, Kamloops Forest Region.

Nelson, J. 2019. Monsanto's rain of death on Canada's forests. Global Research. https://www.globalresearch.ca/monsantos-rain-death-forests/5677614.

Simard, S. W. 1996. Design of a birch/conifer mixture study in the southern interior of British Columbia. In *Designing Mixedwood Experiments: Workshop Proceedings, March 2, 1995, Richmond, BC*, ed. P. G. Comeau and K. D. Thomas. Working Paper 20. Victoria, BC: Research Branch, BC Ministry of Forests, 8–11.

———. 1996. Mixtures of paper birch and conifers: An ecological balancing act. In *Silviculture of Temperate and Boreal Broadleaf-Conifer Mixtures: Proceedings of a Workshop Held Feb. 28–March 1, 1995, Richmond, BC*, ed. P. G. Comeau and K. D. Thomas. BC Ministry of Forests Land Management Handbook 36. Victoria, BC: BC Ministry of Forests, 15–21.

———. 1997. Intensive management of young mixed forests: Effects on forest health. In *Proceedings of the 45th Western International Forest Disease Work Conference, Sept. 15–19, 1997*, ed. R. Sturrock. Prince George, BC: Pacific Forestry Centre, 48–54.

———. 2009. Response diversity of mycorrhizas in forest succession following disturbance. Chapter 13 in *Mycorrhizas: Functional Processes and Ecological Impacts*, ed. C. Azcon-Aguilar, J. M. Barea, S. Gianinazzi, and V. Gianinazzi-Pearson. Heidelberg: Springer-Verlag, 187–206.

Simard, S. W., and Heineman, J. L. 1996. *Nine-Year Response of Douglas-Fir and the Mixed Hardwood-Shrub Complex to Chemical and Manual Release Treatments on an ICHmw2 Site Near Salmon Arm*. FRDA Research Report 257. Victoria, BC: Canadian Forest Service and BC Ministry of Forests.

———. 1996. *Nine-Year Response of Engelmann Spruce and the Willow Complex to Chemical and Manual Release Treatments on an Ichmw2 Site Near Vernon*. FRDA Research Report 258. Victoria, BC: Canadian Forest Service and BC Ministry of Forests.

———. 1996. *Nine-Year Response of Lodgepole Pine and the Dry Alder Complex to Chemical and Manual Release Treatments on an Ichmk1 Site Near Kelowna*. FRDA Research Report 259. Victoria, BC: Canadian Forest Service and BC Ministry of Forests.

Simard, S. W., Heineman, J. L., and Youwe, P. 1998. *Effects of Chemical and Manual Brushing on Conifer Seedlings, Plant Communities and Range Forage in the Southern Interior of British Columbia: Nine-Year Response*. Land

Management Report 45. Victoria, BC: BC Ministry of Forests.

Swanson, F., and Franklin, J. 1992. New principles from ecosystem analysis of Pacific Northwest forests. *Ecological Applications* 2: 262–74.

Wang, J. R., Zhong, A. L., Simard, S. W., and Kimmins, J. P. 1996. Aboveground biomass and nutrient accumulation in an age sequence of paper birch (*Betula papyrifera*) stands in the Interior Cedar Hemlock zone, British Columbia. *Forest Ecology and Management* 83: 27–38.

第6章　赤楊窪地

Arnebrant, K., Ek, H., Finlay, R. D., and Söderström, B. 1993. Nitrogen translocation between *Alnus glutinosa* (L.) Gaertn. seedlings inoculated with *Frankia* sp. and *Pinus contorta* Doug, ex Loud seedlings connected by a common ectomycorrhizal mycelium. *New Phytologist* 124: 231–42.

Bidartondo, M. I., Redecker, D., Hijri, I., et al. 2002. Epiparasitic plants specialized on arbuscular mycorrhizal fungi. *Nature* 419: 389–92.

British Columbia Ministry of Forests, Lands and Natural Resources Operations. 1911–2012. Annual Service Plant Reports/Annual Reports. Victoria, BC: Crown Publications, www.for.gov.bc.ca/mof/annualreports.htm.

Brooks, J. R., Meinzer, F. C., Warren, J. M., et al. 2006. Hydraulic redistribution in a Douglas-fir forest: Lessons from system manipulations. *Plant, Cell and Environment* 29: 138–50.

Carpenter, C. V., Robertson, L. R., Gordon, J. C., and Perry, D. A. 1982. The effect of four new *Frankia* isolates on growth and nitrogenase activity in clones of *Alnus rubra* and *Alnus sinuata*. *Canadian Journal of Forest Research* 14: 701–6.

Cole, E. C., and Newton, M. 1987. Fifth-year responses of Douglas fir to crowding and non-coniferous competition.

Canadian Journal of Forest Research 17: 181–86.

Daniels, L. D., Yocom, L. L., Sherriff, R. L., and Heyerdahl, E. K. 2018. Deciphering the complexity of historical hire regimes: Diversity among forests of western North America. In *Dendroecology*, ed. M. M. Amoroso et al. Ecological Studies vol. 231. New York: Springer International Publishing AG. DOI 10.1007/978-3-319-61669-8_8.

Hessburg, P. F., Miller, C. L., Parks, S. A., et al. 2019. Climate, environment, and disturbance history govern resilience of western North American forests. *Frontiers in Ecology and Evolution* 7: 239.

Ingham, R. E., Trofymow, J. A., Ingham, E. R., and Coleman, D. C. 1985. Interactions of bacteria, fungi, and their nematode grazers: Effects on nutrient cycling and plant growth. *Ecological Monographs* 55: 119–40.

Klironomos, J. N., and Hart, M. M. 2001. Animal nitrogen swap for plant carbon. *Nature* 410: 651–52.

Querejeta, J., Egerton-Warburton, L. M., and Allen, M. F. 2003. Direct nocturnal water transfer from oaks to their mycorrhizal symbionts during severe soil drying. *Oecologia* 134: 55–64.

Radosevich, S. R., and Roush, M. L. 1990. The role of competition in agriculture. In *Perspectives on Plant Competition*, ed. J. B. Grace and D. Tilman. San Diego, CA: Academic Press, Inc.

Sachs, D. L. 1991. *Calibration and initial testing of FORECAST for stands of lodgepole pine and Sitka alder in the interior of British Columbia*. Report 035-510-07403. Victoria, BC: British Columbia Ministry of Forests.

Simard, S. W. 1989. Competition among lodgepole pine seedlings and plant species in a Sitka alder dominated shrub community in the southern interior of British Columbia. Master of science thesis, Oregon State University.

———. 1990. *Competition between Sitka alder and lodgepole pine in the Montane Spruce zone in the southern interior of British Columbia*. FRDA Report 150. Victoria: BC: Forestry Canada and BC Ministry of Forests, 150.

Simard, S. W., Radosevich, S. R., Sachs, D. L., and Hagerman, S. M. 2006. Evidence for competition/facilitation trade-offs: Effects of Sitka alder density on pine regeneration and soil productivity. *Canadian Journal of Forest Research* 36: 1286–98.

Simard, S. W., Roach, W. J., Daniels, L. D., et al. Removal of neighboring vegetation predisposes planted lodgepole pine to growth loss during climatic drought and mortality from a mountain pine beetle infestation. In preparation.

Southworth, D., He, X. H., Swenson, W., et al. 2003. Application of network theory to potential mycorrhizal networks. *Mycorrhiza* 15: 589–95.

Wagner, R. G., Little, K. M., Richardson, B., and McNabb, K. 2006. The role of vegetation management for enhancing productivity of the world's forests. *Forestry* 79 (1): 57–79.

Wagner, R. G., Peterson, T. D., Ross, D. W., and Radosevich, S. R. 1989. Competition thresholds for the survival and growth of ponderosa pine seedlings associated with woody and herbaceous vegetation. *New Forests* 3: 151–70.

Walstad, J. D., and Kuch, P. J., eds. 1987. *Forest Vegetation Management for Conifer Production*. New York: John Wiley and Sons, Inc.

第7章　酒吧爭執

Frey, B., and Schüepp, H. 1992. Transfer of symbiotically fixed nitrogen from berseem (*Trifolium alexandrinum* L.) to maize via vesicular-arbuscular mycorrhizal hyphae. *New Phytologist* 122: 447–54.

Haeussler, S., Coates, D., and Mather, J. 1990. *Autecology of common plants in British Columbia: A literature review.* FRDA Report 158. Victoria, BC: Forestry Canada and BC Ministry of Forests.

Heineman, J. L., Sachs, D. L., Simard, S. W., and Mather, W. J. 2010. Climate and site characteristics affect juvenile trembling aspen development in conifer plantations across southern British Columbia. *Forest Ecology & Management* 260: 1975–84.

Heineman, J. L., Simard, S. W., Sachs, D. L., and Mather, W. J. 2005. Chemical, grazing, and manual cutting treatments in mixed herb-shrub communities have no effect on interior spruce survival or growth in southern interior British Columbia. *Forest Ecology and Management* 205: 359–74.

———. 2007. Ten-year responses of Engelmann spruce and a high elevation Ericaceous shrub community to manual cutting treatments in southern interior British Columbia. *Forest Ecology and Management* 248: 153–62.

———. 2009. Trembling aspen removal effects on lodgepole pine in southern interior British Columbia: 10-year results. *Western Journal of Applied Forestry* 24: 17–23.

Miller, S. L., Durall, D. M., and Rygiewicz, P. T. 1989. Temporal allocation of ^{14}C to extramatrical hyphae of ectomycorrhizal ponderosa pine seedlings. *Tree Physiology* 5: 239–49.

Molina, R., Massicotte, H., and Trappe, J. M. 1992. Specificity phenomena in mycorrhizal symbiosis: Community-ecological consequences and practical implications. In *Mycorrhizal Functioning: An Integrative Plant-Fungal Process*, ed. M. F. Allen. New York: Chapman and Hall, 357–423.

Morrison, D., Merler, H., and Norris, D. 1991. *Detection, recognition and management of Armillaria and Phellinus root diseases in the southern interior of British Columbia*. FRDA Report 179. Victoria, BC: Forestry Canada and BC Ministry of Forests.

Perry, D. A., Margolis, H., Choquette, C., et al. 1989. Ectomycorrhizal mediation of competition between coniferous tree species. *New Phytologist* 112: 501–11.

Rolando, C. A., Baillie, B. R., Thompson, D. G., and Little, K. M. 2007. The risks associated with glyphosate-based herbicide use in planted forests. *Forests* 8: 208.

Sachs, D. L., Sollins, P., and Cohen, W. B. 1998. Detecting landscape changes in the interior of British Columbia from 1975 to 1992 using satellite imagery. *Canadian Journal of Forest Research* 28: 23–36.

Simard, S. W. 1993. *PROBE: Protocol for operational brushing evaluations (first approximation)*. Land Management Report 86. Victoria, BC: BC Ministry of Forests.

———. 1995. *PROBE: Vegetation management monitoring in the southern interior of* B.C. Northern Interior Vegetation Management Association, Annual General Meeting, Jan. 18, 1995, Williams Lake, BC.

Simard, S. W., Heineman, J. L., Hagerman, S. M., et al. 2004. Manual cutting of Sitka alder-dominated plant communities: Effects on conifer growth and plant community structure. *Western Journal of Applied Forestry* 19: 277–87.

Simard, S. W., Heineman, J. L., Mather, W. J., et al. 2001. *Brushing effects on conifers and plant communities in the southern interior of British Columbia: Summary of PROBE results 1991–2000*. Extension Note 58. Victoria, BC: BC Ministry of Forestry.

Simard, S. W., Jones, M. D., Durall, D. M., et al. 2003. Chemical and mechanical site preparation: Effects on *Pinus contorta* growth, physiology, and microsite quality on steep forest sites in British Columbia. *Canadian Journal of Forest Research* 33: 1495–515.

Thompson, D. G., and Pitt, D. G. 2003. A review of Canadian forest vegetation management research and practice. *Annals of Forest Science* 60: 559–72.

第 8 章　放射性實驗

Brownlee, C., Duddridge, J. A., Malibari, A., and Read, D. J. 1983. The structure and function of mycelial systems of ectomycorrhizal roots with special reference to their role in forming inter-plant connections and providing pathways for assimilate and water transport. *Plant Soil* 71: 433–43.

Callaway, R. M. 1995. Positive interactions among plants. *Botanical Review* 61 (4): 306–49.

Finlay, R. D., and Read, D. J. 1986. The structure and function of the vegetative mycelium of ectomycorrhizal plants. I. Translocation of ^{14}C-labelled carbon between plants interconnected by a common mycelium. *New Phytologist* 103: 143–56.

Francis, R., and Read, D. J. 1984. Direct transfer of carbon between plants connected by vesicular-arbuscular mycorrhizal mycelium. *Nature* 307: 53–56.

Jones, M. D., Durall, D. M., Harniman, S. M. K., et al. 1997. Ectomycorrhizal diversity on *Betula papyrifera* and *Pseudotsuga menziesii* seedlings grown in the greenhouse or outplanted in single-species and mixed plots in southern British Columbia. *Canadian Journal of Forest Research* 27: 1872–89.

McPherson, S. S. 2009. *Tim Berners-Lee: Inventor of the World Wide Web*. Minneapolis: Twenty-First Century Books.

Read, D. J., Francis, R., and Finlay, R. D. 1985. Mycorrhizal mycelia and nutrient cycling in plant communities. In *Ecological Interactions in Soil*, ed. A. H. Fitter, D. Atkinson, D. J. Read, and M. B. Usher. Oxford: Blackwell Scientific, 193–217.

Ryan, M. G., and Asao, S. 2014. Phloem transport in trees. *Tree Physiology* 34: 1–4.

Simard, S. W. 1990. *A retrospective study of competition between paper birch and planted Douglas-fir*. FRDA Report 147. Victoria, BC: Forestry Canada and BC Ministry of Forests.

Simard, S. W., Molina, R., Smith, J. E., et al. 1997. Shared compatibility of ectomycorrhizae on *Pseudotsuga menziesii* and *Betula papyrifera* seedlings grown in mixture in soils from southern British Columbia. *Canadian Journal of Forest Research* 27: 331–42.

Simard, S. W., Perry, D. A., Jones, M. D., et al. 1997. Net transfer of carbon between tree species with shared ectomycorrhizal fungi. *Nature* 388: 579–82.

Simard, S. W., and Vyse, A. 1992. *Ecology and management of paper birch and black cottonwood.* Land Management Report 75. Victoria, BC: BC Ministry of Forests.

第9章　魚幫水，水幫魚

Baleshta, K. E. 1998. The effect of ectomycorrhizae hyphal links on interactions between *Pseudotsuga menziesii* (Mirb.) Franco and *Betula papyrifera* Marsh. seedlings. Bachelors of natural resource sciences thesis, University College of the Cariboo.

Baleshta, K. E., Simard, S. W., Guy, R. D., and Chanway, C. P. 2005. Reducing paper birch density increases Douglas-fir growth and Armillaria root disease incidence in southern interior British Columbia. *Forest Ecology and Management* 208: 1–13.

Baleshta, K. E., Simard, S. W., and Roach, W. J. 2015. Effects of thinning paper birch on conifer productivity and understory plant diversity. *Scandinavian Journal of Forest Research* 30: 699–709.

DeLong, R., Lewis, K. J., Simard, S. W., and Gibson, S. 2002. Fluorescent pseudomonad population sizes baited from soils under pure birch, pure Douglas-fir and mixed forest stands and their antagonism toward *Armillaria ostoyae* in vitro. *Canadian Journal of Forest Research* 32: 2146–59.

Durall, D. M., Gamiet, S., Simard, S. W., et al. 2006. Effects of clearcut logging and tree species composition on the diversity and community composition of epigeous fruit bodies formed by ectomycorrhizal fungi. *Canadian Journal of Botany* 84: 966–80.

Fitter, A. H., Graves, J. D., Watkins, N. K., et al. 1998. Carbon transfer between plants and its control in networks of arbuscular mycorrhizas. *Functional Ecology* 12: 406–12.

Fitter, A. H., Hodge, A., Daniell, T. J., and Robinson, D. 1999. Resource sharing in plant-fungus communities: Did the carbon move for you? *Trends in Ecology and Evolution* 14: 70–71.

Kimmerer, Robin Wall. 2015. *Braiding Sweetgrass: Indigenous Wisdom, Scientific Knowledge and the Teachings of Plants.* Minneapolis: Milkweed Editions.

Perry, D. A. 1998. A moveable feast: The evolution of resource sharing in plant-fungus communities. *Trends in Ecology and Evolution* 13: 432–34.

———. 1999. Reply from D. A. Perry. *Trends in Ecology and Evolution* 14: 70–71.

Philip, Leanne. 2006. The role of ectomycorrhizal fungi in carbon transfer within common mycorrhizal networks. PhD dissertation, University of British Columbia. https://open.library.ubc.ca/collections/ubctheses/831/items/1.0075066.

Sachs, D. L. 1996. Simulation of the growth of mixed stands of Douglas-fir and paper birch using the FORECAST model. In *Silviculture of Temperate and Boreal Broadleaf-Conifer Mixtures: Proceedings of a Workshop Held Feb. 28–March 1, 1995, Richmond, BC*, ed. P. G. Comeau and K. D. Thomas. BC Ministry of Forests Land Management Handbook 36. Victoria, BC: BC Ministry of Forests, 152–58.

Simard, S. W., and Durall, D. M. 2004. Mycorrhizal networks: A review of their extent, function and importance. *Canadian Journal of Botany* 82: 1140–65.

Simard, S. W., Durall, D. M., and Jones, M. D. 1997. Carbon allocation and carbon transfer between *Betula papyrifera* and *Pseudotsuga menziesii* seedlings using a ^{13}C pulse-labeling method. *Plant and Soil* 191: 41–55.

Simard, S. W., and Hannam, K. D. 2000. Effects of thinning overstory paper birch on survival and growth of interior spruce in British Columbia: Implications for reforestation policy and biodiversity. *Forest Ecology and*

Management 129: 237–51.

Simard, S. W., Jones, M. D., and Durall, D. M. 2002. Carbon and nutrient fluxes within and between mycorrhizal plants. In *Mycorrhizal Ecology*, ed. M. van der Heijden and I. Sanders. Heidelberg: Springer-Verlag, 33–61.

Simard, S. W., Jones, M. D., Durall, D. M., et al. 1997. Reciprocal transfer of carbon isotopes between ectomycorrhizal *Betula papyrifera* and *Pseudotsuga menziesii*. *New Phytologist* 137: 529–42.

Simard, S. W., Perry, D. A., Smith, J. E., and Molina, R. 1997. Effects of soil trenching on occurrence of ectomycorrhizae on Pseudotsuga menziesii seedlings grown in mature forests of *Betula papyrifera* and *Pseudotsuga menziesii*. *New Phytologist* 136: 327–40.

Simard, S. W., and Sachs, D. L. 2004. Assessment of interspecific competition using relative height and distance indices in an age sequence of seral interior cedar-hemlock forests in British Columbia. *Canadian Journal of Forest Research* 34: 1228–40.

Simard, S. W., Sachs, D. L., Vyse, A., and Blevins, L. L. 2004. Paper birch competitive effects vary with conifer tree species and stand age in interior British Columbia forests: Implications for reforestation policy and practice. *Forest Ecology and Management* 198: 55–74.

Simard, S. W., and Zimonick, B. J. 2005. Neighborhood size effects on mortality, growth and crown morphology of paper birch. *Forest Ecology and Management* 214: 251–69.

Twieg, B. D., Durall, D. M., and Simard, S. W. 2007. Ectomycorrhizal fungal succession in mixed temperate forests. *New Phytologist* 176: 437–47.

Wilkinson, D. A. 1998. The evolutionary ecology of mycorrhizal networks. *Oikos* 82: 407–10.

Zimonick, B. J., Roach, W. J., and Simard, S. W. 2017. Selective removal of paper birch increases growth of juvenile Douglas fir while minimizing impacts on the plant community. *Scandinavian Journal of Forest Research* 32: 708–

16.

第10章　彩繪石頭

Aukema, B. H., Carroll, A. L., Zhu, J., et al. 2006. Landscape level analysis of mountain pine beetle in British Columbia, Canada: Spatiotemporal development and spatial synchrony within the present outbreak. *Ecography* 29: 427–41.

Beschta, R. L., and Ripple, W. L. 2014. Wolves, elk, and aspen in the winter range of Jasper National Park, Canada. *Canadian Journal of Forest Research* 37: 1873–85.

Chavardes, R. D., Daniels, L. D., Gedalof, Z., and Andison, D. W. 2018. Human influences superseded climate to disrupt the 20th century fire regime in Jasper National Park, Canada. *Dendrochronologia* 48: 10–19.

Cooke, B. J., and Carroll, A. L. 2017. Predicting the risk of mountain pine beetle spread to eastern pine forests: Considering uncertainty in uncertain times. *Forest Ecology and Management* 396: 11–25.

Cripps, C. L., Alger, G., and Sissons, R. 2018. Designer niches promote seedling survival in forest restoration: A 7-year study of whitebark pine (*Pinus albicaulis*) seedlings in Waterton Lakes National Park. *Forests* 9 (8): 477.

Cripps, C., and Miller Jr., O. K. 1993. Ectomycorrhizal fungi associated with aspen on three sites in the north-central Rocky Mountains. *Canadian Journal of Botany* 71: 1414–20.

Fraser, E. C., Lieffers, V. J., and Landhäusser, S. M. 2005. Age, stand density, and tree size as factors in root and basal grafting of lodgepole pine. *Canadian Journal of Botany* 83: 983–88.

———. 2006. Carbohydrate transfer through root grafts to support shaded trees. *Tree Physiology* 26: 1019–23.

Gorzelak, M., Pickles, B. J., Asay, A. K., and Simard, S. W. 2015. Inter-plant communication through mycorrhizal networks mediates complex adaptive behaviour in plant communities. *Annals of Botany Plants* 7: plv050.

Hutchins, H. E., and Lanner, R. M. 1982. The central role of Clark's nutcracker in the dispersal and establishment of whitebark pine. *Oecologia* 55: 192–201.

Mattson, D. J., Blanchard, D. M., and Knight, R. R. 1991. Food habits of Yellowstone grizzly bears, 1977–1987. *Canadian Journal of Zoology* 69: 1619–29.

McIntire, E. J. B., and Fajardo, A. 2011. Facilitation within species: A possible origin of group-selected superorganisms. *American Naturalist* 178: 88–97.

Miller, R., Tausch, R., and Waicher, W. 1999. Old-growth juniper and pinyon woodlands. In *Proceedings: Ecology and Management of Pinyon-Juniper Communities Within the Interior West, September 15–18, 1997, Provo, UT*, comp. Stephen B. Monsen and Richard Stevens. Proc. RMRS-P-9. Ogden, UT: U.S. Department of Agriculture, Forest Service, Rocky Mountain Research Station.

Mitton, J. B., and Grant, M. C. 1996. Genetic variation and the natural history of quaking aspen. *BioScience* 46: 25–31.

Munro, Margaret. 1998. Weed trees are crucial to forest, research shows. *Vancouver Sun*, May 14, 1998.

Perkins, D. L. 1995. A dendrochronological assessment of whitebark pine in the Sawtooth Salmon River Region, Idaho. Master of science thesis, University of Arizona.

Perry, D. A. 1995. Self-organizing systems across scales. *Trends in Ecology and Evolution* 10: 241–44.

———. 1998. A moveable feast: The evolution of resource sharing in plant-fungus communities. *Trends in Ecology and Evolution* 13: 432–34.

Raffa, K. F., Aukema, B. H., Bentz, B. J., et al. 2008. Cross-scale drivers of natural disturbances prone to anthropogenic amplification: Dynamics of biome-wide bark beetle eruptions. *BioScience* 58: 501–17.

Ripple, W. J., Beschta, R. L., Fortin, J. K., and Robbins, C. T. 2014. Trophic cascades from wolves to grizzly bears in

Yellowstone. *Journal of Animal Ecology* 83: 223–33.

Schulman, E. 1954. Longevity under adversity in conifers. *Science* 119: 396–99.

Seip, D. R. 1992. Factors limiting woodland caribou populations and their interrelationships with wolves and moose in southeastern British Columbia. *Canadian Journal of Zoology* 70: 1494–1503.

———. 1996. Ecosystem management and the conservation of caribou habitat in British Columbia. *Rangifer* special issue 10: 203–7.

Simard, S. W. 2009. Mycorrhizal networks and complex systems: Contributions of soil ecology science to managing climate change effects in forested ecosystems. *Canadian Journal of Soil Science* 89 (4): 369–82.

———. 2009. The foundational role of mycorrhizal networks in self-organization of interior Douglas-fir forests. *Forest Ecology and Management* 258S: S95–107.

Tomback, D. F. 1982. Dispersal of whitebark pine seeds by Clark's nutcracker: A mutualism hypothesis. *Journal of Animal Ecology* 51: 451–67.

Van Wagner, C. E., Finney, M. A., and Heathcott, M. 2006. Historical fire cycles in the Canadian Rocky Mountain parks. *Forest Science* 52: 704–17.

第11章　白樺小姐

Baldocchi, D. B., Black, A., Curtis, P. S., et al. 2005. Predicting the onset of net carbon uptake by deciduous forests with soil temperature and climate data: A synthesis of FLUXNET data. *International Journal of Biometeorology* 49: 377–87.

Bérubé, J. A., and Dessureault, M. 1988. Morphological characterization of *Armillaria ostoyae* and *Armillaria sinapina* sp. nov. *Canadian Journal of Botany* 66: 2027–34.

Bradley, R. L., and Fyles, J. W. 1995. Growth of paper birch (*Betula papyrifera*) seedlings increases soil available C and microbial acquisition of soil-nutrients. *Soil Biology and Biochemistry* 27: 1565–71.

British Columbia Ministry of Forests. 2000. *Establishment to Free Growing Guidebook*, rev. ed, version 2.2. Victoria, BC: British Columbia Ministry of Forests, Forest Practices Branch.

British Columbia Ministry of Forests and BC Ministry of Environment, Lands and Parks. 1995. *Root Disease Management Guidebook*. Victoria, BC: Forest Practices Code. http://www.for.gov.bc.ca/tasb/legsregs/fpc/fpcguide/root/roottoc.htm.

Castello, J. D., Leopold, D. J., and Smallidge, P. J. 1995. Pathogens, patterns, and processes in forest ecosystems. *BioScience* 45: 16–24.

Chanway, C. P., and Holl, F. B. 1991. Biomass increase and associative nitrogen fixation of mycorrhizal *Pinus contorta* seedlings inoculated with a plant growth promoting *Bacillus* strain. *Canadian Journal of Botany* 69: 507–11.

Cleary, M. R., Arhipova, N., Morrison, D. J., et al. 2013. Stump removal to control root disease in Canada and Scandinavia: A synthesis of results from long-term trials. *Forest Ecology and Management* 290: 5–14.

Cleary, M., van der Kamp, B., and Morrison, D. 2008. British Columbia's southern interior forests: Armillaria root disease stand establishment decision aid. *BC Journal of Ecosystems and Management* 9 (2): 60–65.

Coates, K. D., and Burton, P. J. 1999. Growth of planted tree seedlings in response to ambient light levels in northwestern interior cedar-hemlock forests of British Columbia. *Canadian Journal of Forest Research* 29: 1374–82.

Comeau, P. G., White, M., Kerr, G., and Hale, S. E. 2010. Maximum density-size relationships for Sitka spruce and coastal Douglas fir in Britain and Canada. *Forestry* 83: 461–68.

DeLong, D. L., Simard, S. W., Comeau, P. G., et al. 2005. Survival and growth responses of planted seedlings in root disease infected partial cuts in the Interior Cedar Hemlock zone of southeastern British Columbia. *Forest Ecology and Management* 206: 365–79.

Dixon, R. K., Brown, S., Houghton, R. A., et al. 1994. Carbon pools and flux of global forest ecosystems. *Science* 263: 185–91.

Fall, A., Shore, T. L., Safranyik, L., et al. 2003. Integrating landscape-scale mountain pine beetle projection and spatial harvesting models to assess management strategies. In *Mountain Pine Beetle Symposium: Challenges and Solutions. Oct. 30–31, 2003, Kelowna, British Columbia*, ed. T. L. Shore, J. E. Brooks, and J. E. Stone. Information Report BC-X-399. Victoria, BC: Natural Resources Canada, Canadian Forest Service, Pacific Forestry Centre, 114–32.

Feurdean, A., Veski, S., Florescu, G., et al. 2017. Broadleaf deciduous forest counterbalanced the direct effect of climate on Holocene fire regime in hemiboreal/boreal region (NE Europe). *Quaternary Science Reviews* 169: 378–90.

Hély, C., Bergeron, Y., and Flannigan, M. D. 2000. Effects of stand composition on fire hazard in mixed-wood Canadian boreal forest. *Journal of Vegetation Science* 11: 813–24.

———. 2001. Role of vegetation and weather on fire behavior in the Canadian mixed-wood boreal forest using two fire behavior prediction systems. *Canadian Journal of Forest Research* 31: 430–41.

Hoekstra, J. M., Boucher, T. M., Ricketts, T. H., and Roberts, C. 2005. Confronting a biome crisis: Global disparities of habitat loss and protection. *Ecology Letters* 8: 23–29.

Hope, G. D. 2007. Changes in soil properties, tree growth, and nutrition over a period of 10 years after stump removal and scarification on moderately coarse soils in interior British Columbia. *Forest Ecology and Management* 242: 625–35.

Kinzig, A. P., Pacala, S., and Tilman, G. D., eds. 2002. *The Functional Consequences of Biodiversity: Empirical Progress and Theoretical Extensions*. Princeton: Princeton University Press.

Knohl, A., Schulze, E. D., Kolle, O., and Buchmann, N. 2003. Large carbon uptake by an unmanaged 250-year-old deciduous forest in Central Germany. *Agricultural and Forest Meteorology* 118: 151–67.

LePage, P., and Coates, K. D. 1994. Growth of planted lodgepole pine and hybrid spruce following chemical and manual vegetation control on a frost-prone site. *Canadian Journal of Forest Research* 24: 208–16.

Mann, M. E., Bradley, R. S., and Hughs, M. K. 1998. Global-scale temperature patterns and climate forcing over the past six centuries. *Nature* 392: 779–87.

Morrison, D. J., Wallis, G. W., and Weir, L. C. 1988. *Control of Armillaria and Phellinus root diseases: 20-year results from the Skimikin stump removal experiment*. Information Report BC x-302. Victoria, BC: Canadian Forest Service.

Newsome, T. A., Heineman, J. L., and Nemec, A. F. L. 2010. A comparison of lodgepole pine responses to varying levels of trembling aspen removal in two dry south-central British Columbia ecosystems. *Forest Ecology and Management* 259: 1170–80.

Simard, S. W., Beiler, K. J., Bingham, M. A., et al. 2012. Mycorrhizal networks: Mechanisms, ecology and modelling. *Fungal Biology Reviews* 26: 39–60.

Simard, S. W., Blenner-Hassett, T., and Cameron, I. R. 2004. Precommercial thinning effects on growth, yield and mortality in even-aged paper birch stands in British Columbia. *Forest Ecology and Management* 190: 163–78.

Simard, S. W., Hagerman, S. M., Sachs, D. L., et al. 2005. Conifer growth, *Armillaria ostoyae* root disease and plant diversity responses to broadleaf competition reduction in temperate mixed forests of southern interior British Columbia. *Canadian Journal of Forest Research* 35: 843–59.

Simard, S. W., Heineman, J. L., Mather, W. J., et al. 2001. *Effects of Operational Brushing on Conifers and Plant*

Communities in the Southern Interior of British Columbia: Results from PROBE 1991–2000. BC Ministry of Forests and Land Management Handbook 48. Victoria, BC: BC Ministry of Forests.

Simard, S. W., and Vyse, A. 2006. Trade-offs between competition and facilitation: A case study of vegetation management in the interior cedar-hemlock forests of southern British Columbia. *Canadian Journal of Forest Research* 36: 2486–96.

van der Kamp, B. J. 1991. Pathogens as agents of diversity in forested landscapes. *Forestry Chronicle* 67: 353–54.

Vyse, A., Cleary, M. A., and Cameron, I. R. 2013. Tree species selection revisited for plantations in the Interior Cedar Hemlock zone of southern British Columbia. *Forestry Chronicle* 89: 382–91.

Vyse, A., and Simard, S. W. 2009. Broadleaves in the interior of British Columbia: Their extent, use, management and prospects for investment in genetic conservation and improvement. *Forestry Chronicle* 85: 528–37.

Weir, L. C., and Johnson, A. L. S. 1970. Control of *Poria weirii* study establishment and preliminary evaluations. Canadian Forest Service, Forest Research Laboratory, Victoria, Canada.

White, R. H., and Zipperer, W. C. 2010. Testing and classification of individual plants for fire behaviour: Plant selection for the wildland-urban interface. *International Journal of Wildland Fire* 19: 213–27.

第12章　九小時通勤

Babikova, Z., Gilbert, L., Bruce, T. J. A., et al. 2013. Underground signals carried through common mycelial networks warn neighbouring plants of aphid attack. *Ecology Letters* 16: 835–43.

Barker, J. S., Simard, S. W., and Jones, M. D. 2014. Clearcutting and wildfire have comparable effects on growth of directly seeded interior Douglas-fir. *Forest Ecology and Management* 331: 188–95.

Barker, J. S., Simard, S. W., Jones, M. D., and Durall, D. M. 2013. Ectomycorrhizal fungal community assembly on regenerating Douglas-fir after wildfire and clearcut harvesting. *Oecologia* 172: 1179–89.

Barto, E. K., Hilker, M., Müller, F., et al. 2011. The fungal fast lane: Common mycorrhizal networks extend bioactive zones of allelochemicals in soils. *PLOS ONE* 6: e27195.

Barto, E. K., Weidenhamer, J. D., Cipollini, D., and Rillig, M. C. 2012. Fungal superhighways: Do common mycorrhizal networks enhance below ground communication? *Trends in Plant Science* 17: 633–37.

Beiler, K. J., Durall, D. M., Simard, S.W., et al. 2010. Mapping the wood-wide web: Mycorrhizal networks link multiple Douglas-fir cohorts. *New Phytologist* 185: 543–53.

Beiler, K. J., Simard, S. W., and Durall, D. M. 2015. Topology of *Rhizopogon* spp. mycorrhizal meta-networks in xeric and mesic old-growth interior Douglas-fir forests. *Journal of Ecology* 103: 616–28.

Beiler, K. J., Simard, S. W., Lemay, V., and Durall, D. M. 2012. Vertical partitioning between sister species of *Rhizopogon* fungi on mesic and xeric sites in an interior Douglas-fir forest. *Molecular Ecology* 21: 6163–74.

Bingham, M. A., and Simard, S. W. 2011. Do mycorrhizal network benefits to survival and growth of interior Douglas-fir seedlings increase with soil moisture stress? *Ecology and Evolution* 3: 306–16.

———. 2012. Ectomycorrhizal networks of old *Pseudotsuga menziesii* var. *glauca* trees facilitate establishment of conspecific seedlings under drought. *Ecosystems* 15: 188–99.

———. 2012. Mycorrhizal networks affect ectomycorrhizal fungal community similarity between conspecific trees and seedlings. *Mycorrhiza* 22: 317–26.

———. 2013. Seedling genetics and life history outweigh mycorrhizal network potential to improve conifer regeneration under drought. *Forest Ecology and Management* 287: 132–39.

Carey, E. V., Marler, M. J., and Callaway, R. M. 2004. Mycorrhizae transfer carbon from a native grass to an invasive weed: Evidence from stable isotopes and physiology. *Plant Ecology* 172: 133–41.

Defrenne, C. A., Oka, G. A., Wilson, J. E., et al. 2016. Disturbance legacy on soil carbon stocks and stability within a coastal temperate forest of southwestern British Columbia. *Open Journal of Forestry* 6: 305–23.

Erland, L. A. E., Shukla, M. R., Singh, A. S., and Murch, S. J. 2018. Melatonin and serotonin: Mediators in the symphony of plant morphogenesis. *Journal of Pineal Research* 64: e12452.

Heineman, J. L., Simard, S. W., and Mather, W. J. 2002. *Natural regeneration of small patch cuts in a southern interior ICH forest*. Working Paper 64. Victoria, BC: BC Ministry of Forests.

Jones, M. D., Twieg, B., Ward, V., et al. 2010. Functional complementarity of Douglas-fir ectomycorrhizas for extracellular enzyme activity after wildfire or clearcut logging. *Functional Ecology* 4: 1139–51.

Kazantseva, O., Bingham, M. A., Simard, S. W., and Berch, S. M. 2009. Effects of growth medium, nutrients, water and aeration on mycorrhization and biomass allocation of greenhouse-grown interior Douglas-fir seedlings. *Mycorrhiza* 20: 51–66.

Kiers, E. T., Duhamel, M., Beesetty, Y., et al. 2011. Reciprocal rewards stabilize cooperation in the mycorrhizal symbiosis. *Science* 333: 880–82.

Kretzer, A. M., Dunham, S., Molina, R., and Spatafora, J. W. 2004. Microsatellite markers reveal the below ground distribution of genets in two species of *Rhizopogon* forming tuberculate ectomycorrhizas on Douglas fir. *New Phytologist* 161: 313–20.

Lewis, K., and Simard, S. W. 2012. Transforming forest management in B.C. Opinion editorial, special to the *Vancouver Sun*, March 11, 2012.

Marcoux, H. M., Daniels, L. D., Gergel, S. E., et al. 2015. Differentiating mixed- and high-severity fire regimes in mixed-conifer forests of the Canadian Cordillera. *Forest Ecology and Management* 341: 45–58.

Marler, M. J., Zabinski, C. A., and Callaway, R. M. 1999. Mycorrhizae indirectly enhance competitive effects of an invasive forb on a native bunchgrass. *Ecology* 80: 1180–86.

Mather, W. J., Simard, S. W., Heineman, J. L., Sachs, D. L. 2010. Decline of young lodgepole pine in southern interior British Columbia. *Forestry Chronicle* 86: 484–97.

Perry, D. A., Hessburg, P. F., Skinner, C. N., et al. 2011. The ecology of mixed severity fire regimes in Washington, Oregon, and Northern California, *Forest Ecology and Management* 262: 703–17.

Philip, L. J., Simard, S. W., and Jones, M. D. 2011. Pathways for belowground carbon transfer between paper birch and Douglas-fir seedlings. *Plant Ecology and Diversity* 3: 221–33.

Roach, W. J., Simard, S. W., and Sachs, D. L. 2015. Evidence against planting lodgepole pine monocultures in cedar-hemlock forests in southern British Columbia. *Forestry* 88: 345–58.

Schoonmaker, A. L., Teste, F. P., Simard, S. W., and Guy, R. D. 2007. Tree proximity, soil pathways and common mycorrhizal networks: Their influence on utilization of redistributed water by understory seedlings. *Oecologia* 154: 455–66.

Simard, S. W. 2009. The foundational role of mycorrhizal networks in self-organization of interior Douglas-fir forests. *Forest Ecology and Management* 258S: S95–107.

Simard, S. W., ed. 2010. *Climate Change and Variability*. Intech. https://www.intechopen.com/books/climate-change-and-variability.

———. 2012. Mycorrhizal networks and seedling establishment in Douglas-fir forests. Chapter 4 in *Biocomplexity* of Plant-Fungal Interactions, ed. D. Southworth. Ames, IA: Wiley-Blackwell, 85–107.

———. 2017. The mother tree. In *The Word for World Is Still Forest*, ed. Anna-Sophie Springer and Etienne Turpin. Berlin: K. Verlag and the Haus der Kulturen der Welt.

———. 2018. Mycorrhizal networks facilitate tree communication, learning and memory. Chapter 10 in *Memory and Learning in Plants*, ed. F. Baluska, M. Gagliano, and G. Witzany. West Sussex, UK: Springer, 191–213.

Simard, S. W., Asay, A. K., Beiler, K. J., et al. 2015. Resource transfer between plants through ectomycorrhizal networks. In *Mycorrhizal Networks*, ed. T. R. Horton. Ecological Studies vol. 224. Dordrecht: Springer, 133–76.

Simard, S. W., and Lewis, K. 2011. New policies needed to save our forests. Opinion editorial, special to the *Vancouver Sun*, April 8, 2011.

Simard, S. W., Martin, K., Vyse, A., and Larson, B. 2013. Meta-networks of fungi, fauna and flora as agents of complex adaptive systems. Chapter 7 in *Managing World Forests as Complex Adaptive Systems: Building Resilience to the Challenge of Global Change*, ed. K. Puettmann, C. Messier, and K. D. Coates. New York: Routledge, 133–64.

Simard, S. W., Mather, W. J., Heineman, J. L., and Sachs, D. L. 2010. Too much of a good thing? Planted lodgepole pine at risk of decline in British Columbia. *Silviculture Magazine* Winter 2010: 26–29.

Teste, F. P., Karst, J., Jones, M. D., et al. 2006. Methods to control ectomycorrhizal colonization: Effectiveness of chemical and physical barriers. *Mycorrhiza* 17: 51–65.

Teste, F. P., and Simard, S. W. 2008. Mycorrhizal networks and distance from mature trees alter patterns of competition and facilitation in dry Douglas-fir forests. *Oecologia* 158: 193–203.

Teste, F. P., Simard, S. W., and Durall, D. M. 2009. Role of mycorrhizal networks and tree proximity in ectomycorrhizal colonization of planted seedlings. *Fungal Ecology* 2: 21–30.

Teste, F. P., Simard, S. W., Durall, D. M., et al. 2010. Net carbon transfer occurs under soil disturbance between *Pseudotsuga menziesii* var. *glauca* seedlings in the field. *Journal of Ecology* 98: 429–39.

Teste, F. P., Simard, S. W., Durall, D. M., et al. 2009. Access to mycorrhizal networks and tree roots: Importance for seedling survival and resource transfer. *Ecology* 90: 2808–22.

Twieg, B., Durall, D. M., Simard, S. W., and Jones, M. D. 2009. Influence of soil nutrients on ectomycorrhizal communities in a chronosequence of mixed temperate forests. *Mycorrhiza* 19: 305–16.

Van Dorp, C. 2016. Rhizopogon mycorrhizal networks with interior Douglas fir in selectively harvested and non-harvested forests. Master of science thesis, University of British Columbia.

Vyse, A., Ferguson, C., Simard, S. W., et al. 2006. Growth of Douglas-fir, lodgepole pine, and ponderosa pine seedlings underplanted in a partially-cut, dry Douglas-fir stand in south-central British Columbia. *Forestry Chronicle* 82: 723–32.

Woods, A., and Bergerud, W. 2008. *Are free-growing stands meeting timber productivity expectations in the Lakes Timber supply area?* FREP Report 13. Victoria, BC: BC Ministry of Forests and Range, Forest Practices Branch.

Woods, A., Coates, K. D., and Hamann, A. 2005. Is an unprecedented *Dothistroma* needle blight epidemic related to climate change? *BioScience* 55 (9): 761–69.

Zabinski, C. A., Quinn, L., and Callaway, R. M. 2002. Phosphorus uptake, not carbon transfer, explains arbuscular mycorrhizal enhancement of *Centaurea maculosa* in the presence of native grassland species. *Functional Ecology* 16: 758–65.

Zustovic, M. 2012. The effects of forest gap size on Douglas-fir seedling establishment in the southern interior of British Columbia. Master of science thesis, University of British Columbia.

第13章　木芯取樣

Aitken, S. N., Yeaman, S., Holliday, J. A., et al. 2008. Adaptation, migration or extirpation: Climate change outcomes for tree populations. *Evolutionary Applications* 1: 95–111.

D'Antonio, C. M., and Vitousek, P. M. 1992. Biological invasions by exotic grasses, the grass/fire cycle, and global change. *Annual Review of Ecology and Systematics* 23: 63–87.

Eason, W. R., and Newman, E. I. 1990. Rapid cycling of nitrogen and phosphorus from dying roots of *Lolium perenne*. *Oecologia* 82: 432.

Eason, W. R., Newman, E. I., and Chuba, P. N. 1991. Specificity of interplant cycling of phosphorus: The role of mycorrhizas. *Plant Soil* 137: 267–74.

Franklin, J. F., Shugart, H. H., and Harmon, M. E. 1987. Tree death as an ecological process: Causes, consequences and variability of tree mortality. *BioScience* 37: 550–56.

Hamann, A., and Wang, T. 2006. Potential effects of climate change on ecosystem and tree species distribution in British Columbia. *Ecology* 87: 2773–86.

Johnstone, J. F., Allen, C. D., Franklin, J. F., et al. 2016. Changing disturbance regimes, ecological memory, and forest resilience. *Frontiers in Ecology and the Environment* 14: 369–78.

Kesey, Ken. 1977. *Sometimes a Great Notion*. New York: Penguin Books.

Lotan, J. E., and Perry, D. A. 1983. *Ecology and Regeneration of Lodgepole Pine*. Agriculture Handbook 606. Missoula, MT: INTF&RES, USDA Forest Service.

Maclauchlan, L. E., Daniels, L. D., Hodge, J. C., and Brooks, J. E. 2018. Characterization of western spruce budworm outbreak regions in the British Columbia Interior. *Canadian Journal of Forest Research* 48: 783–802.

McKinney, D., and Dordel, J. 2011. *Mother Trees Connect the Forest* (video). http://www.karmatube.org/videos.php?id=2764.

Safranyik, L., and Carroll, A. L. 2006. The biology and epidemiology of the mountain pine beetle in lodgepole pine forests. Chapter 1 in *The Mountain Pine Beetle: A Synthesis of Biology, Management, and Impacts on Lodgepole Pine*, ed. L. Safranyik and W. R. Wilson. Victoria, BC: Natural Resources Canada, Canadian Forest Service, Pacific Forestry Centre, 3–66.

Song, Y. Y., Chen, D., Lu, K., et al. 2015. Enhanced tomato disease resistance primed by arbuscular mycorrhizal fungus. *Frontiers in Plant Science* 6: 1–13.

Song, Y. Y., Simard, S. W., Carroll, A., et al. 2015. Defoliation of interior Douglas-fir elicits carbon transfer and defense signalling to ponderosa pine neighbors through ectomycorrhizal networks. *Scientific Reports* 5: 8495.

Song, Y. Y., Ye, M., Li, C., et al. 2014. Hijacking common mycorrhizal networks for herbivore-induced defence signal transfer between tomato plants. *Scientific Reports* 4: 3915.

Song, Y. Y., Zeng, R. S., Xu, J. F., et al. 2010. Interplant communication of tomato plants through underground common mycorrhizal networks. *PLOS ONE* 5: e13324.

Taylor, S. W., and Carroll, A. L. 2004. Disturbance, forest age dynamics and mountain pine beetle outbreaks in BC: A historical perspective. In *Challenges and Solutions: Proceedings of the Mountain Pine Beetle Symposium. Kelowna, British Columbia, Canada, Oct. 30–31, 2003*, ed. T. L. Shore, J. E. Brooks, and J. E. Stone. Information Report BC-X-399. Victoria: Canadian Forest Service, Pacific Forestry Centre, 41–51.

第14章　生日

Allen, C. D., Macalady, A. K., Chenchouni, H., et al. 2010. A global overview of drought and heat-induced tree mortality reveals emerging climate change risks for forests. *Forest Ecology and Management* 259: 660–84.

Asay, A. K. 2013. Mycorrhizal facilitation of kin recognition in interior Douglas-fir (*Pseudotsuga menziesii* var. *glauca*). Master of science thesis, University of British Columbia. DOI: 10.14288/1.0103374.

Bhatt, M., Khandelwal, A., and Dudley, S. A. 2011. Kin recognition, not competitive interactions, predicts root allocation in young *Cakile edentula* seedling pairs. *New Phytologist* 189: 1135–42.

Biedrzycki, M. L., Jilany, T. A., Dudley, S. A., and Bais, H. P. 2010. Root exudates mediate kin recognition in plants. *Communicative and Integrative Biology* 3: 28–35.

Brooker, R. W., Maestre, F. T., Callaway, R. M., et al. 2008. Facilitation in plant communities: The past, the present, and the future. *Journal of Ecology* 96: 18–34.

Donohue, K. 2003. The influence of neighbor relatedness on multilevel selection in the Great Lakes sea rocket. *American Naturalist* 162: 77–92.

Dudley, S. A., and File, A. L. 2007. Kin recognition in an annual plant. *Biology Letters* 3: 435–38.

File, A. L., Klironomos, J., Maherali, H., and Dudley, S. A. 2012. Plant kin recognition enhances abundance of symbiotic microbial partner. *PLOS ONE* 7: e45648.

Fontaine, S., Bardoux, G., Abbadie, L., and Mariotti, A. 2004. Carbon input to soil may decrease soil carbon content. *Ecology Letters* 7: 314–20.

Fontaine, S., Barot, S., Barré, P., et al. 2007. Stability of organic carbon in deep soil layers controlled by fresh carbon supply. *Nature* 450: 277–80.

Franklin, J. F., Cromack, K. Jr., Denison, W., et al. 1981. *Ecological characteristics of old-growth Douglas-fir forests.* General Technical Report PNW-GTR-118. Portland, OR: U.S. Department of Agriculture, Forest Service, Pacific Northwest Forest and Range Experiment Station.

Gilman, Dorothy. 1966. *The Unexpected Mrs. Pollifax.* New York: Fawcett.

Hamilton, W. D. 1964. The genetical evolution of social behaviour. *Journal of Theoretical Biology* 7: 1–16.

Harper, T. 2019. Breastless friends forever: How breast cancer brought four women together. *Nelson Star*, August 2, 2019. https://www.nelsonstar.com/community/breastless-friends-forever-how-breast-cancer-brought-four-women-together/.

Harte, J. 1996. How old is that old yew? *At the Edge* 4: 1–9.

Karban, R., Shiojiri, K., Ishizaki, S., et al. 2013. Kin recognition affects plant communication and defence. *Proceedings of the Royal Society B: Biological Sciences* 280: 20123062.

Luyssaert, S., Schulze, E. D., Börner, A., et al. 2008. Old-growth forests as global carbon sinks. *Nature* 455: 213–15.

Pickles, B. J., Twieg, B. D., O'Neill, G. A., et al. 2015. Local adaptation in migrated interior Douglas-fir seedlings is mediated by ectomycorrhizae and other soil factors. *New Phytologist* 207: 858–71.

Pickles, B. J., Wilhelm, R., Asay, A. K., et al. 2017. Transfer of ^{13}C between paired Douglas-fir seedlings reveals plant kinship effects and uptake of exudates by ectomycorrhizas. *New Phytologist* 214: 400–411.

Rehfeldt, G. E., Leites, L. P., St. Clair, J. B., et al. 2014. Comparative genetic responses to climate in the varieties of *Pinus ponderosa* and *Pseudotsuga menziesii*: Clines in growth potential. *Forest Ecology and Management* 324: 138–46.

Restaino, C. M., Peterson, D. L., and Littell, J. 2016. Increased water deficit decreases Douglas fir growth throughout western US forests. *Proceedings of the National Academy of Sciences* 113: 9557–62.

Simard, S. W. 2014. The networked beauty of forests. TED-Ed, New Orleans. https://ed.ted.com/lessons/the-networked-beauty-of-forests-suzanne-simard.

St. Clair, J. B., Mandel, N. L., and Vance-Borland, K. W. 2005. Genecology of Douglas fir in western Oregon and Washington. *Annals of Botany* 96: 1199–214.

Turner, N. J. 2008. *The Earth's Blanket: Traditional Teachings for Sustainable Living*. Seattle: University of Washington Press.

Turner, N. J., and Cocksedge, W. 2001. Aboriginal use of non-timber forest products in northwestern North America. *Journal of Sustainable Forestry* 13: 31–58.

Wall, M. E., and Wani, M. C. 1995. Camptothecin and taxol: Discovery to clinic—Thirteenth Bruce F. Cain Memorial Award Lecture. *Cancer Research* 55: 753–60.

第15章　傳承

Alila, Y., Kuras, P. K., Schnorbus, M., and Hudson, R. 2009. Forests and floods: A new paradigm sheds light on age-old controversies. American Geophysical Union. *Water Resources Research* 45: W08416.

Artelle, K. A., Stephenson, J., Bragg, C., et al. 2018. Values-led management: The guidance of place-based values in environmental relationships of the past, present, and future. *Ecology and Society* 23 (3): 35.

Asay, A. K. 2019. Influence of kin, density, soil inoculum potential and interspecific competition on interior Douglas-fir (*Pseudotsuga menziesii* var. *glauca*) performance and adaptive traits. PhD dissertation, University of British Columbia.

British Columbia Ministry of Forests and Range and British Columbia Ministry of Environment. 2010. *Field Manual for Describing Terrestrial Ecosystems*, 2nd ed. Land Management Handbook 25. Victoria, BC: Ministry of Forests and Range Research Branch.

Cox, Sarah. 2019. "You can't drink money": Kootenay communities fight logging to protect their drinking water. *The Narwhal.* https://thenarwhal.ca/you-cant-drink-money-kootenay-communities-fight-logging-protect-drinking-water/.

Gill, I. 2009. *All That We Say Is Ours: Guujaaw and the Reawakening of the Haida Nation*. Vancouver: Douglas & McIntyre.

Golder Associates. 2014. *Furry Creek detailed site investigations and human health and ecological risk assessment*. Vol. 1, Methods and results. Report 1014210038-501-R-RevO.

Gorzelak, M. A. 2017. Kin-selected signal transfer through mycorrhizal networks in Douglas-fir. PhD dissertation, University of British Columbia. DOI: 10.14288/1.0355225.

Harding, J. N., and Reynolds, J. D. 2014. Opposing forces: Evaluating multiple ecological roles of Pacific salmon in coastal stream ecosystems. *Ecosphere* 5: art157.

Hocking, M. D., and Reynolds, J. D. 2011. Impacts of salmon on riparian plant diversity. *Science* 331 (6024): 1609–12.

Kinzig, A. P., Ryan, P., Etienne, M., et al. 2006. Resilience and regime shifts: Assessing cascading effects. *Ecology and Society* 11: 20.

Kurz, W. A., Dymond, C. C., Stinson, G., et al. 2008. Mountain pine beetle and forest carbon: Feedback to climate change. *Nature* 452: 987–90.

Larocque, A. 2105. Forests, fish, fungi: Mycorrhizal associations in the salmon forests of BC. PhD proposal, University of British Columbia.

Louw, Deon. 2015. Interspecific interactions in mixed stands of paper birch (*Betula papyrifera*) and interior Douglas-fir (*Pseudotsuga mensiezii* var. *glauca*). Master of science thesis, University of British Columbia. https://open.library.ubc.ca/collections/ubctheses/24/items/1.0166375.

Marren, P., Marwan, H., and Alila, Y. 2013. Hydrological impacts of mountain pine beetle infestation: Potential for river channel changes. In *Cold and Mountain Region Hydrological Systems Under Climate Change: Towards Improved Projections, Proceedings of H02, IAHS-IAPSO-IASPEI Assembly, Gothenburg, Sweden, July 2013*. IAHS Publication 360: 77–82.

Mathews, D. L., and Turner, N. J. 2017. Ocean cultures: Northwest coast ecosystems and indigenous management systems. Chapter 9 in *Conservation for the Anthropocene Ocean*, ed. Phillip S. Levin and Melissa R. Poe. London: Academic Press, 169–206.

Newcombe, C. P., and Macdonald, D. D. 1991. Effects of suspended sediments on aquatic ecosystems. *North*

American Journal of Fisheries Management 11: 1, 72–82.

Palmer, A. D. 2005. *Maps of Experience: The Anchoring of Land to Story in Secwepemc Discourse*. Toronto, ON: University of Toronto Press.

Reimchen, T., and Fox, C. H. 2013. Fine-scale spatiotemporal influences of salmon on growth and nitrogen signatures of Sitka spruce tree rings. *BMC Ecology* 13: 1–13.

Ryan, T. 2014. Territorial jurisdiction: The cultural and economic significance of eulachon *Thaleichthys pacificus* in the north-central coast region of British Columbia. PhD dissertation, University of British Columbia. DOI: 10.14288/1.0167417.

Scheffer, M., and Carpenter, S. R. 2003. Catastrophic regime shifts in ecosystems: Linking theory to observation. *Trends in Ecology and Evolution* 18: 648–56.

Simard, S. W. 2016. How trees talk to each other. TED Summit, Banff, AB. https://www.ted.com/talks/suzanne_simard_how_trees_talk_to_each_other?language=en.

Simard, S. W., et al. 2016. From tree to shining tree. *Radiolab* with Robert Krulwich and others. https://www.wnycstudios.org/story/from-tree-to-shining-tree.

Turner, N. J. 2008. Kinship lessons of the birch. *Resurgence* 250: 46–48.

———. 2014. *Ancient Pathways, Ancestral Knowledge: Ethnobotany and Ecological Wisdom of Indigenous Peoples of Northwestern North America*. Montreal, QC: McGill–Queen's Press.

Turner, N. J., Berkes, F., Stephenson, J., and Dick, J. 2013. Blundering intruders: Multi-scale impacts on Indigenous food systems. *Human Ecology* 41: 563–74.

Turner, N. J., Ignace, M. B., and Ignace, R. 2000. Traditional ecological knowledge and wisdom of Aboriginal peoples in British Columbia. *Ecological Applications* 10: 1275–87.

White, E. A. F. (Xanius). 2006. Heiltsuk stone fish traps: Products of my ancestors' labour. Master of arts thesis, Simon Fraser University.

後記　母樹計畫

Aitken, S. N., and Simard, S. W. 2015. Restoring forests: How we can protect the water we drink and the air we breathe. *Alternatives Journal* 4: 30–35.

Chambers, J. Q., Higuchi, N., Tribuzy, E. S., and Trumbore, S. E. 2001. Carbon sink for a century. *Nature* 410: 429.

Dickinson, R. E., and Cicerone, R. J. 1986. Future global warming from atmospheric trace gases. *Nature* 319: 109–15.

Harris, D. C. 2010. Charles David Keeling and the story of atmospheric CO_2 measurements. *Analytical Chemistry* 82: 7865–70.

Roach, W. J., Simard, S. W., Defrenne, C. E., et al. 2020. Carbon storage, productivity and biodiversity of mature Douglas-fir forests across a climate gradient in British Columbia. (In prep.)

Simard, S. W. 2013. Practicing mindful silviculture in our changing climate. *Silviculture Magazine* Fall 2013: 6–8.

———. 2015. Designing successful forest renewal practices for our changing climate. Natural Sciences and Engineering Council of Canada, Strategic Project Grant. (Proposal for the Mother Tree Project.)

Simard, S. W., Martin, K., Vyse, A., and Larson, B. 2013. Meta-networks of fungi, fauna and flora as agents of complex adaptive systems. Chapter 7 in *Managing World Forests as Complex Adaptive Systems: Building Resilience to the Challenge of Global Change*, ed. K. Puettmann, C. Messier, and K. D. Coates. New York: Routledge, 133–64.

照片出處

內頁

頁19：Peter Simard，頁20：Sterling Lorence，頁23：Jens Wieting，頁26：Gerald Ferguson，頁35：Winnifred Gardner，頁42：Courtesy of Enderby & District Museum & Archives, EMDS 1430，頁43：Peter Simard，頁44：Courtesy of Enderby & District Museum & Archives, EMDS 1434，頁48：Courtesy of Enderby & District Museum & Archives, EMDS 0541，頁49：Courtesy of Enderby & District Museum & Archives, EMDS 0460，頁50：Courtesy of Enderby & District Museum & Archives, EMDS 0464，頁53上：Courtesy of Enderby & District Museum & Archives, EMDS 0461，頁53下：Courtesy of Enderby & District Museum & Archives, EMDS 0392，頁65：Jean Roach，頁76：Patrick Hattenberger，頁99：Jean Roach，頁116：Jean Roach，頁185：Patrick Hattenberger，頁291：Bill Heath，頁301：Jens Wieting，頁304：Bill Heath，頁315：Bill Heath，頁343：Bill Heath，頁353：Robyn Simard，頁

373：Bill Heath；頁381：Emily Kemps；頁389：Bill Heath

第一落彩頁

頁1：Jens Wieting；頁2：Jens Wieting；頁3：Jens Wieting；頁4上：Bill Heath；頁4下：Paul Stamets；頁5：Dr. Teresa（Sm'hayetsk）Ryan；頁6上：Camille Defrenne；頁6下：Peter Kennedy, University of Minnesota；頁7上：Camille Vernet；頁7下：Jens Wieting；頁8：Jens Wieting

第二落彩頁

頁1：Bill Heath；頁2：Dr. Teresa（Sm'hayetsk）Ryan；頁3上：Camille Vernet；頁3下：Joanne Childs and Colleen Iversen / Oak Ridge National Laboratory, U.S. Department of Energy；頁4：Jens Wieting；頁5上，下：Jens Wieting；頁6上：Paul Stamets；頁6下：Kevin Beiler；頁7：Dr. Teresa（Sm'hayetsk）Ryan；頁8：Diana Markosian

所有其他照片皆由作者提供。

國家圖書館出版品預行編目資料

尋找母樹：樹聯網的祕密 / 蘇珊・希瑪爾（Suzanne Simard）著；謝佩妏譯. -- 初版. -- 臺北市：大塊文化出版股份有限公司, 2022.05

456面；14.8×20公分. --（mark；171）

譯自：Finding the mother tree : discovering the wisdom of the forest.

ISBN 978-626-7118-26-9（平裝）

1. CST：森林保護　2. CST：森林生態學

436.3　　111004732

LOCUS

LOCUS